ullstein

»Überzeugungen geben uns die Sicherheit, in einer Welt voller Unsicherheiten das Richtige zu tun. Doch wir sollten uns von dieser subjektiven Sicherheit nicht dazu verleiten lassen, unsere Überzeugungen als die einzig wahren zu betrachten.«

Philipp Sterzer beschäftigt sich schon seit Langem mit der Frage, wie Überzeugungen entstehen – als Neurowissenschaftler und als Psychiater. Dabei hat er Erstaunliches herausgefunden: Überzeugungen sind viel weniger rational, als wir bisher geglaubt haben. Unser Gehirn baut Welten, die uns richtig und vernünftig erscheinen. Tatsächlich aber ist unsere Wahrnehmung Fantasie, die mal mehr, mal weniger mit der Welt da draußen übereinstimmt. Überzeugungen implizieren also Irrationalität und manchmal auch Verrücktheit. Dieser neue Blick auf die Vorgänge in unserem Gehirn zwingt uns, das eigene Denken kritisch zu hinterfragen. Denn nur so sind wir offen für ein friedliches Zusammenleben in pluralen Gesellschaften.

PHILIPP STERZER, Jahrgang 1970, studierte Medizin in München und Harvard. 2011 wurde er zum Professor für Psychiatrie und Neurowissenschaften an der Charité in Berlin berufen, 2022 wechselte er an die Universität Basel. Vor allem seine Arbeiten zur Veränderung von Wahrnehmungsprozessen bei Schizophrenie brachten ihm weltweit Anerkennung ein.

Philipp Sterzer

DIE ILLUSION DER VERNUNFT

Warum wir von unseren Überzeugungen nicht zu überzeugt sein sollten

Ullstein

Besuchen Sie uns im Internet:
www.ullstein.de

Wir verpflichten uns zu Nachhaltigkeit
• Papiere aus nachhaltiger Waldwirtschaft und anderen kontrollierten Quellen
• ullstein.de/nachhaltigkeit

Bildnachweis: Abb. 2: »Old Man of the Dalles Rock«, © Getty Images / Marcia Straub; Abb. 3: Sterzer, P, Rösler, A: 29 Fenster zum Gehirn; Wikimedia; Abb. 4: »Hollow-Face illusion«, © Science Photo Library / David Mack; Abb. 5: »Light from above«, Wikimedia

FSC www.fsc.org
MIX
Papier | Fördert gute Waldnutzung
FSC® C021394

Ungekürzte Ausgabe im Ullstein Taschenbuch
1. Auflage Mai 2024

Umschlaggestaltung: zero-media.net, München
nach einer Vorlage von Rothfos & Gabler, Hamburg
Titelabbildung: Pixel Stories / Stocksy
Satz: LVD GmbH, Berlin
Gesetzt aus der Sabon
Druck und Bindearbeiten: ScandBook, Litauen
ISBN 978-3-548-06842-8

Für Ada, Cosima und Franz

Inhalt

Prolog
Die Welt in unseren Köpfen

Die unglaubliche Erschaffung der Welt in sieben Tagen

Wie weit genau meine Faszination für das Phänomen zurückreicht, dass Menschen felsenfest von Dingen überzeugt sein können, die ganz klar und eindeutig falsch sind, kann ich nicht sagen. Aber es ist eine Faszination, die mich schon lange begleitet und die vermutlich dazu beigetragen hat, dass ich schließlich den Beruf eines neurowissenschaftlich forschenden Psychiaters ergriffen habe. Und es ist diese Faszination, die letztlich dazu geführt hat, dass dieses Buch entstanden ist.

Meine Erziehung war religiös geprägt. Ich wuchs mit den Geschichten aus der Bibel auf, und Religionslehrer und Pfarrer brachten mir bei, dass es wichtig sei, an Gott zu glauben. Folglich sollte man auch die Geschichten glauben, die in der Bibel stehen, denn sie waren ja das Wort Gottes. Doch die Wunder, die im Neuen Testament beschrieben waren, kamen mir komisch vor. Aber okay, Jesus war immerhin der Sohn Gottes. Die Möglichkeit mal vorausgesetzt, dass Gott überhaupt einen menschlichen, von einer Jungfrau geborenen Sohn haben konnte, bot die göttliche Abstammung vielleicht eine Erklärung dafür, dass Jesus Wasser in Wein verwandelte, unheilbar Kranke heilte, über Wasser ging, nach drei Tagen im Grab wieder lebendig wurde und dergleichen mehr. Noch größer aber waren die Herausforderungen, die das Alte Testament für die Vorstellungskraft des einigermaßen fantasiebegabten Jungen bereithielt, der ich den Erzählungen meiner Eltern zufolge war. Da war die Rede von Männern, die das Meer mit einer einzigen Handbewegung trockenlegen konnten, von Frauen, die zu Salzsäulen erstarrten, und von Schiffen, die weibliche und männliche Exemplare aller Tiere der Erde beherbergen konnten. (Alle? Wirklich alle? Was für gigantische Ausmaße dieses Schiff gehabt haben muss, und das vor ein paar Tausend Jahren!) All dies wurde aber noch getoppt von der Schöpfungsgeschichte, der zufolge Gott die Welt in sieben Tagen erschaffen haben sollte, was sich genauso wenig wie die Geschichte von der Arche Noah mit den Darstellungen in meinen »Piper-Erklär-mir«-Sachbüchern auf einen Nenner bringen ließ.

Meine Eltern zeigten sich in diesen Fragen recht entspannt. Aber sie nahmen meine Bedenken ernst. Sie erklärten mir, dass man die Geschichten aus der Bibel nicht wörtlich nehmen dürfe, sie seien eher bildhaft zu verstehen – als Gleichnisse. Und außerdem seien sie ja schon Tausende von Jahren alt, man habe sich die Dinge damals eben anders vorgestellt. Deshalb müsse man das, was in der Bibel steht, im historischen Kontext sehen.

Einerseits leuchteten mir diese Erklärungen ein, sie entlasteten mich etwas. Andererseits aber weckte die Darstellung meiner Eltern doch Zweifel, denn immerhin handelte es sich bei der Bibel ja um das Wort Gottes, und zwar eines Gottes, der mir vom Pfarrer in der Kirche als allmächtig und allwissend angepriesen wurde. Wieso sollte dieser Gott – so meine kindliche Logik – vor zweitausend Jahren irgendwelche Geschichten erzählt haben, die man heute nicht mehr ernst nehmen kann? Aber gut, ich fand mich damit ab und versuchte, mich von der wortwörtlichen und damit vermutlich viel zu oberflächlichen Lesart der Bibel zu lösen und den tieferen spirituellen Sinn in den Geschichten zu erfassen.

Ich vermutete, dass es vielen Menschen, die christlich erzogen wurden, so ging wie mir, oder zumindest so ähnlich; dass es eben Teil der christlichen Glaubenspraxis war, die tieferen Botschaften und Weisheiten aus Texten herauszulesen, die – vordergründig betrachtet – wie Märchen anmuteten. Umso größer war (und ist auch heute noch) mein Staunen, als ich spätestens als junger Erwachsener feststellen musste, dass es durchaus eine große Zahl von Menschen auf dieser Welt gibt, die die Texte der Bibel und anderer altertümlicher Schriften tatsächlich für bare Münze nehmen. Menschen, die das offensichtliche Märchen – oder meinetwegen auch den Mythos – der Schöpfungsgeschichte allen Ernstes als Tatsachenbericht verstehen und all das, was die Wissenschaft über die Entstehung der Welt zu sagen hat, von schwarzen Löchern bis zur Evolutionstheorie, anscheinend für völligen Humbug halten. Wie stellen diese Leute sich das vor? Wie soll ein Gott in sieben Tagen die ganze Welt erschaffen haben? Und was ist mit der Wissenschaft? Können alle wissenschaftlichen Erkenntnisse über die Entstehung der Welt und des Lebens auf der Erde schlichtweg falsch sein? Wie wahrscheinlich ist es, dass die Wissenschaft in diesen Fragen komplett irrt? Oder dass alle Forschenden einer groß angelegten Verschwörung anhängen, deren Ziel es ist, die Menschen für blöd zu verkaufen?

Ein Bild der Welt in unserem Kopf

Das ist nur ein Beispiel für ein Phänomen, das in mir schon seit Langem immer wieder entweder Faszination oder tiefe Besorgnis oder beides gleichzeitig auslöst. Es ist das Phänomen, dass Menschen, aus welchen Gründen auch immer, ungeachtet der verfügbaren Fakten und gegen jede Wahrscheinlichkeit, mit unerschütterlicher Gewissheit auf ihren Überzeugungen beharren. Dass mich dieses Phänomen fasziniert, entspringt einer Art ethnologischen Neugier, es macht mich staunen, weckt mein Interesse und das Bedürfnis, es zu verstehen und erklären zu können. Fasziniert kann ich allerdings nur sein, wenn ich dabei die distanzierte Position eines unbeteiligten Beobachters einnehme. Aber, und das ist der Grund für meine Besorgnis, ich bin nun mal nicht unbeteiligt. Erstens, weil auch ich vermutlich Überzeugungen hege, die andere für falsch oder sogar absurd halten, und weil auch ich möglicherweise blind bin für manche Fakten, die gegen meine Überzeugungen sprechen. Und zweitens, weil ich Teil einer sozialen Gemeinschaft bin, die sich einen beschränkten Lebensraum mit begrenzten Ressourcen teilt und versucht, in diesem Lebensraum friedlich miteinander auszukommen.

Wie gut uns das als Gesellschaft gelingt, hängt entscheidend davon ab, welches Bild wir uns von der Wirklichkeit machen. Denn davon hängt wiederum ab, wie wir unser Zusammenleben gestalten: welche Regeln wir aufstellen, wie wir Entscheidungen treffen, die für uns als Gesellschaft, aber auch für jede Einzelne und jeden Einzelnen als Teil dieser Gesellschaft relevant sind. Um gemeinsame Lösungen für eine funktionierende Gesellschaft zu finden, müssen wir uns arrangieren und Kompromisse eingehen, wir müssen kooperieren. Solange wir alle derselben Meinung sind, gibt es kaum Probleme. Schwierig wird es zum einen dann, wenn Mitglieder einer Gemeinschaft unterschiedliche Interessen haben und diese durchsetzen wollen; und zum anderen, wenn sie sich nicht darüber einigen können, was wahr ist und was nicht.

Ob wir davon überzeugt sind, dass der Mensch von Gott erschaffen wurde, oder davon, dass er ein Produkt der Evolution ist, mag für unser Zusammenleben noch relativ unerheblich sein. Soll der eine doch ruhig das eine glauben und die andere etwas anderes, ist ja schließlich auch irgendwie Privatsache. (So könnte man zumindest denken, wenn man nicht um die lange Tradition der Menschheit wüsste, sich wegen Glaubensfragen gegenseitig zu bekriegen.) Aber jenseits vergleichsweise abstrakter Fragen wie der, ob es einen Gott gibt und wie die Welt oder der Mensch entstanden ist, gibt es zahlreiche Themen, die für die konkrete Gestaltung unseres Zusammenlebens im Hier und Jetzt von großer praktischer Bedeutung sind und über die man ganz offensichtlich sehr unterschiedlicher Überzeugung sein kann. Gibt es den Klimawandel, und wenn ja, ist er menschengemacht? Oder handelt es sich bei der Erderwärmung um eine gewöhnliche Temperaturschwankung, wie es sie immer schon gab und über die wir uns nicht weiter beunruhigen müssen, geschweige denn etwas dagegen unternehmen? Hat Bill Gates die Corona-Pandemie eingefädelt, oder waren es verantwortungslose (oder sogar böswillige) chinesische Wissenschaftler? Oder haben Pandemien wie diese ganz andere Ursachen, die mit der Art zusammenhängen, wie wir auf diesem Planeten zusammenleben, wie hoch die Bevölkerungsdichte mancherorts ist und wie wir Tiere halten?

Von unseren Antworten auf solche Fragen hängt für uns alle eine Menge ab. Wenn Menschen sich in solchen Fragen nicht einigen können, weil alle unbeirrbar an ihren Überzeugungen festhalten, und wenn daran dringend erforderliche Lösungen für die drängenden Probleme unserer Zeit scheitern, dann haben wir allen Grund zur Besorgnis.

Nun liegt natürlich die Vermutung nahe, dass wir Menschen eben gern glauben, was wir glauben wollen, und zwar ganz einfach deswegen, weil wir von Natur aus egoistisch und kurzsichtig sind. Wenn ich durch die

Maßnahmen, die notwendig wären, um die Erderwärmung auch nur geringfügig abzubremsen, meinen Wohlstand in Gefahr sehe, dann glaube ich doch lieber mal, dass die Geschichte vom menschengemachten Klimawandel frei erfunden ist. Und wenn ich durch die Maßnahmen zur Eindämmung der Corona-Pandemie auf manche Freiheitsrechte verzichten muss und obendrein ständig zum lästigen Tragen einer medizinischen Maske genötigt werde, dann glaube ich doch lieber mal, dass Corona eine Farce ist, die Bill Gates inszeniert hat, um Kontrolle über die Menschheit zu gewinnen.

Aber so einfach ist es nicht. Wir alle machen uns unser eigenes Bild von der Welt, doch dieses Bild hängt nicht nur von unseren Wünschen und Bedürfnissen ab. Es ist in einem viel fundamentaleren Sinne unser ganz eigenes, individuelles Bild von der Welt, als dass wir uns die Wirklichkeit nur zurechtbiegen würden, wie sie uns gerade passt. Wie wir die Welt um uns herum (und uns selbst in dieser Welt) wahrnehmen und wie wir unsere Wahrnehmungen in ein großes Ganzes, in ein »Big Picture«, einordnen, das ist tatsächlich eine sehr individuelle Angelegenheit.

Unser Bild der Welt entsteht in unserem Kopf, genauer gesagt in unserem Gehirn. Natürlich stehen wir als soziale Wesen untereinander im Austausch, sodass mein Bild der Welt nicht unabhängig ist von Ihrem Bild der Welt. Dadurch, dass wir kommunizieren, aber auch, weil wir alle eine sehr ähnliche genetische Ausstattung und damit auch sehr ähnliche Gehirne haben, gibt es viele Übereinstimmungen in den Bildern, die jede und jeder Einzelne von uns sich von der Welt machen. Dennoch ist es letzten Endes mein Gehirn, das sich einen Reim auf die Daten machen muss, die meine Sinnesorgane ihm zur Verfügung stellen. Es ist mein Gehirn, das mir mein eigenes, individuelles Bild der Welt baut.

Von tanzenden Gnomen und Kippfiguren

Und damit sind wir bei der zweiten Faszination angelangt, die dazu beigetragen hat, dass dieses Buch entstanden ist: der Faszination über die Subjektivität unserer Wahrnehmung und der Frage, wie sie in unseren Gehirnen entsteht.

Von meiner späten Schulzeit bis in die ersten Jahre meines Studiums hinein habe ich einen Großteil meiner Zeit damit verbracht, Musik zu machen. In der Band *Mind Games*, die für meine Freunde und mich zugleich musikalisches Zuhause und Experimentierlabor war, tüftelten wir eine Zeit lang an Rhythmen herum, die unterschiedliche Wahrnehmungen zuließen. In einem Stück mit dem Titel »Can you See the Dancing Gnomes« konstruierten wir zum Beispiel einen Rhythmus, der entweder als Dreiviertel- oder als Vierviertelttakt gehört werden konnte.[1] So kam es vor, dass etwa Schlagzeuger und Bassist im Dreivierteltakt spielten, während der Rest der Band im Vierviertelttakt dazu improvisierte, und zwar ohne dass sich das in unseren Ohren oder denen der Zuhörer:innen rieb (ob es für sie auch ein musikalischer Genuss war, ist noch mal eine andere Frage; unseren damaligen Perkussionisten jedenfalls veranlasste das Stück zu dem Vorschlag, unseren Bandnamen doch besser in *Mind F*ck* umzuändern). Wir sprachen damals davon, dass wir gleichzeitig unterschiedliche Rhythmen »fühlten«. Aber mit Gefühlen hatte das eigentlich nichts zu tun. Es war nicht so, dass wir dasselbe hörten und sich das nur unterschiedlich anfühlte. Nein, tatsächlich *hörten* wir unterschiedliche Dinge. Unsere Gehirne machten aus demselben Material, aus denselben Tönen, unterschiedliche Wahrnehmungen – sie bauten individuell unterschiedliche (akustische) Bilder derselben Welt.

Als ich dann später meine erste Stelle als Arzt und Forscher in der Neurologie der Frankfurter Uniklinik antrat, wurde meine Faszination für derlei Wahrnehmungskuriositäten weiter befeuert. Ich lernte Andreas Kleinschmidt kennen, der sich mit genau dem Thema wissenschaftlich beschäftigte, das mich als jugendlichen Musiker so begeistert hatte: mit *bistabiler Wahrnehmung*. Das ist der Fachbegriff für das Phänomen, dass ein Reiz (z. B. ein Rhythmus) mit zwei unterschiedlichen Wahrnehmungen vereinbar ist (z. B. Dreiviertel- oder Vierviertelttakt) und dass unsere Wahrnehmung von Zeit zu Zeit zwischen zwei stabilen Wahrnehmungszuständen hin- und herspringt (daher *bistabil*).

Viel bekannter als bistabile Rhythmen sind bistabile visuelle Phänomene, die typischerweise durch Kippfiguren ausgelöst werden, wie sie in Abbildung 1 dargestellt sind.

Ich schloss mich der Arbeitsgruppe von Andreas Kleinschmidt an und nutzte fortan bistabile Wahrnehmungsphänomene, um mit neurowissenschaftlichen Methoden zu erforschen, wie unser Gehirn die Welt

Abbildung 1: Kippfiguren sind Bilder, die mit zwei unterschiedlichen Interpretationen vereinbar sind, sodass unsere Wahrnehmung bei längerem Betrachten zwischen diesen beiden Interpretationen hin und her »kippt«. Klassische Beispiele sind der Necker-Würfel (links), »Meine Frau und meine Schwiegermutter« (Mitte) oder die Rubin-Vase (rechts).

in unseren Köpfen konstruiert.[2] Denn genau das wird durch bistabile Wahrnehmung so eindrucksvoll spürbar: Unsere Wahrnehmung ist kein passiver Vorgang, bei dem ein Bild der Außenwelt irgendwie in unser Gehirn hineinprojiziert wird, wie man sich das vielleicht intuitiv vorstellen mag. Nein, das würde nicht funktionieren, denn wer (oder was) würde sich diese Projektion in unserem Gehirn dann ansehen, um daraus eine bewusste Wahrnehmung zu machen? Sitzt in unserem Gehirn eine Art Bewusstseinsgeist, der die Projektion der Außenwelt betrachtet und daraus eine bewusste Wahrnehmung zaubert? So funktioniert das nicht. Und das wird uns buchstäblich vor Augen geführt, wenn wir bistabile Wahrnehmung erleben. Während ich die rechte obere Fläche des Necker-Würfels als seine Vorderfläche wahrnehme, nehmen Sie vielleicht gerade seine linke untere Fläche im Vordergrund wahr. Aus den identischen Daten (der Strichzeichnung eines Würfels) konstruieren zwei Gehirne zum selben Zeitpunkt zwei unterschiedliche Wahrnehmungen (zwei Würfel, die unterschiedlich im Raum orientiert sind).

Aus den verfügbaren Sinnesdaten eine Wahrnehmung zu *konstruieren*, das ist genau das, was unser Gehirn die ganze Zeit macht, ohne dass uns das bewusst wird. Denn es gelangt dabei meistens zu einer eindeutigen und stabilen Lösung. Dass unser Gehirn unsere Wahrnehmung überhaupt konstruieren muss, liegt daran, dass es keinen direkten Zugang zur Außenwelt hat. Es sitzt in seiner dunklen Knochenhöhle und muss sich einen Reim auf die Signale machen, die es von den Sinnesorganen geliefert bekommt (und die die Welt da draußen alles andere als eindeutig oder vollständig repräsentieren). Unser Gehirn muss im Laufe unserer Entwicklung lernen, durch welche Ereignisse da draußen diese Signale ausgelöst werden. Nur so kann es unsere Wahrnehmungen konstruieren und diese Wahrnehmungen in Theorien einordnen, in Gedanken, Ideen, Ahnungen, Meinungen, Glaubenssätze und Überzeugungen darüber, wie die Welt beschaffen ist und wie die Ereignisse in dieser Welt zusammenhängen.

Mit der wissenschaftlichen Beschäftigung mit der Frage, wie unser Gehirn unsere Wahrnehmung konstruiert, wuchs auch mein Interesse an psychischen Erkrankungen, zu deren Symptomen Veränderungen der Wahrnehmung gehören. Erkrankungen, bei denen sich das Bild der Welt, das in den Köpfen der Betroffenen entsteht, von der Wirklichkeit entkoppelt, sodass diese Menschen von anderen als »verrückt« bezeichnet werden. Eine solche Erkrankung ist Schizophrenie. Die Betroffenen verlieren – zumindest aus Sicht der anderen – den Bezug zur Realität. Das zeigt sich in *Halluzinationen*, also Wahrnehmungen, die nicht der Realität entsprechen. Das zeigt sich auch im *Wahn*, also in Gedanken und Überzeugungen, die nicht mit der Wirklichkeit übereinstimmen. Ich beschloss, Psychiater zu werden und mich der Frage zu widmen, welche Prozesse in welcher Weise verändert sind, wenn sich das Bild der Welt verselbstständigt, das ein Gehirn sich baut.[3]

Sind wir alle verrückt?

Die Frage nach möglicherweise veränderten Prozessen führte gleich zur nächsten: Wenn dem tatsächlich so wäre, müsste sich dann nicht ein klarer Unterschied ausmachen lassen zwischen der Hirnfunktion von Gesunden und derjenigen von Menschen, die beispielsweise an einem Wahn leiden? Doch je tiefer ich in diese Forschung eintauchte, desto deutlicher zeichnete sich ab, dass es einen solchen klaren Unterschied möglicherweise gar nicht gibt. Oder besser gesagt: Es gibt wohl Unterschiede, aber es lässt sich keine klare Grenze ziehen zwischen »normalen« und krankhaft veränderten Prozessen im Gehirn. Das ist eigentlich auch nicht weiter verwunderlich, wenn wir bedenken, dass auch viele Gesunde Überzeugungen hegen, die mit der Realität wenig zu tun haben, die sich aber selbst durch offenkundige Fakten nicht korrigieren lassen. Das trifft im Übrigen nicht nur auf Verschwörungsgläubige oder religiöse Fundamentalist:innen zu, sondern auf uns *alle*. Selbst Wissenschaftler:innen, deren Job es ja eigentlich ist, auf der Grundlage von Daten und Fakten ein möglichst wahrheitsgetreues Bild der Welt zu zeichnen, sind nicht davor gefeit, sich vor lauter Begeisterung über ihre eigenen Ideen in abwegige Theorien zu verrennen.[4] Vielmehr scheint es eine allgemeine und grundlegende Eigenschaft von uns Menschen zu sein, dass wir (oder unsere Gehirne) uns unsere eigenen Welten bauen; dass wir also die Welt nicht nur unterschiedlich wahrnehmen, uns unseren eigenen Reim auf unsere Wahrnehmungen machen und so zu unterschiedlichen Überzeugungen darüber gelangen, was wahr ist und was nicht; sondern dass wir auch dazu neigen, an unseren Überzeugungen mit unerschütterlicher Gewissheit festzuhalten, selbst wenn die Fakten eindeutig dagegensprechen. Entkoppelung von der Realität ist kein Alles-oder-nichts-Phänomen, denn ein Stück weit sind wir alle von der Realität entkoppelt.

So drängt sich die Frage auf, ob wir eigentlich alle mehr oder weniger »verrückt« sind oder ob zumindest diejenigen, die wir als »verrückt« bezeichnen, »normaler« sind, als wir denken. Es drängt sich zudem die Frage auf, warum wir eigentlich mit Gehirnen ausgestattet sind, deren oberste Priorität offenbar nicht die ist, uns ein möglichst realistisches Bild der Welt zu liefern. Wie kann es sein, dass uns die Evolution zu Wesen geformt hat, die in ihrer Einschätzung der Realität oft irren und dann auch noch unerschütterlich und trotz gegenteiliger Fakten an ihren irrigen Überzeugungen festhalten? Und es stellt sich die Frage, wie wir damit umgehen, dass unsere Überzeugungen oft so unterschiedlich und nicht selten falsch sind und wir dennoch in ihnen oft so festgefahren sind.

Ich glaube, dass wir uns der Beantwortung dieser Fragen nähern können, indem wir untersuchen, wie unsere Überzeugungen in unseren Köpfen entstehen. Deswegen habe ich dieses Buch geschrieben. Die großen Herausforderungen unserer Zeit wie der Klimawandel, die Corona-Pandemie oder religiös motivierte Kriege[5] zwingen uns dazu, unseren

Umgang mit unseren eigenen festgefahrenen Überzeugungen und denen anderer zu hinterfragen. Auch wenn das Problem sicher kein neues ist, so scheint es sich doch zuzuspitzen (und selbst wenn der Eindruck der Zuspitzung trügen mag,[6] ist das Problem auf jeden Fall ein gravierendes): Unterschiedliche Überzeugungen prallen in einer Weise aufeinander, die einen offenen Austausch, eine Annäherung oder sogar Einigung in vielen Fällen unmöglich macht. Überzeugungen bilden sich in den Echokammern und Filterblasen des Internets heraus, kapseln sich ab, entziehen sich einer offenen Debatte. Die selektive Untermauerung von Meinungen durch (falsche) Fakten ist im sogenannten *Post-Truth*-Zeitalter[7] Standard, die empirische Überprüfung und der ausgewogene Diskurs scheinen immer mehr aus der Mode zu kommen. Vertreter:innen vermeintlich rationaler Überzeugungen erheben sich über jene, die vermeintlich irrationalen Meinungen anhängen, und umgekehrt. So verhärten sich die Fronten, etwa zwischen bildungsbürgerlichen »Gutmenschen« (ich weiß, was richtig ist, weil ich vernünftig und klug bin) und Anhänger:innen populistischer Ideen (ich weiß, was richtig ist, weil ich es eben weiß).[8] Florian Illies hat diese Misere so auf den Punkt gebracht: »Es geht nie ums Argument oder den Austausch, sondern immer nur ums Rechthaben, auf 280 Zeichen.«[9]

Die Situation scheint festgefahren. Statt unsere eigenen Überzeugungen zu hinterfragen, erklären wir die Anhänger:innen anderer Überzeugungen gern schlichtweg als »verrückt«. Wir teilen Überzeugungen kategorisch ein in »normale« und »verrückte«, rationale und irrationale, gesunde und kranke. Wir alle treffen diese Unterscheidungen, denn sie erscheinen uns intuitiv plausibel: Sie reduzieren Komplexität, sie ordnen, schaffen Struktur. Kurz, diese Unterscheidungen machen es uns leichter, uns in einer unsicheren und chaotisch erscheinenden Welt zu orientieren.

Aber auf welcher Grundlage und mit welcher Berechtigung können wir solche dichotomen Unterscheidungen treffen, die eine gemeinsame Schnittmenge unmöglich machen? Ich werde argumentieren, dass eine einfache Einordnung von Überzeugungen in dichotome Kategorien wie »normal« und »verrückt« weder theoretisch noch empirisch haltbar ist. Zudem bringt diese Dichotomisierung Risiken mit sich. Sie verhindert den konstruktiven Dialog und birgt die Gefahr der gesellschaftlichen

Spaltung. Sie führt zur Ausgrenzung Andersdenkender, Andersglaubender, Andersliebender, kurz: zu einer Ausgrenzung all jener, die eine von einer Person oder Gruppe zur Norm erhobene Sichtweise nicht teilen. Nicht zuletzt befördert sie die Stigmatisierung psychisch kranker Menschen. Die dichotome Kategorisierung von Überzeugungen mag vieles einfacher erscheinen lassen, was sie aber erschwert, ist das Zusammenleben in der Gesellschaft.

So stellt sich die Frage nach Alternativen. Eine einfache Antwort auf diese Frage wird es nicht geben, aber wir können uns möglichen Antworten nähern, wenn wir verstehen, welche Mechanismen der Entstehung und Aufrechterhaltung von Überzeugungen zugrunde liegen und welche Funktionen sie für uns erfüllen. Die Perspektive, die ich in diesem Buch anbieten möchte, ist eine neurowissenschaftlich geprägte. Ich ziehe aktuelle Theorien und empirische Befunde der Hirnforschung für den Versuch heran, die zugrunde liegenden Mechanismen und Funktionen von Überzeugungen zu erklären. Meine Perspektive ist aber keineswegs eine *rein* neurowissenschaftliche, denn sie nimmt auch Philosophie, Evolutionstheorie, Genetik, Sozial- und Kognitionspsychologie und nicht zuletzt die Psychiatrie in den Blick. Die Kernthese ist dabei, dass Überzeugungen, wie »normal« oder »verrückt« sie uns auch erscheinen mögen, immer nur Hypothesen sein können. Diese Hypothesen sind oft von großem Nutzen für uns, denn sie ermöglichen es uns, Vorhersagen über die Ereignisse in der Welt zu machen, und erleichtern es uns, auf diese Ereignisse zu reagieren. Aber Hypothesen sind eben nur Hypothesen, also zunächst noch unbewiesene Annahmen, was bedeutet, dass sie sich auch jederzeit als unzutreffend herausstellen können.

Psychologisch und auch evolutionstheoretisch mögen das Bedürfnis nach einfachen Gewissheiten und eine Neigung zum beharrlichen Festhalten an Überzeugungen erklärbar sein. Das Verständnis von Überzeugungen als Hypothesen und damit die Akzeptanz der Unmöglichkeit absoluter Gewissheiten aber sind eine wichtige Voraussetzung für ein kritisches Hinterfragen eigener Überzeugungen, für eine offene Haltung gegenüber anderen Standpunkten und damit für ein kooperatives und friedliches Zusammenleben in pluralen Gesellschaften. Meine Hoffnung ist, dass die neurowissenschaftlich geprägte Perspektive, die dieses Buch zu eröffnen versucht, einen Beitrag dazu leistet.

I
IRRATIONALITÄT

1
So nah und doch so fern

Das gehackte Smartphone

Vier Uhr morgens, Notaufnahme einer großen Berliner Klinik. John M. sucht Hilfe, seit drei Tagen leidet er unter Schlaflosigkeit. Er ist 26 Jahre alt und wurde in Sunderland geboren, einer Kleinstadt in Nordengland. Vor zwei Monaten ist John von London nach Berlin gezogen, um hier sein Glück zu suchen. Sein nordenglischer Akzent ist anfangs etwas gewöhnungsbedürftig, vor allem, wenn er vor Aufregung anfängt, schnell zu sprechen, wird es für das ungeübte Ohr schwierig. Aufregen müsse er sich zurzeit oft und manchmal auch heftig, sagt er, denn sein Smartphone sei gehackt worden, und da verstehe er keinen Spaß. Er lebe vom Schreiben, zumindest versuche er das, und wenn andere seine Ideen klauten, sei das sein Ruin. Was er denn schreibe? So dies und das, vor allem journalistisch. Er sei ständig auf der Suche nach guten Geschichten, die er an Online- oder Printmedien verkaufen könne. Gerade sei er auf einer heißen Fährte, eine Art Verschwörung, Stichwort »Russenmafia«, mehr könne er logischerweise nicht verraten. Ob die Geschichte etwas damit zu tun habe, dass sein Handy gehackt wurde? Ja klar, gerade das sei es ja, was ihn im Moment so nervös mache. Wie es ihm sonst so gehe, ganz neu hier in Berlin, ohne Deutsch zu sprechen? Das sei schon alles okay, fast alle sprächen ja perfekt Englisch hier. Und Freunde? Auch kein Problem, er sei kein »social animal«, habe aber schon ein paar Bekanntschaften, auch einen ganz guten Freund, den er noch aus London kenne. Finanziell stehe er halt unter Druck, denn auch wenn das Leben in Berlin superbillig sei, sein

Erspartes würde nicht mehr lange reichen. Die Wohnung sei günstig, aber dafür liege sie auch an einer großen Straße im Erdgeschoss, nicht gerade Bestlage. Und auch nicht wirklich sicher.

Jetzt aber noch mal zum gehackten Smartphone: Woher weiß er denn, dass es gehackt wurde? Haha, die Frage würden ihm alle stellen, keiner glaube ihm. Aber die Sache sei doch völlig klar. Vor ein paar Wochen habe er zum ersten Mal eine dieser E-Mails erhalten, in einem Englisch verfasst, das eindeutig auf eine osteuropäische Herkunft des Verfassers schließen lasse, am ehesten Russland. Und dann eben diese versteckten Anspielungen auf seine Recherchen. Das sei aber nicht alles. Seither kämen immer wieder Spam-Mails, teilweise auch in kyrillischer Schrift, die er immer sofort lösche. Dann habe er vor drei Tagen eine SMS ohne Text bekommen, Absender unbekannt, und am selben Tag einen Anruf, bei dem sich niemand meldete, Rufnummer unterdrückt, nur ein Schnaufen sei vernehmbar gewesen. Gestern sei sein Telefon unvermittelt abgestürzt, einfach Blackout, das habe es noch nie gegeben.

John ist sehr angespannt, als er das erzählt, er schwitzt, muss mehrmals aufstehen und im Raum umhergehen. Warum ihm das niemand glaube, verdammt noch mal! Sein alter Freund aus London habe gesagt, er sei verrückt, seine Story sei doch völlig harmlos und er solle einfach mal wieder einen Joint durchziehen, sich entspannen, auf den Boden der Tatsachen zurückkommen. Apropos Joint: Ob er regelmäßig kiffe? Nein, früher mal ab und zu, in den letzten Wochen gar nicht. Er sei nicht so der Drogentyp, eher Biertrinker. In den letzten Tagen habe er abends ein paar Bier getrunken, zum Runterkommen. Er wolle jetzt auch nicht mehr groß weiterreden, sei total kaputt und brauche jetzt erst mal ein starkes Schlafmittel. Einfach mal wieder richtig schlafen, das sei im Moment sein einziger Wunsch.

Der Psychiater, der mit John in der Notaufnahme spricht, kann da ganz gut mitgehen. Bei ihm blinken zwar einerseits die psychiatrischen Alarmleuchten auf: Klingt nach Verfolgungswahn, typische Konstellation: neues Umfeld, schwierige Lebenssituation, Stress. Vielleicht eine akute psychotische Störung, stressinduziert. Oder sogar eine beginnende Schizophrenie? Andererseits kann das natürlich auch alles so sein, wie John sagt. Handys können gehackt werden, und wenn man für eine Story über die Russenmafia in Berlin recherchiert, muss man natürlich mit allem rechnen.

Er bietet John sicherheitshalber eine stationäre Aufnahme in die psychiatrische Klinik an, zur »Krisenintervention und weiteren Diagnostik«. Einfach mal zur Ruhe kommen, Gespräche führen und so weiter. Davon will John jedoch nichts wissen, und da der Psychiater ohnehin ambivalent ist (man will ja auch nicht gleich alles und jeden pathologisieren), schreibt er ihm ein Schlafmittel auf und notiert »bei Persistenz der Beschwerden oder Verschlechterung Wiedervorstellung empfohlen«.

Eine Woche später ist John wieder da: Die Beschwerden bestehen nach wie vor, sie haben sich sogar verschlimmert. Er schlafe weiterhin kaum, habe Angstzustände, traue sich nicht mehr auf die Straße. Er sei sich sicher, über sein Handy gefilmt worden zu sein, alle möglichen Websites hielten Botschaften für ihn bereit, man habe vermutlich sogar irgendwie Zugriff auf seine Gedanken, was absurd sei, aber wer wisse schon, was die für Methoden haben. Er habe schon an Suizid gedacht, so verzweifelt sei er, aber das sei ja »Bullshit«, er werde sich von denen nicht unterkriegen lassen. Immerhin ist er diesmal verzweifelt genug, das erneute Angebot einer stationären Behandlung in der Psychiatrie anzunehmen.

Die behandelnde Psychiaterin ist sich relativ sicher. Die Geschichte, die John erzählt, könnte zwar durchaus einen wahren Kern haben, doch die Sache mit dem Zugriff auf die Gedanken sei eindeutig als Ichstörung einzuordnen. Sie diagnostiziert eine akute psychotische Störung. Das findet John kompletten »Bullshit«, man glaube ihm wohl nicht, wolle ihn für verrückt erklären, aber okay, das angebotene Neuroleptikum könne er ja mal probieren.

Nach einer Woche geht es ihm etwas besser, und er verlässt die Klinik auf eigenen Wunsch. Das Angebot einer Weiterbehandlung in der Ambulanz der Klinik nimmt er dankend an. Er taucht einmal dort auf, sagt, es gehe ihm wieder gut, alles okay – und erscheint nie wieder. Ein Jahr später erreicht das behandelnde Team über Angehörige von John M. die Nachricht, er sei am S-Bahnhof Friedrichstraße von einem Zug überrollt worden. Es gebe keine Hinweise auf Fremdeinwirkung, auch keinen Abschiedsbrief. Ob sein Handy tatsächlich von der Russenmafia gehackt wurde, werden wir nie erfahren.

Helen S. ist 49 Jahre alt und lebt in New York. Sie ist Professorin für Mikrobiologie, halbwegs glücklich verheiratet und hat zwei Kinder. Helen steht mitten im Leben, eine erfolgreiche Frau auf dem Höhepunkt ihrer wissenschaftlichen Karriere. Eines Morgens ertastet sie beim Duschen eine Verhärtung in ihrer linken Brust. Sie weiß, was das bedeuten kann, und macht sofort einen Termin bei ihrem Gynäkologen. Alles geht ganz schnell, innerhalb weniger Tage steht die Diagnose fest: Brustkrebs. Sie wird bald operiert, danach soll sie eine Chemotherapie erhalten. Die Nebenwirkungen sind ihr bekannt, sie hat auch mal Medizin studiert. Haarausfall, Übelkeit, Erbrechen, sie wüsste es lieber nicht so genau.

Vor ihrer ersten Chemotherapie erhält sie ein starkes Mittel gegen Erbrechen und dazu Dexamethason, ein kortisonartiges Präparat, das die Wirkung des Antibrechmittels unterstützen soll. Auf dem Weg nach Hause überlegt sie sich kurz, ein Taxi zu nehmen, entscheidet sich dann aber doch für die Subway. Es sind ja nur ein paar Stationen mit dem A-Train und sie will sich nicht so anstellen, ihr Leben trotz der Krebsdiagnose möglichst ganz normal weiterführen.

Als sie im Zug sitzt, merkt sie, dass sich mit einem Mal etwas verändert. Sie fühlt sich etwas schwummrig, aber das ist es nicht. Was sich verändert, ist die Welt um sie herum. Das Licht im Zug ist anders als sonst, und die Menschen um sie herum sehen so seltsam aus, irgendwie auffällig, verdächtig. Ihr ist nicht ganz klar, warum, aber sie spürt, wie ein Bedrohungsgefühl in ihr aufsteigt. Alle anderen scheinen etwas zu wissen, was sie nicht weiß, sie sieht es ihnen an, auch wenn sie versuchen, es zu verbergen. Die Fahrgeräusche des Zuges werden immer lauter, haben plötzlich so einen deutlichen Rhythmus, und das Wackeln und Rütteln des Zuges ist heftiger als sonst.

Natürlich denkt Helen als Wissenschaftlerin daran, dass ihr Gehirn ihr gerade einen Streich spielen könnte. Sehr naheliegend, dass diese Veränderung ihres Erlebens, ihrer Wahrnehmung der Umwelt und ihrer Gefühle, durch eine Veränderung ihrer Hirnfunktion zustande kommt. Eine Nebenwirkung der Medikamente? Kurz meldet sich auch der Gedanke an ihre Krebserkrankung zu Wort. Hirnmetastasen? Aber bevor sie diesen Gedanken zu Ende denken kann, wird sie von der Heftigkeit ihres eigenen Erlebens eingeholt. Sie ist sich jetzt sicher, dass gerade etwas ganz Schlimmes passiert, eine Katastrophe entsetzlichen Ausmaßes, ein zweites 9/11, mindestens. Sie verfällt nicht in Panik, ihr Herzschlag ist etwas beschleunigt, aber ansonsten ist sie ganz ruhig. Gelassen blickt sie dem nahenden Ende entgegen, ihrem Ende, vielleicht dem Ende dieser Stadt oder sogar der Welt.

Wie ferngesteuert steigt sie bei der nächsten Station aus, eine Station zu früh, aber sie will jetzt doch wissen, was hier los ist, auch wenn sie in ihr eigenes Verderben rennt. Auf dem Bahnsteig scheint alles wie immer. Keine Hektik, keine Anzeichen einer Massenpanik. Erstaunlich, wie ruhig die Leute in dieser Situation bleiben. Typisch New Yorker. Helen geht die Treppen hoch auf die Straße, Central Park West, Ecke 96. Straße. Auch hier ist alles ruhig und entspannt. Ein goldener Oktobertag, strahlend blauer Himmel, der Central Park leuchtet im bunten Herbstgewand, der Geruch frischer Pretzels weht von der anderen Straßenseite herüber. Alles normal. Sie traut dem Frieden immer noch nicht, diese Hypernormalität, das kann doch alles nicht echt sein. Aber was sonst? Helen setzt sich in Bewegung Richtung Süden, will den restlichen Weg zu Fuß gehen. Langsam verflüchtigt sich das Bedrohungsgefühl, und es sickert die Erkenntnis durch, dass tatsächlich alles normal ist, dass die Katastrophe, von der sie gerade noch so felsenfest überzeugt war, nicht eintritt. Was war da gerade los? Ist sie verrückt geworden?

Helen hält sich für einen hundertprozentig rationalen Menschen, ist Wissenschaftlerin durch und durch. Menschen, die an übernatürliche Mächte, Verschwörungstheorien oder sonstigen, wie sie sagt, »irrationalen Quatsch« glauben, kann sie nicht ganz ernst nehmen. Wenn sie an etwas »glaubt«, dann an die Prinzipien der Aufklärung und die Erkenntnisse der Wissenschaft. Natürlich hat sie auch Emotionen und Gefühle, schöne und weniger schöne, aber das sind eben Reaktionsmuster ihres Gehirns, die – evolutionstheoretisch betrachtet – ihre Überlebens- und Reproduktionschancen erhöhen. Natürlich hat sie Glücksgefühle, wenn sie ihre über alles geliebten Kinder beim selbstvergessenen Spielen beobachtet, wenn sie schönen Sex hat oder wenn sie Mozart hört. Aber all das lässt sich biologisch erklären, und wenn ihr jemand mit irgendeinem göttlichen Prinzip daherkommt, kann sie nur müde lächeln.

Was aber war da gerade los, als sie im A-Train saß und plötzlich felsenfest davon überzeugt war, dass eine Katastrophe passieren würde? Ihre rationalen Erklärungsversuche waren machtlos, als sich die Welt um sie herum mit einem Mal veränderte, alles so anders wirkte, so auffällig, so fremd. Die Überzeugung, dass hier gerade eine Katastrophe passiert, drängte sich auf. In dem Moment war das für sie Realität, sie musste daran glauben.

Helen erinnert sich an die Psychiatrievorlesungen, die sie während des Medizinstudiums in Yale gehört hat, und an die Patienten mit Schizophrenie, mit denen sie in einem Praktikum zu tun hatte. So muss sich Wahn anfühlen: Man ist fest von einer Sache überzeugt, meist von einer schrecklichen, bedrohlichen, und alle rationalen Argumente erscheinen völlig irrelevant. Nur dass das dann anhält und sich unverrückbar im Kopf festsetzt, statt sich beim Anblick der herbstlichen Normalität an der Upper West Side wieder zu verflüchtigen, so wie das bei ihr gerade der Fall war. Gut, sagt sie sich, ich bin nicht verrückt geworden. Aber ich war gerade kurz verrückt.

Zu Hause angekommen, ruft sie einen guten Freund an, Psychiater und Neurowissenschaftler an der Columbia University. Er ist überhaupt nicht überrascht von ihrer Geschichte, sondern hat sofort eine plausible und sehr rationale Erklärung parat. Es sei keineswegs das erste Mal, dass jemand nach der Gabe von Dexamethason psychotisch geworden sei. Das sei die pharmakologische Nachahmung eines massiven Stresszustandes, das Gehirn werde in eine Art Habtachtstellung versetzt, die Wahrnehmung könne sich verändern, man nehme Bedrohungen wahr, wo keine sind, werde paranoid, manchmal könnten sogar Halluzinationen auftreten. Gut, dass das gleich wieder vorbei gewesen sei, aber sie solle ihrem Onkologen einen schönen Gruß ausrichten, er solle in Zukunft bitte etwas vorsichtiger sein mit dem Zeug. Ein MRT des Gehirns solle man sicherheitshalber auch noch mal machen, um Hirnmetastasen auszuschließen. Helen dankt ihrem Freund für die erklärenden, wenn auch nicht gerade beruhigenden Worte und legt auf. Sie kann es nicht fassen: Eine Überdosis Stresshormon, und ich, der rationalste Mensch der Welt, werde einfach mal kurz verrückt. Wirklich verrückt!

Der Dieb ist immer der Schwiegersohn

Margarete G. ist 73 Jahre alt und das, was man als eine »rüstige ältere Dame« bezeichnen könnte. Sie lebt allein in einer Altbauwohnung im Frankfurter Nordend. Seit ein paar Monaten ist sie bei einer Nervenärztin an der Konstabler Wache in Behandlung. In der Uniklinik am anderen Mainufer, an die sie ihre Hausärztin wegen zunehmender Schusseligkeit überwiesen hatte, war ihr damals eine »leichte kognitive Störung« attestiert worden. Diskrete Merkfähigkeitsstörungen, ansonsten aber keine weiteren Auffälligkeiten. Ein MRT des Kopfes ergab eine »grenzwertige Hirnvolumenminderung, noch altersentsprechend«. Ob sich eine Demenz entwickle, könne man noch nicht mit Sicherheit sagen, so die Psychiater:innen der Uniklinik, man müsse die Sache erst mal beobachten.

Zu ihrer neuen Nervenärztin hat Margarete G. Vertrauen gefasst, denn sie nimmt sich Zeit, ist sorgfältig und kann gut zuhören. Bei ihrem vierten Termin in der Praxis zeigt sich Margarete G. sichtlich beunruhigt. Ihr Schwiegersohn Michael habe sie in letzter Zeit wiederholt beklaut. Es sei ihr gleich komisch vorgekommen, dass er sie in den letzten Monaten öfter als sonst besucht habe, manchmal sogar ganz allein, ohne seine Frau Claudia, Margarete G.s älteste Tochter. Da sie Claudia für Notfälle ihren Wohnungsschlüssel gegeben habe, sei es auch ein Leichtes für ihren Schwiegersohn, in die Wohnung zu kommen, wenn sie nicht da sei. Vor einigen Wochen sei ihr zum ersten Mal aufgefallen, dass nach ihrer Rückkehr vom Friedhof Sachen in der Küche nicht mehr am selben Ort gewesen seien. Dann sei ein 50-Euro-Schein aus ihrem Sekretär verschwunden. Sie habe diese Ereignisse erst ihrer Schusseligkeit zugeschrieben, aber jetzt fehlten plötzlich auch einige Teile vom Tafelsilber. Margarete G. ist aufgebracht, lässt sich kaum beruhigen. Die Polizei habe sie nicht eingeschaltet, es sei ja peinlich, so etwas in der eigenen Familie.

Die Nervenärztin macht ein paar Tests: Die Merkfähigkeit der Patientin ist leicht eingeschränkt, aber Gedächtnis und Orientierung sind ansonsten regelrecht, es gibt keine weiteren Hinweise auf kognitive Einschränkungen. Dennoch, es wäre nicht das erste Mal, dass ein Patient mit beginnender Demenz paranoide Gedanken entwickelt. Akuten Handlungsbedarf sieht die Ärztin gleichwohl nicht, sie bittet Margarete G., in zwei Wochen wiederzukommen, am besten in Begleitung ihrer Tochter, um auch deren Einschätzung der Lage zu erfragen.

Zwei Wochen später kommt Margarete G. wie vereinbart mit ihrer Tochter Claudia in die Praxis. Obwohl es in der Zwischenzeit keine weiteren verdächtigen Ereignisse gegeben habe, zeigt sich Margarete G. deutlich verunsichert. Sie sagt, sie habe Angst in der Wohnung, kontrolliere ständig, ob noch alles da sei, und traue sich nicht mehr für längere Zeit aus dem Haus. Ihre Tochter hält das alles für Hirngespinste und ist sichtlich verärgert darüber, dass ihre Mutter ihrem Mann so etwas überhaupt zutraut. Sie mache sich aber auch Sorgen über den Gesundheitszustand ihrer Mutter; sie sei noch zerstreuter geworden, habe neulich sogar einen anderen Arzttermin verpasst. Die Nervenärztin erwägt eine Klinikeinweisung zur diagnostischen Abklärung, Verdacht auf wahnhafte Störung bei beginnender Demenz. Unmöglich, sagt Margarete G., sie könne in dieser Situation nicht so lange von zu Hause wegbleiben. Sie gegen ihren Willen in der Klinik unterzubringen, sei allerdings unverhältnismäßig, überlegt die Nervenärztin. Sie schlägt die Verordnung einer psychiatrischen Hauskrankenpflege vor: Dreimal pro Woche solle ein Pflegedienst zur Unterstützung vorbeikommen. Margarete G. lässt sich widerwillig darauf ein.

Zwei Monate später eskaliert die Situation, wieder ist Geld aus der Schublade verschwunden. Margarete G. wendet sich nun doch an die Polizei und zeigt ihren Schwiegersohn an. Tochter Claudia ist empört und drängt auf eine Einweisung in die Klinik, denn ihre Mutter sei nun endgültig verrückt geworden. Als die Nervenärztin sich weiter zögerlich zeigt, macht die Tochter von ihrem Recht als Vorsorgebevollmächtigte Gebrauch und veranlasst die Unterbringung nach dem Betreuungsgesetz.

Die Ärzt:innen der gerontopsychiatrischen Station der Uniklinik dokumentieren im Aufnahmebefund eine deutliche Angespanntheit und Gereiztheit der Patientin. Sie sei im Kontakt misstrauisch und es gebe neben einer leichten Merkfähigkeitsstörung Hinweise auf einen paranoiden Wahn mit deutlich ausgeprägter »Wahndynamik«, was bedeutet, dass Margarete G. sich gedanklich ständig mit der vermeintlichen Diebstahlgeschichte beschäftigt und sich aufregt, wenn die Sprache auf ihren Schwiegersohn kommt. Ärztlicherseits wird die niedrig dosierte Gabe eines Neuroleptikums empfohlen, damit sich Margarete G. »besser von der Sache distanzieren« könne, sprich, sich nicht so aufrege.

Noch bevor Margarete G. das Medikament zum ersten Mal einnimmt, gibt es interessante Neuigkeiten von der Polizei. Man habe den Schwiegersohn vernommen, und dieser sei geständig gewesen. Er habe zugegeben, Geld und Tafelsilber entwendet zu haben, um damit Spielschulden zu begleichen. Die gerichtliche Unterbringung von Margarete G. in der Psychiatrie wird kurze Zeit später aufgehoben. In den Entlassungspapieren der Klinik wird ein »im Vergleich zur Voruntersuchung unveränderter Befund« dokumentiert, von einer wahnhaften Störung ist allerdings nicht mehr die Rede. Auch von der Verordnung des Neuroleptikums wurde abgesehen. Gegenüber ihrer Nervenärztin sagt Margarete G. lediglich, man habe die Sache in der Familie geklärt.

Der ganz normale Wahnsinn?

Die drei Geschichten von John M., Helen S. und Margarete G. beruhen auf Fällen aus meiner Tätigkeit als Psychiater und Neurologe. Sie haben sich so oder so ähnlich ereignet, allerdings habe ich nicht nur die Namen geändert, sondern auch einige Details und die Beschreibungen so stark verfremdet, dass die realen Personen nicht erkannt werden können. Wenn ich bei Vorträgen vor Psychiatriekolleg:innen das Publikum frage, ob jemand schon mal einen Fall erlebt habe, bei dem die Unterscheidung zwischen Wahn und Realität schwierig oder unmöglich war, ernte ich von allen Seiten zustimmendes Nicken. Immer wieder hat man als Psychiater:in mit Fällen wie dem des John M. zu tun, mit Geschichten, die natürlich wahr sein könnten, aber in einigen Details oder auch nur durch die Art, wie sie erzählt werden, irgendwie »verrückt« klingen. Auch bei John M. können wir uns – selbst nach dem tragischen Ausgang, den seine Geschichte genommen hat – nicht sicher sein. Hat er sich das Leben im Gefühl der Ausweglosigkeit eines schweren Verfolgungswahns genommen? Oder war er aufgrund einer anhaltenden realen Bedrohung so verzweifelt, dass er sich nicht mehr anders zu helfen wusste? Und wie war das mit der Fremdeinwirkung? Die russische Mafia verfügt doch sicher über Methoden, einen Mord wie Selbstmord aussehen zu lassen … Oder gibt es zumindest einen wahren Kern in seiner Geschichte? Wurde sein Handy tatsächlich gehackt, aber die Sache war im Grunde harmlos, und er hat sie nur wahnhaft[1] verarbeitet? Oder war es genau umgekehrt? Die Wahrheit werden wir vermutlich nicht mehr erfahren.

Helen S. hat die Wahrheit über die von ihr befürchtete Katastrophe recht schnell herausgefunden. Nachdem ihre Befürchtung durch die Realität des friedlichen sonnigen Oktobertages widerlegt worden war und sie später auch eine medizinisch plausible Erklärung gefunden hatte, konnte sie ihr Erlebnis als eine kurzfristige Störung ihrer Hirnfunktion durch eine Medikamentengabe einordnen. Was blieb, war die Verstörung darüber, wie real sich dieser Wahnsinn angefühlt hatte, und vor allem darüber, dass das ausgerechnet *ihr* passieren konnte, die doch normalerweise alles Irrationale für groben Unfug hält. Ihr, die sich bei dem, was sie für richtig oder falsch hält, immer an den harten, überprüfbaren Fakten orientiert. Aber was sind die harten Fakten, wenn es darum geht, eine Situation wie in der Subway einzuordnen?

Offenbar hat das kortisonartige Präparat, das sie kurz zuvor bekommen hatte, eine Veränderung ihrer Wahrnehmung verursacht. Alles wirkte anders, fremd und damit auch bedrohlich. Wenn ich die Welt um mich herum als bedrohlich wahrnehme, dann muss ich schnell zu einer Einordnung kommen, um handeln zu können und nötigenfalls meine Haut zu retten. Für einen sorgfältigen Faktencheck ist dann vielleicht keine Zeit. Ohne lang und breit darüber zu reflektieren, hat Helen S. sofort, quasi automatisch, ihre Schlüsse gezogen und ist von einer katastrophalen Bedrohung ausgegangen. Diese Bedrohung war für sie in diesem Moment vollkommen real, harte Fakten hin oder her.

Ein Gehirn, das (zumindest nach der Einschätzung seiner Besitzerin) normalerweise nach dem Prinzip der Rationalität operiert, baut sich also aufgrund einer Überdosis Stresshormon plötzlich seine eigene, völlig irrationale Realität. Was bedeutet das für die Frage, wie die Realität in unserem Kopf entsteht? Wenn die Überdosis Stresshormon diesen Effekt hat, könnten dann vielleicht auch ganz normale Stressreaktionen die Funktionsweise unseres Gehirns in eine ähnliche Richtung beeinflussen? Hängt die Realität, die wir erleben, also davon ab, wie gestresst wir gerade sind? Und nicht nur davon, sondern auch von vielen anderen Faktoren, die unsere Hirnfunktion beeinflussen könnten?

Auf all diese Fragen werden wir noch zu sprechen kommen. Was wir aber an dieser Stelle schon festhalten können, ist, dass »normal« und »verrückt« erstaunlich nah beieinanderliegen. Es ist, als ob nur ein Schalter im Gehirn von Helen S. umgelegt werden müsste, um es von einem »normalen« in einen »verrückten« Funktionsmodus zu versetzen.

Anders als bei John M. und bei Helen S. verhält es sich im Fall von Margarete G., deren Diebstahlgeschichte man durchaus für wahnhaft halten konnte, die sich aber dann als eindeutig real aufgeklärt hat. Man konnte denken, sie sei verrückt geworden. War sie aber nicht. Ihre Wahrnehmungen und Befürchtungen stimmten durchaus mit der Realität überein, und der vermeintliche Verfolgungswahn und die darauf basierende Diagnose einer Psychose lösten sich in Luft auf, als klar wurde, dass ihr Schwiegersohn sie tatsächlich beklaut hatte.

Aber schauen wir noch mal genauer hin: Die Verdachtsdiagnose einer wahnhaften Störung beruhte ja nicht nur darauf, dass die Geschichte wahnhaft klang, sondern auch darauf, dass wahnhafte Störungen bei Demenzen durchaus häufiger vorkommen. Eine naheliegende Erklärung dafür beruht darauf, dass das Nachlassen des Gedächtnisses und anderer kognitiver Funktionen bei den Betroffenen zu Unsicherheit und Ängsten führt. Zudem wird manches, an dessen Zustandekommen man sich nicht erinnern kann, unerklärlich und damit auch potenziell bedrohlich. Wenn ich vergessen habe, dass ich den 50-Euro-Schein vor drei Tagen aus der Schublade genommen habe, bedarf sein Verschwinden einer anderen Erklärung. Das bedeutet auch Stress, und wie wir am Fall von Helen S. gesehen habe, könnte Stress wiederum wahnhaftes Denken begünstigen. Auch wenn Margarete G. mit ihrem Verdacht richtiglag, könnte es ja trotzdem sein, dass ihre leichte kognitive Störung sie in einen Zustand versetzt hat, in dem sie einfacher zu verunsichern war und daher empfänglicher war für Auffälligkeiten in ihrer Umgebung. Früher hätte sie sich vielleicht gar nicht viel dabei gedacht, aber Gedächtnisstörungen, Unsicherheit und der damit verbundene Stress könnten das Gehirn von Margarete G. in Alarmbereitschaft versetzt haben. In diesem Fall hat das gut funktioniert, sie hat die richtigen Schlüsse gezogen. Ihr Gehirn war möglicherweise in einem Zustand, der das Zustandekommen paranoider Gedanken begünstigte, sie war sozusagen näher an die Schwelle zum Wahn herangerückt. Sie hatte vielleicht eine stärkere Neigung zur Paranoia, nur hat diese Neigung in diesem Fall zu einer richtigen Einschätzung der Realität geführt. Aber das ist natürlich reine Spekulation, und wir wollen Margarete G. auf keinen Fall kränker machen, als sie ist. Schließlich ist die Diagnose einer »leichten kognitiven Störung« noch keine Demenz. Vielleicht wird sie auch nie dement werden und auch keine wahnhafte Störung entwickeln. Was aber auch ihr Fall uns wieder deutlich vor Augen führt, ist, wie nah »normal« und »verrückt« beieinanderliegen.

Doch wir sollten vorsichtig sein mit vorschnellen Schlussfolgerungen. Auf gar keinen Fall sollen diese Fallbeispiele die Botschaft vermitteln, dass psychische Erkrankungen doch eigentlich ganz normal sind oder es sich gar bei psychiatrischen Diagnosen immer nur um Erfindungen oder Hirngespinste von Psychiater:innen handelt. Natürlich gibt es viele Fälle, in denen die Sache eindeutig ist. Oft entwickeln Menschen im Rahmen psychischer Erkrankungen Überzeugungen, die so bizarr und zweifellos weit entfernt von der Realität sind, dass wir sie ganz eindeutig als wahnhaft einordnen müssen. Häufig liegen solchen wahnhaften Überzeugungen schwere psychische oder auch körperliche Erkrankungen zugrunde, die wir sehr ernst nehmen müssen und die einer Behandlung bedürfen. Was die Fallbeispiele aber zeigen, ist, dass die Grenzen zwischen »normal« und »verrückt«, zwischen psychisch »gesund« und »krank« fließend sind, dass diese Kategorien keineswegs in Stein gemeißelt sind und wir uns bei der Zuordnung zu diesen Kategorien durchaus irren können.

Der tiefe Graben

Und doch denken wir in genau diesen Kategorien. Wir alle treffen dichotome Unterscheidungen wie die zwischen »normal« und »verrückt«, denn sie erscheinen uns intuitiv plausibel. Kategorisches Denken ist in der Psychologie ein seit Langem bekanntes Phänomen. Wie der Sozialpsychologe Gordon Allport feststellte, muss »[…] der menschliche Geist mit der Hilfe von Kategorien denken. Wir können diesen Prozess nicht vermeiden. Geordnetes Leben hängt davon ab.«[2]

Die unzähligen Phänomene, die uns in der Welt begegnen, in Kategorien einzuteilen, macht vieles einfacher. Kategorien reduzieren Komplexität, sie ordnen, schaffen Struktur und helfen uns dadurch, Entscheidungen zu treffen. Ein gutes Beispiel ist das ärztliche Handeln, wie wir es bei unseren Fallbeispielen kennengelernt haben. Die Ärzt:innen, bei denen Menschen wie John M. oder Margarete G. Hilfe suchen, müssen Entscheidungen treffen, um helfen zu können. Treffe ich die Einordnung in die Kategorie »gesund«, besteht in der Regel kein weiterer Handlungsbedarf. Entscheide ich mich für die Kategorie »krank«, muss ich überlegen, welche Behandlungsoptionen vorliegen; dann muss ich prüfen, ob diese Optionen im vorliegenden Fall sinnvoll sind, und auf dieser Grundlage eine Behandlungsempfehlung geben.

Die Einteilung in Kategorien ist also zunächst ein hilfreiches Instrument, um Entscheidungen zu treffen, nicht nur für Ärzt:innen, sondern für uns alle, bei den vielen kleinen und großen Entscheidungen, die wir ständig im Leben treffen müssen.

Aber unsere Neigung zum Kategorisieren birgt auch Gefahren. Sie führt zu Schwarz-Weiß-Denken und kann Gräben reißen, die schwer zu überwinden sind. Besonders tief ist dieser Graben zwischen den Kategorien »normal« und »verrückt«. So fließend die Übergänge sein können, so scharf ist doch die Grenze, die wir in unseren Köpfen zwischen diesen Kategorien ziehen. Wer »normal« ist, der ist in Ordnung. Wer aber »verrückt« ist, der ist anders, der lebt in einer anderen Welt, ist uns fremd, unheimlich, vielleicht sogar gemeingefährlich.

Wie abgrundtief dieser Graben sein kann, zeigt die skandalöse und zugleich tragische Geschichte des Gustl Mollath. Er war überzeugt davon, dass seine Frau, die bei der bayerischen HypoVereinsbank arbeitete, seit den 1990er-Jahren in großem Stil in Schwarzgeldgeschäfte verwickelt war. Über diesen Vorwurf kam es zu einem Zerwürfnis zwischen den Eheleuten und schließlich zur Scheidung. Gustl Mollath wurde von seiner Frau wegen Körperverletzung und Freiheitsberaubung angezeigt, außerdem wurde ihm vor Gericht im weiteren Verlauf auch noch Sachbeschädigung angelastet. Entscheidend für den Ausgang des Verfahrens war aber, dass psychiatrische Gutachter seinen Vorwurf der Schwarzgeldgeschäfte als paranoide Wahnsymptomatik im Rahmen einer schweren psychischen Erkrankung einordneten. Dies führte zur Feststellung der Schuldunfähigkeit, sodass Gustl Mollath wegen attestierter Gemeingefährlichkeit in der forensischen Psychiatrie untergebracht wurde. Diese Entscheidung wurde durch mehrere Gerichtsinstanzen mehrmals bestätigt, bis im Laufe der Jahre zunehmende Zweifel an der Rechtsstaatlichkeit des Verfahrens laut wurden und 2012 ein interner Revisionsbericht der HypoVereinsbank an die Öffentlichkeit gelangte. In diesem Bericht wurden die Schwarzgeldgeschäfte, die Gustl Mollath seiner Frau vorgeworfen hatte, weitgehend bestätigt.

Molllaths Ideen waren also nicht wahnhaft gewesen, sie waren keine Folge einer schweren psychischen Krankheit, kein Produkt eines kranken Gehirns. Sie entsprachen schlicht der Realität. Nach siebeneinhalb (!) Jahren Unterbringung in der forensischen Psychiatrie wurde Gustl Mollath schließlich 2014 in einem Wiederaufnahmeverfahren freigesprochen.

Wie es zu diesem katastrophalen Justizirrtum kommen konnte, wurde an anderer Stelle ausführlich behandelt, sowohl was die Rolle der psychiatrischen Gutachter als auch was den Mangel an Rechtsstaatlichkeit in dem Verfahren insgesamt betrifft.[3] In unserem Zusammenhang aber ist die wichtigste Lehre aus diesem Fall die folgende: Die offensichtlich falsche Einordnung als »verrückt« hat einen Graben zwischen Gustl Mollath und den Rest der Welt gerissen, wie man ihn sich tiefer kaum vorstellen kann. Dass seine Überzeugung von den Schwarzgeldgeschäften seiner Frau als paranoide Wahnsymptomatik eingestuft wurde, war letztlich der entscheidende Grund dafür, dass er für einen bedeutenden Teil seines Lebens seiner Freiheit beraubt wurde. Durch diese Einschätzung der psychiatrischen Gutachter wurde Gustl Mollath von einer Seite des Grabens, der Seite der »Normalen«, auf die der »Verrückten« katapultiert. Siebeneinhalb Jahre musste er auf dieser Seite in Unfreiheit ausharren. Siebeneinhalb Jahre, die für einen wahrhaft tiefen Graben stehen.

Verrückt – eine Begriffsklärung

An dieser Stelle wird es langsam Zeit, darüber zu sprechen, was »verrückt« überhaupt bedeutet. Lassen Sie uns hier auf etymologisch begründete Einsichten zur *eigentlichen* Bedeutung des Wortes verzichten, nach dem Motto »ver-rückt, das bedeutet ja ursprünglich …«. Damit wollen wir unsere kostbare Zeit nicht vergeuden, das haben Sie schon hundertmal gelesen oder gehört, und diese etymologischen Herleitungen sind ohnehin meistens von beschränktem Erkenntniswert. Lassen Sie uns Klartext reden, denn ich meine »verrückt« genau so, wie Sie es verstehen: Als »verrückt« bezeichnen wir jemanden, der offenbar den Kontakt zur Realität verloren hat und sich in seinem Kopf eine Welt zurechtspinnt, die mit der Welt, wie wir sie kennen, nichts oder nur wenig zu tun hat. Die Person spinnt sich in ihrem Kopf etwas zurecht, ein Hirngespinst also. Sie glaubt an etwas oder ist sogar fest von einer Sache überzeugt, die wir für ein Hirngespinst halten. Eine Person, die wir für »verrückt« erklären, ist also überzeugt von Dingen, die aus unserer Sicht unwahr oder sogar abwegig sind. Wir erkennen das zum einen an den Äußerungen der Person, aber auch an ihren Handlungen. Denn wenn man von etwas überzeugt ist, dann handelt man in der Regel auch nach dieser Überzeugung. Halten wir also fest: Als »verrückt« bezeichnen wir Personen, die Überzeugungen haben (und nach diesen handeln), von denen wir denken, dass sie nicht mit der Realität übereinstimmen, die wir also schlichtweg für falsch halten.

Ich spreche hier nicht ohne Grund von Überzeugungen.[4] Nach der Definition des Duden ist eine Überzeugung »eine feste, unerschütterliche [...] Meinung oder ein fester Glaube«[5]. Diese subjektive Gewissheit, die im Wesen von Überzeugungen liegt, ist auch bei Menschen anzutreffen, die wir für »verrückt« halten. Es gehört zur »Verrücktheit« dazu, dass man sich von seinen Überzeugungen nicht so leicht abbringen lässt.

Vor einiger Zeit habe ich an der Berliner Charité einen älteren Herrn behandelt, der fest davon überzeugt war, dass er durch die Stasi überwacht wird. Er war sich sicher, dass die Stasi Gerätschaften in seiner Wohnung installiert hat, mit denen sie seine Gedanken lesen kann. Das hat ihn dazu veranlasst, sich einen aufwendig konstruierten Aluminiumhelm zu bauen, der sein Gehirn vor dem Zugriff der Stasi schützen sollte. Auf meinen behutsam vorgebrachten Einwand, dass es das Ministerium für Staatssicherheit doch seit über dreißig Jahren nicht mehr gebe, lachte er mich aus und erklärte mich für völlig ahnungslos. Ich hielt es in dieser Situation für besser, nicht weiter zu insistieren, denn schon seine erste Reaktion ließ mich vermuten, dass er sich auch dann nicht von seiner Überzeugung hätte abbringen lassen, wenn ich meine Aussage mit gesicherten historischen Fakten belegt hätte. Er räumte ein, dass Angehörige und Nachbarn denselben Einwand vorgebracht hätten wie ich, gab aber gleichzeitig zu bedenken, dass auch sie keine Ahnung hätten und ihn irrigerweise wegen seines Aluminiumhelmes und anderer Abschirmvorrichtungen in seiner Wohnung für verrückt erklärt hätten.

Wir stellen also weiter fest: Als »verrückt« werden Personen bezeichnet, die aus Sicht der anderen falsche Überzeugungen haben, nach ihnen handeln und an ihnen mit unerschütterlicher Gewissheit festhalten. Wenn ich nun sage, dass wir bestimmte Personen als »verrückt« bezeichnen, so meine ich »wir« im Sinne von »wir alle« oder »die meisten von uns«. Ich meine das ausdrücklich *nicht* im Sinne von »wir Psychiater:innen«, denn »verrückt« ist ein allgemeinsprachlicher Begriff und kein medizinischer oder psychologischer Fachterminus. Das Wort »verrückt« hat eindeutig einen negativen Beigeschmack (mindestens), und wenn wir es im Zusammenhang mit anderen Personen verwenden, dann wollen wir damit in der Regel sagen, dass mit ihnen etwas grundsätzlich nicht stimmt. Als Psychiater:innen wollen wir genau das aus sehr guten Gründen nicht tun. Um Menschen nicht in dieser Weise abzustempeln, verwenden wir beschreibende Begriffe, um Symptome zu benennen, und geben (manchmal zu schnell) Diagnosen, um die Symptome einzuordnen und auf dieser Grundlage therapeutische Entscheidungen zu treffen. Psychische Symptome und psychiatrische Diagnosen sind nicht in Stein gemeißelt und sehr häufig reversibel, das heißt, sie können sich zurückbilden. Schon aus diesem einfachen Grund sollten wir als Psychiater:innen unbedingt Begriffe vermeiden, die Menschen als grundsätzlich *nicht in Ordnung* abstempeln und damit stigmatisieren. Ich halte es sogar für eine unserer wichtigsten Aufgaben als Psychiater:innen, dieser Form der Stigmatisierung entschlossen entgegenzutreten.

Trotzdem, und eigentlich sogar genau deswegen, verwende ich hier das Wort »verrückt« ganz bewusst, weil wir alle es ständig im Munde führen, und zwar vor allem dann, wenn wir sagen wollen, dass jemand Meinungen oder Überzeugungen hegt, die wir für kompletten Unsinn halten. Der Freund von John M. erklärt ihn für verrückt, weil er die Idee absurd findet, dass dessen Smartphone von der Russenmafia gehackt worden sein soll. Claudia hält ihre Mutter Margarete G. für verrückt, weil diese ihren Schwiegersohn des Diebstahls verdächtigt. Helen S. vermutet nach ihrem apokalyptischen Erlebnis in der New Yorker Subway sogar selbst, verrückt geworden zu sein. In diesen Fällen geht es jeweils um den Verdacht auf eine psychische Erkrankung, was dann laienhaft und etwas salopp mit dem Wort »verrückt« zum Ausdruck gebracht wird. Unsere Verwendung dieses Wortes ist jedoch keineswegs auf den Bereich des Pathologischen begrenzt.

Risse in der Gesellschaft

Ich möchte hier weder Moralapostel noch Sprachpolizei spielen. Mir geht es nicht darum, das Wort »verrückt« zu verbieten. Sondern darum, ein Phänomen zu beschreiben, es zu verstehen und schließlich daraus zu lernen. Das Phänomen, um das es geht, ist dieses: Wir machen uns ein Bild von der Welt, von dem wir in vielerlei Hinsicht fest überzeugt sind. Wenn die Überzeugungen anderer mit unseren übereinstimmen, halten wir sie für »normal«, wenn nicht, erklären wir sie gern für »verrückt«.

Diese kategorische Unterscheidung treffen wir im Hinblick auf psychische Erkrankungen, obwohl die Grenzen oft fließend sind. Wie tief die Gräben sein können, die durch diese dichotome Kategorisierung entstehen können, haben wir am Beispiel des Gustl Mollath gesehen. Wir treffen diese Unterscheidung aber nicht nur, wenn es um psychische Gesundheit oder Krankheit geht. Sondern wir neigen dazu, jede(n) als »verrückt« zu bezeichnen, der/die Überzeugungen vertritt, die unseren widersprechen. Wir stempeln Menschen als »verrückt« ab, die von Dingen überzeugt sind, die wir für falsch halten. Mit falsch meine ich: unwahr, nicht der Realität entsprechend, also durch Fakten widerlegbar.

Es ist naheliegend und sehr verlockend, in diesem Zusammenhang Zitate von Donald Trump als Beispiele anzuführen, schließlich bezeichnet der in seinen zahlreichen Tweets ständig irgendjemanden als »crazy«. So hat er es sich im Zuge des gegen ihn angestrengten Impeachment-Verfahrens Anfang 2020 zur Gewohnheit gemacht, die demokratische Sprecherin des US-Abgeordnetenhauses, Nancy Pelosi, unverblümt

»crazy Nancy« zu nennen. Pelosi wertete ihrerseits die »crazy tweets« des damaligen Präsidenten als Zeichen seiner eigenen Verrücktheit: »Wenn er jemanden verrückt nennt, weiß er genau, dass er es selbst ist.«[6]

Natürlich macht es uns Spaß, uns über das kindergartenhafte Verhalten erwachsener Menschen zu amüsieren, vor allem wenn sie sich auf der weltpolitischen Bühne bewegen. Aber dass Menschen sich gegenseitig als »verrückt« bezeichnen, das können wir überall beobachten. Zum Beispiel bei uns selbst: Vor einiger Zeit unterhielt ich mich mit einer Freundin über ein Buch des Evolutionsbiologen und Religionskritikers Richard Dawkins und eine darin erwähnte Umfrage. Der zufolge glaubten 45 Prozent der US-amerikanischen Bevölkerung daran, dass Gott den Menschen »in ziemlich genau seiner jetzigen Form irgendwann in den letzten 10 000 Jahren erschaffen hat«.[7] Meine Freundin meinte, es sei doch unglaublich, dass fast die Hälfte der Amerikaner »so verrückt« sei. Es fiel mir schwer, ihr zu widersprechen.

Wie oben bereits erwähnt, neigen wir zu einfachen Kategorisierungen, da sie uns helfen, Komplexität zu reduzieren und pragmatische Entscheidungen zu treffen. Im sozialen Kontext hat Kategorienbildung aber noch eine weitere wichtige Funktion. Kategorisieren hilft bei der Definition der eigenen Identität durch die Zugehörigkeit zu einer Gruppe, dient der Abgrenzung von anderen, der Unterscheidung zwischen »uns« und »den anderen«.[8] Und dabei spielen Überzeugungen oft eine zentrale Rolle. So geht es etwa bei der Zugehörigkeit zu politischen Gruppierungen nicht nur um Werte, Interessen und deren Um- oder Durchsetzung, also letztlich um die Frage, was für das Wohl der Menschen in einer Gesellschaft das Beste ist; sondern es geht auch darum, was für *wahr* gehalten wird und was nicht. Das Problem des menschengemachten Klimawandels beispielsweise scheint im öffentlichen Diskurs vor allem zu einer Frage der politischen Orientierung geworden zu sein. Es ist nicht nur von Belang, welche Maßnahmen politisch sinnvoll wären, um den Klimawandel aufzuhalten, oder welche Werte priorisiert werden sollten (zum Beispiel »Freie Fahrt für freie Bürger« versus »Ökodiktatur«). Für die Zugehörigkeit zu bestimmten politischen Gruppierungen geht es um die Frage, ob es den Klimawandel gibt oder nicht, oder zumindest um die Frage, ob dieser menschengemacht ist.

Der Trump-Tweet, in dem er behauptet, der Klimawandel sei von

China erfunden worden, um der US-amerikanischen Wirtschaft zu schaden, ist ein Klassiker und zum Sinnbild einer völlig absurden politischen Meinungsmache geworden.[9] Man darf es schon fast erfreulich finden, dass nicht alle Anhänger:innen der Republikaner diese Einschätzung teilen. Dennoch waren in einer Umfrage des Pew Research Center aus dem Jahr 2015 nur zehn Prozent der (nach eigenen Angaben) konservativ gesinnten Anhänger:innen der Republikaner davon überzeugt, dass die Erde sich unter dem Einfluss menschlicher Aktivitäten erwärmt. Unter den liberal gesinnten Wähler:innen der Demokraten waren es dagegen 78 Prozent.[10]

Auch in der deutschen Bevölkerung finden sich ähnliche Unterschiede zwischen Anhänger:innen unterschiedlicher Parteien, wenngleich der Anteil derer, die hierzulande den Klimawandel für menschengemacht halten, insgesamt höher ist als in den USA. In einer 2019 durchgeführten Umfrage glaubten 98 Prozent der Linken- und 97 Prozent der Grünen-Wähler:innen, dass sich der Klimawandel durch den Einfluss des Menschen verstärkt, während diese Überzeugung bei AfD-Wähler:innen mit sechzig Prozent deutlich weniger verbreitet war.[11]

Egal welcher Überzeugung die Befragten waren, es ist eher unwahrscheinlich, dass sie sich alle ein umfassendes Bild von der wissenschaftlichen Evidenz des menschlichen Beitrags zum Klimawandel gemacht haben. Um die Fragen nach unserem Zutun zu beantworten, greifen Klimaforscher:innen auf eine Vielzahl von empirischen Daten, komplexe Theorien und mathematische Modelle zurück. Als Laie eine fundierte Meinung dazu zu haben, ist nicht einfach. Möglicherweise aber spielt die Frage, ob die Theorie des menschengemachten Klimawandels wahr ist oder falsch, für die meisten Menschen gar keine Rolle, wenn es um die Bildung ihrer diesbezüglichen Meinung geht. Vielmehr gibt es gute Gründe für die Annahme (und mit diesen Gründen werden wir uns noch eingehender beschäftigen), dass wir viele unserer Überzeugungen hauptsächlich deswegen vertreten, weil sie für die Zugehörigkeit zu einer Gruppe stehen. Vielleicht suchen wir uns also die Gruppe, zu der wir gehören wollen, nicht nach unseren Überzeugungen aus, sondern eher umgekehrt. So dienen unsere Überzeugungen einerseits der Identifikation mit der Gruppe und andererseits auch der Abgrenzung gegenüber anderen.

Auch in diesem Punkt braucht sich niemand einzubilden, von solchen Motiven völlig frei zu sein. Ich kann das gut bei mir selbst beobachten: Wer an Kreationismus glaubt oder den menschlichen Einfluss auf die Erderwärmung leugnet, der gehört nicht zu meiner Gruppe, zu dem Teil der Gesellschaft also, der sich für liberal, aufgeklärt und einigermaßen gebildet hält. Bei einer Fortbildung kam ich mit einem Kollegen ins Gespräch, den ich sympathisch und klug fand, der mir dann aber erzählte, dass er einer evangelikalen Freikirche angehöre und an Kreationismus glaube. Das war eine echte Herausforderung für mich. Es fällt mir schwer, das zuzugeben, denn ich finde es beschämend. Aber ich musste mich sehr bemühen, ihn weiter ernst zu nehmen, und mich mit aller Vehemenz dagegenstemmen, ihn irgendwie für, nun ja, »verrückt« zu halten. Und klar, vielen Menschen, die nicht meiner Gruppe angehören, wird es umgekehrt genauso gehen; sie können es nur kopfschüttelnd zur Kenntnis nehmen, wenn ich auch nur Zweifel an der Existenz eines allmächtigen Gottes und Schöpfers äußere. Denn so steht es doch in der Bibel: »Als Gott den Menschen schuf, machte er ihn nach dem Bilde Gottes.«[12] Dass man daran nicht glauben mag, ist für viele Gläubige unbegreiflich, ganz einfach »verrückt«.

Feste Überzeugungen zu haben, mag in vielerlei Hinsicht hilfreich sein, zum Beispiel, wenn es um Gruppenzugehörigkeit geht. Es liegt aber auch auf der Hand, dass die vereinfachende Kategorisierung anhand fester Überzeugungen Probleme mit sich bringt und eine Herausforderung für unsere Gesellschaft bedeutet. Wir haben anhand der oben dargestellten Fallbeispiele gesehen, dass die einfache Einordnung von Überzeugungen in dichotome Kategorien wie »normal« und »verrückt« schon dann problematisch ist, wenn es um psychische Erkrankungen geht. Wir haben am Fall von Gustl Mollath gesehen, wie katastrophal tief der Graben sein kann, der dadurch entstehen kann. Aber auch jenseits der Frage psychiatrischer Diagnosen ist unsere Neigung, Überzeugungen als »normal« oder »verrückt« zu kategorisieren, ein wirklich ernst zu nehmendes Problem. Denn diese Kategorisierung birgt nicht nur die Gefahr der Stigmatisierung von Minderheiten, sie kann auch zu Rissen führen, die mitten durch unsere Gesellschaft gehen. Sie mag Komplexität reduzieren und dadurch vieles einfacher erscheinen lassen, was sie aber erschwert, ist der konstruktive Dialog als essenzielle Grundlage für Kompromissfindung und gemeinsame Entscheidungen in einer sozialen Gemeinschaft. Es geht also um etwas!

Dass die Bildung dichotomer Kategorien anscheinend bei der Definition und Konsolidierung sozialer Gruppierungen hilft, ist aber nur *ein* Grund dafür, dass wir uns so gern gegenseitig für »verrückt« erklären. Der andere Grund liegt ganz einfach darin, dass wir so überzeugt von unseren Überzeugungen sind. Wir sind uns ihrer sehr sicher und rücken extrem ungern von ihnen ab. Wenn wir fest davon überzeugt sind, dass eine Aussage *richtig* ist, dann heißt das ja gleichzeitig, dass anderslautende Überzeugungen – zumindest dann, wenn sie mit unseren Überzeugungen unvereinbar scheinen – *falsch* sein müssen. Wie aber kann es sein, dass andere so unerschütterlich an diesen *falschen* Überzeugungen festhalten?

Im Prinzip gibt es dafür eine Vielzahl möglicher Erklärungen. Mal ganz abgesehen davon, dass wir selbst irren könnten (wovon wir aber logischerweise nicht ausgehen, wenn wir von etwas fest überzeugt sind), könnten die anderen einfach schlecht informiert sein. Möglicherweise wollen sie sich auch nicht besser informieren, vielleicht, weil ihnen die Wahrheit in der betreffenden Frage nicht besonders wichtig ist. Sie könnten auch schlicht nicht über die intellektuellen Ressourcen verfügen, die notwendig wären, um die richtigen Schlüsse aus den verfügbaren Fakten zu ziehen, gerade wenn es um komplexe Sachverhalte geht. Sie könnten auch Opfer von Scharlatanerie oder Demagogie sein, also der manipulativen Überzeugungskraft von Menschen erlegen sein, die unlautere Absichten hegen. Oder sie sind selber Scharlatane oder Demagogen und vertreten wider besseres Wissen Überzeugungen, um andere zu täuschen, weil sie sich davon irgendwelche Vorteile versprechen.

Die Liste möglicher Gründe für das Festhalten anderer an ihren (aus unserer Sicht) falschen Überzeugungen ließe sich noch lange weiterführen. Eine Schlussfolgerung aber, die besonders verlockend ist, vor allem dann, wenn uns selbst eine Sache so sonnenklar erscheint und eine andere Person trotz dieser Klarheit partout kein Einsehen haben will, ist die, dass diese Person den Kontakt zur Realität verloren hat. Ganz einfach: Sie muss »verrückt« sein.

Lassen Sie uns also der Frage auf den Grund gehen, warum wir von unseren Überzeugungen so überzeugt sind. Lassen Sie uns versuchen zu verstehen, welche Funktion unsere festgefahrenen Überzeugungen für uns haben, wie sie in unseren Köpfen entstehen und wie es dazu kommen kann, dass sie sich oft von der Realität entkoppeln – und zwar nicht nur bei psychisch Erkrankten, sondern bei uns allen. Was wir sehen werden, ist, dass unser Bild der Welt eine Fantasie ist, die mal mehr und mal weniger mit der Realität da draußen übereinstimmt. Je geringer diese Übereinstimmung, desto »verrückter«. Aber die Übergänge zwischen »normal« und »verrückt« sind fließend.

2
Die Rationalitätsillusion

Um welche Überzeugungen geht es hier überhaupt?

Bevor wir näher auf die Funktion von Überzeugungen und ihre Entstehung in unseren Köpfen eingehen, wollen wir uns zunächst die Frage stellen, auf welcher Grundlage sich Überzeugungen in »normale« und »verrückte« einteilen lassen, und zwar jenseits des rein subjektiven Kriteriums, ob ich oder Sie oder sonst irgendjemand sie für richtig oder falsch hält. Dazu müssen wir ein paar grundsätzliche Punkte klären. Als Erstes müssen wir definieren, über welche Art von Überzeugungen wir hier eigentlich reden. Dann müssen wir uns noch einmal etwas eingehender mit dem Begriff »verrückt« beschäftigen. Vor allem aber müssen wir die Frage beleuchten, wodurch sich Überzeugungen auszeichnen, die wir als »verrückt« abstempeln – abgesehen davon, dass wir sie für falsch halten. Zu guter Letzt wollen wir versuchen, Klarheit darüber zu gewinnen, ob sich »normale« von »verrückten« Überzeugungen überhaupt grundlegend unterscheiden und, wenn ja, aufgrund welcher Kriterien wir diese Unterscheidung treffen können.

Machen wir uns also an die Arbeit. Über welche Art von Überzeugungen reden wir hier eigentlich? Bei allen Überzeugungen, die bisher zur Sprache kamen, war die entscheidende Frage, ob eine Aussage wahr ist oder falsch. Zum Beispiel im Fall des jungen Engländers John M.: Ist es wahr oder falsch, dass sein Handy von der russischen Mafia gehackt wurde? Es geht darum, ob die Aussage, von der John überzeugt ist, die Realität richtig beschreibt oder nicht. Man spricht in diesem Fall von *deskriptiven Überzeugungen.* Solche deskriptiven (beschreibenden) Überzeugungen betreffen Aussagen oder Theorien über die Realität. Das heißt, sie können in der Regel durch Überprüfung bestätigt oder widerlegt werden, zumindest mit einer gewissen Wahrscheinlichkeit. Deskriptiv sind zum Beispiel Überzeugungen wie die, dass die Erde um die Sonne kreist oder dass regelmäßiger Sport gesund ist.

Im Unterschied dazu gibt es aber auch Überzeugungen, deren Wahrhaftigkeit nicht überprüfbar ist. Sie beschäftigen sich gar nicht mit der Frage, ob etwas mit der Realität übereinstimmt oder nicht, sondern nur mit der Frage, wie etwas sein *sollte*. In diesem Fall spricht man von *normativen Überzeugungen*. Sie betreffen zum Beispiel die Frage, ob eine Handlung gut oder böse ist oder ob ein Verhalten moralisch richtig oder falsch ist. Normativ wären etwa Überzeugungen wie die, dass alle Menschen ein Recht auf freie Meinungsäußerung haben oder dass sich Frauen in der Öffentlichkeit verschleiern müssen.

In diesem Buch soll es um *deskriptive Überzeugungen* gehen, um Überzeugungen also, die den Anspruch auf Wahrhaftigkeit erheben. Es ist nicht ausgeschlossen, dass einige der Schlussfolgerungen, die wir aus der Betrachtung deskriptiver Überzeugungen ziehen, auch für den Diskurs in Bezug auf normative Überzeugungen relevant sind. Aber das ist eine andere Frage. Hier soll es um Aussagen über die Realität gehen, darum ob etwas wahr ist oder nicht. Nun mögen Sie berechtigterweise einwerfen, dass wir nicht unbedingt von allen Aussagen überzeugt sind, die wir über die Realität machen. Manchmal sind wir uns nicht ganz sicher, wir haben vielleicht allenfalls eine schwache Ahnung oder räumen ein, dass sich etwas anders verhalten könnte, als wir annehmen. Oft genug aber sind wir von Aussagen auch felsenfest überzeugt. Und selbst jene, bei denen wir uns nicht ganz sicher sind, vertreten wir häufig im Brustton der Überzeugung.

Was ist Wahn?

Im ersten Kapitel haben wir uns schon kurz mit der Frage beschäftigt, was mit dem Begriff »verrückt« gemeint ist. Wir haben festgestellt, dass es sich dabei nicht um einen medizinischen oder psychiatrischen Fachbegriff handelt. Psychiater:innen bezeichnen Menschen in der Regel nicht als »verrückt«, sondern sie beschreiben Symptome und stellen Diagnosen. »Verrücktheit« ist kein Symptom und auch keine Diagnose. Wenn überhaupt ein Bezug zur medizinischen Terminologie hergestellt werden kann, dann kann »Verrücktheit« mit bestimmten Symptomen umschrieben werden. Wir hatten bereits herausgearbeitet, dass gemeinhin Personen dann als »verrückt« bezeichnet werden, wenn sie Überzeugungen haben, die nicht mit der Realität übereinstimmen. Wenn wir als Psychiater:innen zu der Einschätzung gelangen, dass eine Person von Ideen überzeugt ist, die eindeutig nicht mit der Realität im Einklang stehen (z. B. Überwachung durch die Stasi dreißig Jahre nach der Wiedervereinigung, Sie erinnern sich an den Herrn mit dem Aluminiumhelm), dann sprechen wir von dem Symptom *Wahn*. Nach der aktuellen Version des von der Amerikanischen Psychiatrischen Gesellschaft herausgegebenen »Diagnostic and Statistical Manual of Mental Disorders«, kurz DSM-5, wird Wahn folgendermaßen definiert: »Eine feste Überzeugung, die auch im Lichte entgegengesetzter Evidenz keiner Änderung zugänglich ist. […] Die Unterscheidung zwischen einem Wahn und einer stark behaupteten Idee ist manchmal schwer zu treffen und hängt von dem Grad der Gewissheit ab, mit der an einer Überzeugung festgehalten wird, auch wenn entgegengesetzte und bezüglich ihrer Wahrhaftigkeit klare und vernünftige Evidenz vorliegt.«[1]

Das ist natürlich nur eine von vielen möglichen Definitionen, und auch solche Definitionen sind nicht in Stein gemeißelt. Aber diese Definition stellt immerhin den Konsens führender Fachleute dar und enthält auch einige Aussagen, die in unserem Zusammenhang aufschlussreich sind. Zunächst einmal stellen wir fest: Bei einem Wahn handelt es sich um eine Überzeugung. Das ist ein wichtiger Punkt, denn häufig wird Wahn mit Wahrnehmungsstörungen verwechselt, wenn also zum Beispiel eine Person etwas wahrnimmt, das nicht da ist, oder einen vorhandenen Reiz falsch wahrnimmt. Man spricht dann von *Halluzinationen* oder *Illusionen*. Der Begriff Wahn hingegen bezieht sich nicht auf das, was wir mit unseren Sinnen wahrnehmen, sondern auf das, was in unserem Kopf vor sich geht: auf Einfälle, Gedanken und Ideen. Und wie aus der Definition des DSM-5 hervorgeht, handelt es sich dabei um Ideen, an denen mit besonders großer Gewissheit festgehalten wird, also um Überzeugungen.[2]

Hier beginnen aber auch schon die Schwierigkeiten, mit denen wir es zu tun bekommen, wenn wir wahnhafte von nicht wahnhaften, also »normalen« Überzeugungen unterscheiden wollen. Der Duden definiert schon gewöhnliche Überzeugungen als »feste, unerschütterliche Meinungen«[3]. Unerschütterlich, das bedeutet doch, dass ich meine Überzeugung nicht ändern werde, selbst wenn mir jemand versucht zu beweisen, dass sie falsch ist.[4] Genau das steht aber auch in der DSM-5-Definition des Wahns: eine »Überzeugung, die auch im Lichte entgegengesetzter Evidenz keiner Änderung zugänglich ist«. Die Definition des DSM-5 erkennt diese Schwierigkeit explizit an, indem sie sagt, dass »die Unterscheidung zwischen einem Wahn und einer stark behaupteten Idee« manchmal schwer zu treffen ist und dass es auf den Grad der Gewissheit ankommt, mit der an einer Überzeugung festgehalten wird.

Aber wie fest und unerschütterlich muss eine Überzeugung sein, wie festgefahren muss sie sein, gegen wie viel entgegengesetzte Evidenz muss sie resistent sein, damit ich sie als Wahn bezeichnen kann? So wie wir das für die umgangssprachliche Unterscheidung zwischen »normal« und »verrückt« festgestellt haben, ist es also auch mit der um Präzision immerhin bemühten psychiatrischen Terminologie: Es fällt schwer, eine klare Grenze zu ziehen, die Übergänge sind fließend.

Neben dem Grad der Gewissheit ist nach der Definition des DSM-5 auch entscheidend, ob eine Überzeugung mit der vorliegenden Evidenz übereinstimmt. Wobei diese Evidenz bezüglich ihrer Wahrhaftigkeit »klar und vernünftig« sein muss. Liegt darin vielleicht die Lösung des Problems? Wenn eine Person eine Überzeugung hat, obwohl es klare und vernünftige Evidenz dagegen gibt, und wenn sie trotzdem mit unerschütterlicher Gewissheit daran festhält, dann haben wir es mit einem Wahn zu tun. Hier allerdings wird es erst richtig knifflig, und zwar bei der Frage, was »klare und vernünftige« Evidenz eigentlich sein soll. Denn mit dieser Frage stecken wir mitten in einem uralten Problem, über das Generationen von Philosoph:innen ganze Bibliotheken gefüllt haben. Die sogenannte Erkenntnistheorie – auch *Epistemologie* genannt – ist das Gebiet der Philosophie, das sich genau mit der Frage beschäftigt, unter welchen Voraussetzungen Erkenntnisse, Wissen und Überzeugungen zustande kommen. Wann wir also die Evidenz für unsere Theorien über die Wirklichkeit als klar und wann als vernünftig betrachten dürfen, das sind zentrale Fragen der Erkenntnistheorie.

Der trockengelegte Brunnen der absoluten Wahrheit

Soweit ich das als philosophischer Laie überblicke, herrscht in der zeitgenössischen Philosophie weitgehende Einigkeit darüber, dass *absolute* Wahrheiten eine schwierige Sache sind. Wir sind in unseren Mitteln und Fähigkeiten, Erkenntnisse über die Wirklichkeit zu erlangen, grundsätzlich limitiert und können daher nicht mit Sicherheit wissen, ob unsere Theorien über die Wirklichkeit wahr sind oder nicht. Den Begriff *Theorie* verwende ich hier im Sinne eines Modells der Wirklichkeit, eines Modells, das Aussagen über einen bestimmten Ausschnitt der Wirklichkeit enthält. Eine Theorie ist in diesem Sinne ein System von Aussagen.

Den Grundstein für die Auffassung, dass wir die Wirklichkeit als solche nicht erkennen können, hat der schottische Philosoph David Hume in seinen »Abhandlungen über die menschliche Natur« (1739) gelegt.[5] Er vertrat die These, dass unsere Erkenntnisse über die Außenwelt allein auf den Wahrnehmungen beruhen, die uns durch unsere *Sinne* geliefert werden. Diese Einsicht ließ ihn die Position des Skeptizismus einnehmen, dass wir nämlich letztendlich nicht wissen können, ob überhaupt eine Außenwelt existiert. Hume ging davon aus, dass unsere Sinne eigentlich eine Illusion oder Täuschung hervorbringen, indem sie uns den Eindruck vermitteln, dass überhaupt Dinge außerhalb von uns existierten. Immanuel Kant hat dann in seiner »Kritik der reinen Vernunft« (1781) die berühmte These formuliert, dass sich Erkenntnis nicht nach den Gegenständen richte, sondern die Gegenstände nach der Erkenntnis.[6] Damit widersprach er unserer Intuition, dass die Gegenstände *an sich* gegeben sind und von uns als solche wahrgenommen und erkannt werden können. Vielmehr, so Kant, hänge die Erscheinung der Dinge vom erkennenden Subjekt selbst ab.

So wurde also »der Brunnen der absoluten Wahrheit von der Philosophie schon vor einiger Zeit trockengelegt«.[7] Aber irgendwie müssen wir ja doch entscheiden können, was wahr ist und was nicht. Um in der

Welt zurechtzukommen, müssen wir uns ein Bild von ihr machen: Wir brauchen Theorien über die Wirklichkeit, denn solche Theorien helfen uns, Entscheidungen zu treffen, nach denen wir unser Handeln ausrichten. Richtige Entscheidungen, so möchte man meinen, können wir aber nur dann treffen, wenn die zugrunde liegende Theorie wahr ist, also unser Bild der Realität korrekt ist. Wenn nun aber Hume, Kant und Co. recht damit haben, dass wir die Realität nie wirklich erkennen können, wie sollen wir dann vorgehen, um uns der Frage nach der Wahrheit wenigstens anzunähern?

Eine Möglichkeit besteht darin, die Beschränkung unserer Erfahrungswelt anzuerkennen, aber trotzdem – so gut es eben geht – zu überprüfen, inwieweit eine Theorie oder Aussage mit den Gegebenheiten unserer Erfahrungswelt übereinstimmt. Passt sie zu unseren Wahrnehmungen, also zu dem, was wir mit unseren Sinnen erfahren können? Passt sie zu den Daten, die wir mit Hilfsmitteln messen können? Solche Erfahrungen oder Daten bilden die Evidenz, die uns zur Verfügung steht. Stimmt die verfügbare Evidenz nicht mit unserer Theorie überein, so muss die Theorie entsprechend angepasst werden. In der Philosophie ist dieser Ansatz als *Korrespondenztheorie* der Wahrheit bekannt, denn es geht dabei um die Frage, ob unsere Theorien mit der uns verfügbaren Evidenz korrespondieren, also mit ihr übereinstimmen.[8]

Einer anderen Sichtweise zufolge scheitert die Korrespondenztheorie daran, dass die von uns erlebte äußere Realität nur ein von uns selbst erzeugtes Konstrukt ist. Unsere Erfahrungswelt ist demnach rein subjektiver Natur und somit zur Überprüfung der Wahrhaftigkeit von Theorien und Aussagen grundsätzlich nicht geeignet. Das Einzige, was uns somit zur Beurteilung der Wahrhaftigkeit einer Theorie übrig bleibt, ist die Überprüfung, ob die Theorie *in sich* stimmig ist. Nach dieser sogenannten *Kohärenztheorie* der Wahrheit ist also allein entscheidend, ob die Aussagen einer Theorie in sich kohärent sind, ob sie also widerspruchsfrei zusammenpassen. Die Schwierigkeit eines solchen Ansatzes besteht darin, dass es möglicherweise eine Vielzahl von Versionen der Wirklichkeit gibt, die in sich gleichermaßen stimmig sind und damit auch den Anspruch auf Wahrhaftigkeit erheben dürfen. Im reinen Sinne der Kohärenz könnte auch ein Märchen wahr sein.[9]

Wir müssen uns hier nicht festlegen, ob wir nun die Prinzipien der

Korrespondenztheorie für zutreffender halten oder die der Kohärenztheorie. Uns soll die Einsicht genügen, dass es ein grundsätzliches Problem mit der Feststellung von absoluten Wahrheiten gibt; und dass es unterschiedliche Kriterien gibt, die man bei der Beurteilung der Wahrhaftigkeit einer Theorie heranziehen kann, wie etwa die Prinzipien der Korrespondenz- und der Kohärenztheorie. Diese Prinzipien schließen sich nicht gegenseitig aus. Ganz praktisch betrachtet nutzen wir wahrscheinlich häufig eine Kombination aus beiden: Wir überlegen uns, ob eine Theorie mit unseren Erfahrungen und den uns bekannten Fakten zusammenpasst (Korrespondenz) und ob sie in sich einigermaßen widerspruchsfrei ist (Kohärenz), und kommen dann zu einer Einschätzung, ob wir die Theorie für richtig halten oder nicht. So werden wir zwar nicht zu einer absoluten Wahrheit gelangen, aber wir werden zumindest beurteilen können, ob eine Aussage *wahrscheinlich* wahr ist oder nicht. In anderen Worten: Aussagen sind nicht entweder wahr oder falsch. Vielmehr bewegen sie sich immer auf einer Skala, die von »hochgradig unwahrscheinlich« bis »sehr wahrscheinlich« reicht.[10]

Rationalität

Auf unserem kurzen philosophischen Ausflug in die Erkenntnistheorie haben wir uns bislang ausschließlich mit der Frage der Wahrhaftigkeit von Theorien und Aussagen beschäftigt. Was uns aber eigentlich interessiert, sind Überzeugungen. Natürlich haben Überzeugungen Theorien und Aussagen zum Inhalt, weshalb das, was wir zu Theorien und Aussagen gesagt haben, grundsätzlich auch für Überzeugungen gilt. Bei Überzeugungen kommt aber noch ein weiterer wichtiger Aspekt hinzu: nämlich der, dass zu einer Überzeugung auch immer eine Person gehört, die Person, die diese Überzeugung hat. Die Person muss irgendwie zu dieser Überzeugung gelangt sein, sie hält an ihr fest, vertritt sie möglicherweise gegenüber anderen Personen und ist mehr oder weniger bereit, sie zu ändern (meistens weniger), wenn sich die Evidenzlage ändert.

Stellen wir uns zwei junge Frauen vor, Hermine und Klara, die beide davon überzeugt sind, dass der Klimawandel menschengemacht ist. Sie beide vertreten diese Überzeugung mit glühendem Eifer und haben sich der »Fridays-for-Future«-Bewegung angeschlossen. Auf die Frage allerdings, wie sie zu ihrer Überzeugung vom menschengemachten Klimawandel gelangt sind, geben sie völlig unterschiedliche Antworten. Hermine erklärt, sie habe umfangreiche Recherchen zum Thema betrieben, im Internet, aber auch in der einschlägigen wissenschaftlichen Literatur. Sie habe sich über die Datenquellen informiert, die von Klimaforschenden herangezogen werden, und sogar versucht, Modellrechnungen nachzuvollziehen, anhand derer der Effekt unterschiedlicher Einflussfaktoren auf die Erderwärmung geschätzt wird. Zudem habe sie sich auch intensiv mit Artikeln von Wissenschaftler:innen auseinandergesetzt, die gegen eine relevante Rolle menschengemachter Einflüsse auf die Erderwärmung argumentieren. Nach all diesen Recherchen sei sie zu dem Schluss gekommen, dass menschliches Verhalten mit hoher Wahrscheinlichkeit ein bedeutender Faktor für die Erderwärmung war und weiterhin ist.

Klara hingegen hält grundsätzlich nichts von Wissenschaft, sie sagt, sie traue keiner Statistik, die sie nicht selbst gefälscht habe. Für sie sei der Fall klar, die Menschheit habe mit endloser Profitgier und Globalisierungswahn den Bogen überspannt und befinde sich auf dem Weg in eine selbst verschuldete Apokalypse. Der Klimawandel mit seinen katastrophalen Folgen sei die gerechte Strafe für ein männlich dominiertes und unmenschliches Wertesystem, in dem Gewinnmaximierung für den Einzelnen über das Wohl der Gemeinschaft gestellt werde. Nein, an Gott glaube sie nicht, vielmehr an ein universelles Prinzip von Menschlichkeit und Gerechtigkeit, für dessen Missachtung die Menschheit nun büßen müsse. Woher sie all das wisse? Das sei doch klar! Sie habe da ein eindeutiges Bauchgefühl, und wer nur eine Sekunde darüber nachdenke, könne doch zu keiner anderen Einschätzung gelangen. Aus einschlägigen Internetforen wisse sie überdies, dass viele andere auch so fühlten. Die könnten doch nicht alle irren, genauso wenig wie all die coolen Leute auf den Demos, die ihre Werte teilten, die sich für Menschlichkeit einsetzten und aufstünden gegen die kurzsichtige Profitgier von Konzernen und Politiker:innen.

Hermine und Klara vertreten rein inhaltlich betrachtet dieselbe Überzeugung. Was den Wahrheitsgehalt ihrer Überzeugungen betrifft, gibt es also keinen Unterschied. Sie würden wahrscheinlich auf »Fridays-for-

Future«-Demonstrationen in friedlicher Einigkeit nebeneinander herlaufen, dieselben Transparente hochhalten und dieselben Sprechchöre skandieren. Wie sie aber zu dieser Überzeugung gelangt sind und wie sie diese begründen, könnte unterschiedlicher nicht sein. Hermines Begründung ist durch und durch vernunftgeleitet, sie ist in einem Maße *rational*, das an Mr. Spock erinnert (»I object to intellect without discipline!«)[11]. Dagegen beruht Klaras Begründung im Wesentlichen auf einem Bauchgefühl und ihrer Identifikation mit Gleichgesinnten, sodass es naheliegt, sie im Gegensatz zu Hermines Begründung als *irrational* zu bezeichnen.

Nun stehen weder Hermine noch Klara unter dem dringenden Verdacht, an einem Wahn zu leiden. Aber lassen Sie uns dieses Szenario auf eine Überzeugung übertragen, deren Evidenzgrundlage nicht öffentlich zugänglich oder schwer überprüfbar ist. Nehmen wir zum Beispiel John M., den jungen Engländer, der überzeugt davon war, dass sein Handy von der russischen Mafia gehackt worden war: Stellen wir uns einerseits vor, er hätte in Hermine-artiger Manier akribisch über virtuelle Angriffe der russischen Mafia recherchiert und dabei eindeutige Hinweise zutage gefördert, dass das Hacken von Journalist:innenhandys eine durchaus übliche Einschüchterungsstrategie ist, die systematisch bei jungen und wenig erfahrenen Journalist:innen eingesetzt wird und häufig nach einem ähnlichen Muster abläuft (E-Mails von unbekannten Absendern mit einschüchternden Anspielungen – SMS ohne Text, die der Einschleusung von Viren dienen – Anrufe, bei denen sich niemand meldet – plötzliches Abstürzen des Handys). Stellen wir uns andererseits vor, John spräche wie Klara nur von seinem Bauchgefühl, Beweise wären doch wohl nicht notwendig, er habe einen Riecher für solche Sachen, die kriminelle Verschwörung gegen ihn liege förmlich in der Luft, es könne sich nur um einen speziell gegen ihn gerichteten Racheakt handeln, das liege doch auf der Hand.

Ich weiß nicht, wie es Ihnen geht, aber ich würde bei der zweiten Variante, dem irrationalen Klara-Szenario, viel eher von einem paranoiden Wahn ausgehen als bei der ersten, rationalen Variante. Ich wäre im Falle der irrationalen Begründung viel eher geneigt, John eine psychiatrische Behandlung zu empfehlen als im Hermine-Szenario, dessen rationale Begründung mich wahrscheinlich dazu veranlassen würde, ihn mit ein paar beruhigenden Worten an die Kriminalpolizei zu verweisen.

Rational oder irrational, ist das also die entscheidende Frage für die Unterscheidung zwischen »normalen« Überzeugungen und Wahn? Ob diese Frage entscheidend ist, werden wir noch sehen, aber zumindest geht die Frage der Rationalität deutlich über die erkenntnistheoretische Frage hinaus, ob eine Aussage wahr oder falsch ist. Der Begriff der Rationalität sieht die Überzeugung als einen mentalen Akt oder Zustand *einer Person* und beleuchtet damit nicht nur eine inhaltliche Aussage auf ihre Wahrhaftigkeit hin, sondern auch die Person im Verhältnis zu dieser Aussage. Wann aber können wir die Überzeugung einer Person als rational bezeichnen? Die kurze und prägnante Antwort auf diese Frage lautet: Die Überzeugung einer Person ist dann rational, *wenn sie durch gute Gründe gestützt ist.*

Gut sind Gründe dann, wenn ich damit meine Überzeugung plausibel und nachvollziehbar machen kann. Ein wichtiger Aspekt ist dabei, inwieweit die Überzeugungen einer Person untereinander konsistent sind. Ähnlich der Kohärenztheorie der Wahrheit, die sich auf das widerspruchsfreie Zusammengehen der Aussagen innerhalb einer Theorie bezieht, geht es hier darum, ob eine Überzeugung mit den anderen Überzeugungen oder Glaubenssätzen einer Person zusammenpasst. Das ist das sogenannte *Konsistenzprinzip der Rationalität.*[12] Wenn ich einerseits die feste Überzeugung vertrete, dass Gott den Menschen in den letzten 10 000 Jahren erschaffen hat, andererseits aber begeistert von den Wundern der Evolution erzähle, dann werde ich bei der Begründung dieser Überzeugungen ein Glaubwürdigkeitsproblem bekommen. Bei dem Bemühen, *gute Gründe* zu finden, werde ich mich unweigerlich in Widersprüche verstricken, und man wird mich wegen der Unvereinbarkeit meiner Überzeugungen nach dem Konsistenzprinzip zu Recht für irrational erklären.

Konsistenz ist also ein wichtiges Kriterium für Rationalität. Konsistenz allein reicht aber nicht. Erinnern wir uns an den Herrn mit dem Aluminiumhelm, der überzeugt davon war, dass die Stasi mit raffinierten Gerätschaften seine Gedanken lesen kann. Dieser Patient hatte über die Jahre ein ausgetüfteltes System von Überzeugungen entwickelt, ein regelrechtes »Wahngebäude«, das in sich durch und durch konsistent war. Wann immer man versuchte, Inkonsistenzen in diesem System aufzudecken, hatte er eine plausible Erklärung parat. Dennoch würden Sie mir vermutlich zustimmen, dass seine Überzeugung von der Gedankenbespitzelung durch die Stasi in hohem Maße irrational war.

Für irrational halten wir diese Überzeugung deswegen, weil wir sie für falsch halten – oder zumindest für hochgradig unwahrscheinlich. Zum einen wissen wir, dass die Stasi nach der friedlichen Revolution in Deutschland aufgelöst wurde und seit Juni 1990 nicht mehr existiert. Nun gut, zumindest offiziell nicht. Ehemalige Stasimitarbeiter könnten natürlich im Untergrund weitergearbeitet haben – es gibt beispielsweise eine seriöse Theorie, der zufolge hinter der Ermordung des damaligen Treuhandchefs Detlev Rohwedder 1991 noch ehemalige Stasileute steckten.[13] Dass die Schlapphüte das über dreißig Jahre unentdeckt getan haben sollen, ist dann aber doch recht unwahrscheinlich. Noch unwahrscheinlicher ist es, dass diese Untergrundstasi über die technischen Mittel verfügt, Gedankenlesegeräte in Wohnungen zu installieren, ganz abgesehen davon, dass trotz aller Fortschritte bei der Dekodierung mentaler Zustände mit den modernen Methoden der Hirnbildgebung[14] das Gedankenlesen mittels winziger kleiner Sonden, die sich in einer Wohnung verstecken lassen, als unmöglich angesehen werden muss. Wir würden die Überzeugungen unseres Patienten also – ohne zu zögern – aufgrund ihrer historischen und technischen Unmöglichkeit als schlichtweg falsch bezeichnen.

Dazu kommt, dass sich der Herr selbst angesichts stichhaltiger Beweise nicht von seiner Überzeugung abbringen ließe. Statt seine Überzeugung an die verfügbare Evidenz anzupassen, würde er aus den hintersten Winkeln seines Wahngebäudes Argumente gegen diese Evidenz hervorholen. Wir würden die Überzeugung unseres Patienten also trotz ihrer internen Konsistenz als eindeutig irrational ansehen, und zwar deswegen, weil sie mit der verfügbaren Evidenz nicht übereinstimmt und er sich durch diese auch nicht korrigieren lässt.

Damit sind wir bei den Kriterien für sogenannte *epistemische Rationalität* (epistemisch = auf Fakten begründet): die Übereinstimmung einer Überzeugung mit der verfügbaren Evidenz und das Ansprechen auf diese.[15] Hier wird die Nähe zur Korrespondenztheorie der Wahrheit deutlich. Die Korrespondenztheorie bezieht sich auf die Frage, inwieweit *Theorien oder Aussagen* mit der verfügbaren Evidenz übereinstimmen. Bei der epistemischen Rationalität geht es nun darum, inwieweit sich die Überzeugungen einer Person auf die verfügbare Evidenz stützen und sich an diese anpassen. Wichtig ist dabei, dass es bei der epistemischen Rationalität neben der Wahrhaftigkeit einer Überzeugung (beziehungsweise ihrer Aussagen) auch darum geht, *wie* diese Überzeugung begründet wird. Im Beispiel von Hermine und Klara tritt die Wahrhaftigkeit der Überzeugung gegenüber ihrer Begründung in den Hintergrund. Wenngleich beide dieselbe Überzeugung vertreten, werden wir Hermines Überzeugung ohne Zögern epistemische Rationalität attestieren, denn sie stützt sich auf die verfügbare Evidenz. Klaras Überzeugung ist zwar nicht weniger wahr, aber deutlich weniger rational, denn sie stützt sich auf ein rein subjektives Bauchgefühl und erklärt ausdrücklich jegliche objektive (also für andere überprüfbare) Evidenz für irrelevant. Sie ist weder für andere nachvollziehbar, noch richtet sie sich nach der verfügbaren Evidenz. Damit ist Klaras Überzeugung – unabhängig von ihrem Wahrheitsgehalt – epistemisch irrational.

Konsistenzprinzip und epistemische Rationalität schließen sich nicht gegenseitig aus. Inwieweit ich mich bei der Einschätzung der Rationalität von Überzeugungen auf das eine oder andere Prinzip stütze, hängt unter anderem davon ab, welche Evidenz zur Verfügung steht und wie verlässlich diese ist. Wenn wir keine oder wenig überprüfbare Evidenz zur Verfügung haben, wird das Konsistenzprinzip stärker in den Vordergrund rücken. Grundsätzlich wird das Prinzip der epistemischen Rationalität aber immer mit dem oben schon ausgeführten fundamentalen Problem der Erkenntnistheorie zu kämpfen haben: dass nämlich unsere Erkenntnisfähigkeit begrenzt ist und somit Aussagen über absolute Wahrheiten immer problematisch sind.

Daraus ergeben sich zwei wichtige Konsequenzen. Die eine Konsequenz ist, dass wir bei der Beurteilung von Rationalität immer berücksichtigen müssen, welche Möglichkeiten einer Person grundsätzlich, aber auch in einer speziellen Situation gegeben sind, um ihre Überzeugungen zu überprüfen. Wir müssen also die Begrenztheit der Wahrnehmungsleistung und der kognitiven Möglichkeiten genauso mitdenken wie die Begrenztheit der Informationen, die einer Person zur Verfügung stehen. Eine Überzeugung kann also angesichts solcher Limitationen in einer bestimmten Situation für eine bestimmte Person durchaus rational sein, auch wenn für andere Personen in einer anderen Situation klar ist, dass sie nicht der Wahrheit entspricht. So mag vor 300 Jahren, als die Erkenntnisse der Evolutionstheorie noch in weiter Ferne lagen, die Überzeugung von der Erschaffung des Menschen durch einen allmächtigen Schöpfer innerhalb weniger Tage durchaus rational gewesen sein. Nach dem heutigen Stand der Wissenschaft allerdings kommt man kaum umhin, eine solche Überzeugung als epistemisch irrational zu bezeichnen.

Die zweite Konsequenz aus der Begrenztheit unserer Erkenntnisfähigkeit ist die, dass wir epistemische Rationalität letztlich immer nur anhand von Wahrscheinlichkeiten beurteilen können. So, wie sich Aussagen auf einer Skala bewegen, die von »hochgradig unwahrscheinlich« bis »sehr wahrscheinlich« reicht, kann auch die Rationalität von Überzeugungen nur graduell beurteilt werden. Demnach wären die Überzeugungen einer Person dann rational, wenn sie den Prinzipien der Wahrscheinlichkeitstheorie genügen.[16]

Auch wenn es keine absolute Sicherheit bezüglich der Grundaussagen der Evolutionstheorie geben kann, so kann man ihnen nach heutigem Wissensstand wohl guten Gewissens das Prädikat »sehr wahrscheinlich« verleihen. Demgegenüber kommen wir nicht umhin, die Aussagen der biblischen Schöpfungsgeschichte – ungeachtet ihrer möglichen geistesgeschichtlichen oder symbolischen Bedeutung – als »hochgradig unwahrscheinlich« zu bezeichnen. Entsprechend kann im Sinne eines wahrscheinlichkeitsbezogenen (probabilistischen) Verständnisses von Rationalität die Überzeugung von der Evolutionstheorie durchaus als epistemisch rational bezeichnet werden, während der feste Glaube an die biblische Schöpfungsgeschichte heutzutage als epistemisch irrational eingeordnet werden muss. Nebenbei bemerkt denke ich, dass man das ganz unverblümt so sagen kann, ohne den glühenden Verfechtern der biblischen Schöpfungsgeschichte zu nahe zu treten, denn vermutlich ist für sie epistemische Rationalität ohnehin kein Maßstab. Es ist vielmehr geradezu ein Wesenszug religiösen Glaubens, dass er sich den Prinzipien der epistemischen Rationalität entzieht.

Dieser letzte Punkt wirft noch eine wichtige Frage auf: Kann nicht eine Überzeugung für eine Person durchaus in einem *praktischen* Sinne rational sein, selbst wenn sie im *epistemischen* Sinne, also in Bezug auf ihren Wahrheitsgehalt, irrational ist? Das ist ein Argument, das häufig in Zusammenhang mit religiösem Glauben ins Feld geführt wird. Wenn eine Person an ein Leben nach dem Tod glaubt, so mag das Trost spenden und den Umgang mit den Widrigkeiten des Lebens auf Erden erleichtern. Diese Person könnte argumentieren, dass sie mit diesem Glauben ein glücklicheres Leben führen könne, und zwar unabhängig davon, ob sich der Glaube letztendlich als wahr herausstellt. Im epistemischen Sinne ist diese Überzeugung eindeutig irrational, denn sie pfeift auf Wahrhaftigkeit (beziehungsweise Wahrscheinlichkeit). Worum es geht, ist einzig und allein ihr praktischer Nutzen, sie ist also durchaus nicht unvernünftig.

Eine solche *praktische Rationalität*[17] hat sicher ihre Berechtigung, denn ein praktischer Nutzen kann durchaus als *guter Grund* für eine Überzeugung einleuchten. So kann man religiösen Glauben und religiöses Verhalten ganz nüchtern als Ergebnis einer Kosten-Nutzen-Rechnung betrachten, wonach Religiosität nicht mehr und nicht weniger rational wäre als andere menschliche Verhaltensweisen.[18] Man könnte daher sogar zu der Auffassung gelangen, dass die Anerkennung praktischer Rationalität es einem leichter macht, andere Überzeugungen zu akzeptieren. Wenn mir eine Person – ganz rational – erklärt, warum eine Überzeugung für sie von praktischem Nutzen ist, dann wird diese Überzeugung für mich besser nachvollziehbar, auch wenn ich sie inhaltlich nicht teile. Ich muss die Person also nicht gleich für »verrückt« erklären. Andererseits könnte die ausschließliche Berufung auf die praktische Relevanz gerade dann zu Problemen führen, wenn unvereinbare Überzeugungen aufeinanderstoßen. Praktische Rationalität kann dann nämlich auch eine sehr bequeme – vielleicht *zu* bequeme – Position sein, im Sinne von »für mich passt das so, wenn es für dich keinen Sinn ergibt, ist das dein Problem«. Eine solche Haltung kann Kommunikation und Annäherung im Falle gegensätzlicher Überzeugungen erschweren und einer friedlichen Einigung im Wege stehen.

Die Irrationalität »normaler« Überzeugungen

Wenn wir nach unseren Betrachtungen zur Rationalität noch einmal einen Blick zurückwerfen auf die Definition von Wahn im DSM-5, so stellen wir fest, dass es hier ziemlich genau um epistemische Rationalität geht: nämlich um die zentrale Frage, ob eine Überzeugung mit der verfügbaren Evidenz im Einklang steht und durch entgegengesetzte Evidenz korrigierbar ist. Nach DSM-5 könnte man sagen: Je weniger rational eine Überzeugung ist – im Sinne epistemischer Rationalität –, desto eher haben wir es mit einem Wahn zu tun. Wir können also festhalten: Ein Wahn ist eine epistemisch irrationale Überzeugung.

Wenn ein Wahn eine epistemisch irrationale Überzeugung ist, gilt dann auch im Umkehrschluss, dass epistemisch irrationale Überzeugungen grundsätzlich wahnhaft sind? Ich kann die Antwort auf diese Frage schon jetzt mit einem klaren und eindeutigen *Nein* vorwegnehmen. Natürlich hängt die Antwort auf diese Frage stark davon ab, inwieweit wir Wahn als etwas Pathologisches betrachten. Man könnte sich ja auch auf den Standpunkt stellen, dass Wahn ohnehin etwas ganz Normales ist, das bei gesunden Menschen einfach nur unterschiedlich stark ausgeprägt ist. Wer aber einen solchen Standpunkt einnimmt, der muss sich von der gängigen Wortbedeutung verabschieden und den Begriff *Wahn* neu definieren. Denn Wahn hat in der deutschen Sprache eindeutig die Konnotation des Pathologischen, also eines Krankheitssymptoms.

Wodurch sich Krankheit und insbesondere psychische Krankheit auszeichnet, ist ein weites Feld, das wir hier nicht im Detail beackern wollen.[19] Wir können aber zumindest feststellen, dass der Begriff Krankheit gemeinhin im Gegensatz zum Begriff Gesundheit verstanden wird, wobei Gesundheit als der Normalzustand zu verstehen ist und Krankheit als eine Abweichung von dieser Norm. Wenn Wahn also ein Krankheitssymptom ist, dann kann wahnhaftes Denken nicht der Normalfall sein.

Was aber sein könnte, ist, dass eine gewisse Neigung zu wahnhaftem Denken in der gesunden Bevölkerung durchaus weit verbreitet ist, ähnlich wie wir das von Volkskrankheiten wie Diabetes oder Bluthochdruck kennen. Viele Menschen haben eine angeborene oder durch ihren Lebensstil bedingte Neigung zu diesen Krankheiten, und es gibt in der gesunden Bevölkerung Menschen mit höheren und mit niedrigeren Blutzucker- oder Blutdruckwerten. Aber erst ab einem bestimmten Wert ist die Schwelle zur Krankheit überschritten. Ich möchte behaupten, dass es sich bei psychischen Symptomen wie Wahn ähnlich verhält. Wenngleich sich Wahn nicht so leicht messen und mit einem Wert beziffern lässt wie Blutzucker oder Blutdruck, spricht viel dafür, dass eine mehr oder weniger stark ausgeprägte Neigung zu wahnhaftem Denken in der Gesamtbevölkerung verbreitet ist, wir aber auch hier erst bei einer ungewöhnlich starken Ausprägung von einem Krankheitssymptom sprechen. Auf dieses Thema werden wir im dritten Kapitel noch einmal ausführlich zurückkommen.

Wir sollten nicht den Fehler machen, die Mehrzahl der Menschen als krank zu erklären, indem wir Wahn als etwas »Normales« bezeichnen.[20] Wir können aber fragen, ob irrationale Überzeugungen, also das Kernmerkmal von Wahn, etwas ganz »Normales« sind, und zwar in dem Sinne, dass viele Überzeugungen gesunder Menschen epistemisch irrational sind. Tatsächlich müssen wir in der psychisch gesunden Bevölkerung nicht lange nach solchen Überzeugungen suchen, die im epistemischen Sinne eindeutig irrational sind: Dazu gehören viele Aspekte religiösen Glaubens, Aberglaube, Verschwörungstheorien, rassistische Vorurteile und vieles mehr. Überzeugungen dieser Art sind normal in dem Sinne, dass sie sehr weit verbreitet sind. Der Harvard-Psychiater Brendan Maher vertrat bereits in den 1980er-Jahren die Ansicht, dass irrationale Überzeugungen eher die Regel als die Ausnahme seien: »In Hinblick auf Wahn gehen wir normalerweise davon aus, dass nicht-plausible Erklärungen eher selten sind; aber ich argumentiere, dass sie sogar eher häufig sind. […] Der Standard eines rationalen, deduktiven [also logisch schlussfolgernden] Vorgehens trifft auf normales Denken nicht zu. Viele oder sogar die meisten Menschen haben insgeheim seltsame Überzeugungen, die von Psychiatern als wahnhaft diagnostiziert werden könnten.«[21]

Ich muss zugeben, dass ich diese Aussage zunächst etwas verstörend fand. Meine erste Reaktion war: Na gut, die *meisten* Menschen mögen irrationale Überzeugungen haben, aber auf *mich* trifft das natürlich nicht zu. Aber vielleicht bin ich ja bei dieser Einschätzung Opfer des altbekannten und selbstwertdienlichen *Better-than-Average*-Effekts geworden.[22] Ich denke, dass ich überdurchschnittlich rational bin, so, wie die Mehrzahl der Autofahrer denkt, sie seien überdurchschnittlich gute Autofahrer,[23] oder überhaupt die Mehrzahl der Menschen denkt, sie seien tugendhafter, kompetenter und sympathischer als der Durchschnitt.[24]

Sind wirklich die meisten *anderen* irrational, nur ich bin überdurchschnittlich rational? Zumindest sollte ich vielleicht den Gedanken zulassen, dass auch viele meiner Überzeugungen weniger rational sind, als ich denke. Aber ich will Sie hier nicht weiter mit Selbstreflexionen über meine eigene Rationalität behelligen. Es soll hier ja nicht um mich gehen, sondern zunächst einmal um die Frage, ob epistemisch irrationale Überzeugungen eher die Norm als die Ausnahme sind und, wenn ja, wie wir uns das erklären können.

Es ist sicher keine revolutionäre Erkenntnis, dass für viele Menschen und ihre ganz normalen Überzeugungen epistemische Rationalität einfach kein relevanter Maßstab ist. Das beste Beispiel dafür ist religiöser Glaube. Wie schon erwähnt, zeichnet sich religiöser Glaube geradezu dadurch aus, dass er sich dem Prinzip der Rationalität entzieht. Richard Dawkins hat das treffend auf den Punkt gebracht: »Religiöser Glaube entbehrt nicht nur jeder Evidenz, seine Unabhängigkeit von Evidenz ist sogar sein ganzer Stolz und wird lautstark überall verkündet. Warum sonst sollten Christen den ungläubigen Thomas so kritisch beäugen? Die anderen Apostel werden uns als leuchtende Beispiele der Tugendhaftigkeit präsentiert, weil sie sich einfach mit Glauben begnügten. Der ungläubige Thomas hingegen forderte Evidenz [etwa für die Auferstehung und die Himmelfahrt Marias]. Vielleicht sollte er zum Schutzheiligen der Wissenschaftler erklärt werden.«[25]

Religiöser Glaube ist also nicht nur inhärent irrational (zumindest im epistemischen Sinne), er zeichnet sich gerade dadurch aus, dass er durch rationale Argumente oder Evidenz weder begründet noch widerlegt werden kann. Man kann sogar argumentieren, dass religiöser Glaube genau aus dieser Nichtfalsifizierbarkeit seine große Kraft schöpft, denn er erhebt sich dadurch über Fragen und Zweifel, ist durch diese nicht angreifbar.[26] Religiöser Glaube nimmt für sich apriorische Gewissheit in Anspruch, was bedeutet, dass Glaubensinhalte keiner Begründung und keiner Evidenz bedürfen, sondern einfach *a priori* – von vorneherein – als wahr angenommen werden. Für diejenigen, die glauben, bringt das ein angenehmes Gefühl von Sicherheit mit sich, ein willkommener Effekt in einer Welt voller Unsicherheiten und Unwägbarkeiten.

Wie wir bereits festgestellt haben, kann man vielen Gläubigen sicher eine Art praktischer Rationalität attestieren, indem man die Aussage »ich glaube, weil es mir hilft« als einen *guten Grund* für Gottesglauben akzeptiert. Epistemische Rationalität ist Gläubigen einfach weniger wichtig als der praktische Nutzen des Glaubens. Das Bedürfnis nach einer Stütze, Orientierung oder Sinnstiftung im Leben ist größer als das Bedürfnis nach empirisch überprüfbaren Wahrheiten. Man kann sich nun auf den Standpunkt stellen, dass diese Gewichtung Privatsache ist. Doch Überzeugungen, die mit einer solchen apriorischen Gewissheit vertreten werden, haben auch Risiken und Nebenwirkungen. Diese treten vor allem dann zutage, wenn Menschen oder Gruppen von Menschen mit unterschiedlichen Überzeugungen aufeinandertreffen. Die Liste von sogenannten Glaubenskriegen ist lang und die Zahl derer, die ihnen zum Opfer gefallen sind und immer noch zum Opfer fallen, enorm. Genau das ist eines der Hauptargumente überzeugter Atheisten, die sich mit leidenschaftlichem Eifer gegen religiösen Glauben wenden, wie etwa die »New Atheists«, denen auch der eben zitierte Richard Dawkins zugerechnet wird.[27]

In diese Diskussion wollen wir hier aber nicht einsteigen, sondern es bei der Feststellung belassen, dass religiöser Glaube eine sehr häufig anzutreffende und damit »normale« Form einer epistemisch irrationalen Überzeugung ist. Religiöser Glaube ist nicht irgendwie »aus Versehen« irrational, sondern erkennt in der Regel das Prinzip epistemischer Rationalität für sich ausdrücklich nicht an. Angesichts der weiten Verbreitung religiösen Glaubens könnte man sogar zu dem Schluss kommen, dass epistemisch irrationale Überzeugungen viel »normaler« seien als rationale. Auf jeden Fall würde man sich auf sehr dünnem Eis bewegen, wenn man argumentieren wollte, dass epistemisch irrationale Überzeugungen *grundsätzlich* wahnhaft und damit ein Zeichen psychischer Krankheit sind.[28]

Gläubige argumentieren häufig, dass sich religiöser Glaube nun einmal auf Bereiche beziehe, die empirisch nicht überprüfbar seien. Es gehe etwa um Phänomene wie Spiritualität, die allein subjektiver Erfahrung zugänglich seien, die weder erklärbar noch objektiv messbar seien und zu denen man mit einem rein rationalen, wissenschaftlichen Ansatz somit keine Aussagen treffen könne (und daher auch nicht dürfe). Ähnlich verhält es sich auch mit dem Aberglauben, der sich in der Regel auch auf Phänomene bezieht, die sich rational scheinbar nicht erklären lassen.

Könnte es also so sein, dass irrationale Überzeugungen tatsächlich zu unserem ganz normalen Repertoire von Überzeugungen gehören? Einfach, weil sie eine Lücke schließen, indem sie sich überwiegend auf Bereiche beziehen, in denen ein rationaler Ansatz nicht weiterhilft? Oder zumindest auf Bereiche, in denen rationale Erklärungen scheinbar an ihre Grenzen stoßen, weil es tatsächlich keine befriedigenden rationalen Erklärungsansätze gibt oder weil rationale Erklärungen einfach nicht vorstellbar sind? Ein häufiges Argument (bei dem mir ehrlich gesagt schon die »Ohren welken«, wie man in Russland sagt) ist dieses: Wie will man zum Beispiel die Glücksgefühle erklären, die eine Mozartsinfonie in Menschen auszulösen vermag? Etwa durch die Aktivität irgendwelcher Neurotransmitter? Oder zeigt sich in der unfassbaren Schönheit dieser Musik nicht doch ein göttliches Prinzip? Oder: Dass wir beide uns unter diesen unwahrscheinlichen Umständen ausgerechnet jetzt und ausgerechnet hier getroffen haben, kann einfach kein Zufall sein! Hier muss doch eine übernatürliche Macht ihre Finger im Spiel gehabt haben. Es geht also um den Punkt, den Hamlet mit seinem berühmten Satz zum Ausdruck gebracht hat: *»There are more things in heaven and earth, Horatio, than are dreamt of in your philosophy.«*[29]

Klar gibt es Dinge zwischen Himmel und Erde, die wir mit einer rationalen Philosophie scheinbar nicht erklären können. Aber woher dürfen wir die Gewissheit nehmen, dass diese Dinge ausgerechnet mit unserer Lieblingstheorie – zum Beispiel der Existenz eines allmächtigen Gottes – erklärt werden können?

Eine andere weitverbreitete Form irrationaler Überzeugungen sind Verschwörungstheorien. Groß angelegten Umfragen zufolge glaubt etwa die Hälfte aller US-Amerikaner:innen an mindestens eine Verschwörungstheorie.[30] Anders als Gottes- und Aberglaube entziehen sich Verschwörungstheorien aber nicht grundsätzlich der Rationalität. Ganz im Gegenteil, viele Verschwörungstheorien bezichtigen ihrerseits die gängigen Theorien, die von »offiziellen Meinungsmachern« verbreitet werden, sogar mehr oder weniger direkt der Irrationalität. Sie sagen: »Wenn du nur genau genug hinschaust, dann wirst du sehen, dass alles ganz anders ist, als du denkst.« Wo die meisten anderen Menschen naiv Zufälle vermuten und sich von den Narrativen der »Mainstream«-Presse und der Politik einlullen lassen, entdecken Verschwörungsgläubige ein perfides Geheimkomplott. Häufig machen sich Verschwörungstheorien dabei den Umstand zunutze, dass ihre Aussagen nicht überprüfbar sind und somit nicht widerlegt werden können. »Nichts ist, wie es scheint«, so hat der Stuttgarter Amerikanist Michael Butter sein aufschlussreiches Buch über Verschwörungstheorien genannt[31] und bringt damit eine Grundannahme von Verschwörungstheorien auf den Punkt: dass wir nämlich dem oberflächlichen Schein der Dinge auf den Leim gehen und dabei die vermeintlich eigentliche Wahrheit aus den Augen verlieren.

Viele Verschwörungstheorien haben gemeinsam, dass sie sich gleichsam in ein rationales Gewand kleiden, indem sie sich angeblich auf Evidenz stützen. Dabei handelt es sich meist um Beobachtungen, die der offiziellen oder gängigen Theorie widersprechen oder die zumindest Fragen aufwerfen, die diese Theorie in Zweifel ziehen. Ein klassisches Beispiel ist die amerikanische Flagge, die Neil Armstrong und Buzz Aldrin am 21. Juli 1969 in den Mondboden gesteckt hatten und die im Wind zu flattern schien, obwohl es auf dem Mond eigentlich windstill sein müsste. Zudem wurden auf vielen der Fotos, die von den beiden Astronauten auf dem Mond gemacht wurden, Unstimmigkeiten entdeckt: nicht plausible Schattenwürfe etwa und das Fehlen von Sternen im tiefschwarzen Hintergrund. Diese Beobachtungen nahmen Verschwörungstheoretiker:innen zum Anlass, hinter der angeblichen Mondlandung eine sorgfältig choreografierte und von Stanley Kubrick, dem großen amerikanischen Regisseur, filmisch inszenierte Hollywood-Simulation zu vermuten.

Verschwörungstheorien verweisen also auf Evidenz, die der gängigen Theorie widerspricht, und zweifeln die Gültigkeit der »offiziellen« Evidenz an, in vermeintlich epistemisch rationaler Weise. Vermeintlich deswegen, weil sie dabei nicht im strengen Sinne rational vorgehen. Für Verschwörungstheorien ist – im Gegensatz zu wissenschaftlichen Theorien – eine asymmetrische Gewichtung der Evidenz charakteristisch. Fakten, die für die Theorie sprechen, werden aufgebauscht, Fakten, die dagegensprechen, in Zweifel gezogen. Ein rationales Vorgehen, wie es etwa für die Überprüfung wissenschaftlicher Theorien Standard ist, würde alle verfügbaren Fakten gleich behandeln. Klar, Wissenschaftler:innen sind auch nur Menschen, weshalb es ihnen vielleicht nicht immer gelingt, sich ausreichend von dem Wunsch nach der Bestätigung ihrer Lieblingstheorie abzugrenzen.[32] Idealerweise aber geht die Wissenschaft streng rational vor und gewichtet die Evidenz, die für eine Theorie spricht, genauso stark wie die, die gegen sie spricht. Bei Verschwörungstheorien hingegen ist die asymmetrische und somit irrationale Gewichtung der Evidenz das bestimmende Prinzip.[33]

Ein weiteres Markenzeichen von Verschwörungstheorien ist, dass ihre Aussagen zwar plausibel erscheinen, tatsächlich aber meist in hohem Maße unwahrscheinlich sind. Wie wir oben bereits gesehen haben, richten sich epistemisch rationale Überzeugungen nach Wahrscheinlichkeiten. Überzeugungen sind also dann epistemisch rational, wenn ihre Aussagen mit hoher Wahrscheinlichkeit wahr sind. Das trifft für die meisten Verschwörungstheorien nicht zu. Typischerweise gehen sie zum Beispiel von einem groß angelegten Komplott mit einem weit (möglicherweise sogar weltweit) verzweigten Netz von Verschwörer:innen aus, die über Jahre oder Jahrzehnte ihre dunklen Machenschaften treiben. Dass Verschwörungen über lange Zeit nicht auffliegen, weil alle Eingeweihten über Jahre hinweg an einem Strang ziehen und dichthalten, ist aber extrem unwahrscheinlich. Die meisten realen Verschwörungen, wie zum Beispiel die Watergate-Affäre um den US-amerikanischen Präsidenten Richard Nixon in den 1970er-Jahren, wurden nur von einer kleinen Zahl von Verschwörern begangen und waren von sehr kurzer Dauer. Groß angelegte und über Jahre andauernde Komplottszenarien, wie sie von vielen Verschwörungsgläubigen angenommen werden, haben mit der Realität echter Verschwörungen nichts zu tun.[34]

Dass Verschwörungstheorien dennoch vielen Menschen plausibel erscheinen, liegt daran, dass sie Verzerrungen in unserer Wahrnehmung und unserem Denken ausnutzen. So machen sie sich das menschliche Bedürfnis zunutze, in allen Ereignissen eine Ursache oder sogar eine Intention zu suchen. Reiner Zufall und Chaos sind für uns schwer zu ertragen, sodass wir eine starke Neigung dazu haben, »eins und eins zusammenzuzählen«, die Punkte zu verbinden und uns auf die Dinge einen Reim zu machen. Wir lieben einfache Erklärungen und entdecken Kausalitäten, Muster und sogar Machenschaften anderer Menschen oder Mächte, wo es eigentlich nichts zu entdecken gibt. Wir verknüpfen benachbarte Punkte, auch wenn sie nur zufällig benachbart sind. Unser Denken ist anfällig für solche kognitiven Verzerrungen (wir werden gleich noch eingehender darauf zu sprechen kommen) und lässt uns oft zu irrationalen Urteilen kommen, die den fruchtbaren Boden bilden, auf dem Verschwörungsideen gedeihen.[35]

All diese Beispiele irrationaler Überzeugungen zeigen, dass epistemische Irrationalität keineswegs ein Alleinstellungsmerkmal des Wahns ist, sondern bei psychisch gesunden Menschen weit verbreitet ist. Ob es sich um Überzeugungen handelt, denen epistemische Rationalität schlicht herzlich egal ist, wie religiöser Glaube oder Aberglaube; oder um solche, die im Gewand der Rationalität daherkommen, im Kern aber doch irrational sind, wie Verschwörungstheorien: Epistemisch irrationale Überzeugungen sind eher die Regel als die Ausnahme. Sie sind in den meisten Fällen nicht pathologisch, sondern sie sind einfach ziemlich »normal«.

Wie rational sind wir?

Es scheint also, dass wir Menschen recht anfällig sind für irrationale Überzeugungen. Aber was heißt hier eigentlich *anfällig*? Vielleicht sollten wir das gar nicht so werten, sondern lieber von einer Neigung sprechen. Rationales Denken mag ein Ideal aufgeklärter, wissenschaftsgeprägter westlicher Gesellschaften sein, aber es ist offenbar nicht der normale Standard. Irrationale Überzeugungen erfreuen sich großer Beliebtheit. Zum Teil ist das sicher ein bewusstes Bekenntnis zur Irrationalität, die für viele vielleicht ein attraktives Gegenmodell zur kühlen und trockenen Vernunft darstellt. Vor allem religiöser Glaube schöpft vermutlich sogar eine besondere Überzeugungskraft daraus, dass er nicht rational begründbar ist. Irrationalität als Gegenentwurf zur Rationalität ist aber nur ein Teil der Geschichte. Den anderen Teil illustrieren Verschwörungstheorien. Den Vorwurf der Irrationalität würden die meisten Verschwörungsgläubigen entschieden von sich weisen. Im Gegenteil, sie würden – angesichts der in ihren Augen erdrückenden Beweise für ihre Verschwörungstheorie – die tumbe Schafherde derer, die auf die billigen Theorien der offiziellen Meinungsmacher hereinfallen, nicht nur der Naivität, sondern auch der Irrationalität bezichtigen. Wie wir aber gesehen und wie andere Autor:innen überzeugend aufgezeigt haben, sind verschwörungstheoretische Ideen ihrem Wesen nach epistemisch irrational.[36] Sie nutzen geradezu unseren blinden Fleck für die eigene Irrationalität aus. Und dieser blinde Fleck ist größer, als wir denken.

Es gehört zum Wesen von blinden Flecken, dass man sich weder ihrer Existenz noch ihrer Größe bewusst ist. Man sieht nicht, dass man nichts sieht. Introspektion und Selbstreflexion sind daher in der Regel nicht geeignet, solche blinden Flecken zu entlarven. Um einen blinden Fleck dingfest zu machen, bedarf es eines Versuchsaufbaus, der die Blindheit sichtbar macht. Sie kennen sicher das Selbstexperiment, mit dem man sich die blinden Flecken im eigenen Gesichtsfeld im wahrsten Sinne des Wortes *vor Augen* führen kann: Man schließe das rechte Auge, fixiere einen Punkt geradeaus in der Ferne, strecke den linken Arm mit nach oben gerecktem Daumen so gerade vor sich aus, dass der Daumennagel in der Mitte des Blickfeldes liegt, und bewege dann den ausgestreckten Arm langsam nach links. Bei etwa 15 Grad Sehwinkel wird der Daumen unsichtbar, er verschwindet im blinden Fleck.[37]

Nun beschäftige ich mich seit vielen Jahren als Wissenschaftler mit visueller Wahrnehmung und habe das schon Hunderte Male an mir selbst ausprobiert. Ich hatte sogar mal eine (wie ich fand) geniale Idee für ein Experiment zur Erforschung dieses Phänomens, musste aber dann feststellen, dass andere schon in den 1960er-Jahren genauso genial gewesen waren. Kommt vor. Trotz dieser Kränkung meines Wissenschaftleregos bin ich nach wie vor jedes Mal aufs Neue davon fasziniert, wie blind wir für unsere blinden Flecken sind. Das liegt an einem Phänomen, das als *Filling-in* bekannt ist: Unser visuelles System füllt die fehlende Information nämlich gleichsam auf. Man könnte meinen, dass dieses Auffüllen einfach jeweils vom anderen Auge erledigt wird. Die blinden Flecken der beiden Augen liegen ja an unterschiedlichen Stellen, sodass ein Auge den Job an den Stellen übernehmen kann, an denen das andere Auge blind ist. Bei zweiäugigem (= binokularem) Sehen ist das auch tatsächlich so. Wenn Sie das gerade geschilderte Selbstexperiment durchführen und nach dem Verschwinden Ihres Daumens das rechte Auge öffnen, so wird ihr Daumen wieder sichtbar. Gut, das ist banal. Was uns Sehforscher:innen aber fasziniert, ist Folgendes: Wenn Sie das rechte Auge geschlossen halten, mit dem linken Auge weiter den Punkt in der Ferne fixieren und Ihren Daumen aus dem Gesichtsfeld nehmen, dann verschwindet der blinde Fleck aus Ihrem Bewusstsein. Ich schaue zum Beispiel gerade auf eine Ziegelmauer, die sich gegenüber dem Fenster meines Arbeitszimmers befindet. An der Stelle, wo gerade mein Daumen von einem schwarzen Loch verschluckt wurde, sehe ich aber jetzt auch bei einäugiger Betrachtung ganz eindeutig die Ziegelmauer. Da ist kein Loch im Gesichtsfeld, es sieht nicht einmal so aus, als wäre die visuelle Information an dieser Stelle irgendwie undeutlicher. Nein, mein visuelles System scheint aus der Information in der Umgebung des blinden Flecks die fehlende Information aufzufüllen, sodass ich eindeutig die Ziegelmauer sehe.

Solche blinden Flecken und entsprechende Auffüllmechanismen gibt es auch in unserem Denken. Um sie nachzuweisen, bedarf es ähnlicher Tricks. Sie müssen nicht einmal besonders perfide sein. Wissen Sie, wie eine Toilettenspülung funktioniert? Oder ein Dosenöffner? Die meisten von Ihnen werden auf diese Fragen spontan mit »Ja« antworten. Aber versuchen Sie mal, Schritt für Schritt zu erklären, wie diese Geräte genau funktionieren. Wenn Sie dabei Probleme bekommen, sind Sie nicht allein. In Studien, die genau solche Aufgaben untersucht haben, stellte sich heraus, dass die meisten Menschen erstaunlich schlecht darin sind, die Funktionsweise solcher Alltagsgegenstände zu erklären.[38] Vor allem aber sind sie viel schlechter darin, als sie selbst gedacht hätten. Erst wenn wir uns in einer solchen Erklärung versuchen, merken wir, wie schlecht wir eigentlich Bescheid wissen. Eine solche Selbstüberschätzung ist nicht bei allen Arten von Wissen gleichermaßen nachweisbar. Unangenehme Überraschungen erleben wir vor allem dann, wenn es darum geht, Sachverhalte oder Funktionsweisen zu erklären und logisch zu begründen. Wir haben in dieser Hinsicht also einen blinden Fleck für die eigene Unwissenheit.

Auf die Frage der Rationalität unserer Überzeugungen übertragen bedeutet das, dass wir uns hinsichtlich des Wissens, das unseren Überzeugungen zugrunde liegt, häufig etwas vormachen. Nehmen wir mal an, Sie sind einigermaßen fest von den menschlichen Einflüssen auf die Erderwärmung überzeugt. Sie haben sich vielleicht nicht so gründlich in die Materie eingearbeitet wie Hermine, die Geistesverwandte von Mr. Spock. Aber es ist ein Thema, das Sie interessiert, Sie haben immer mal wieder etwas dazu gelesen und finden, dass Sie eine recht fundierte Meinung dazu haben. Eine epistemisch rationale Überzeugung also, nicht ein irrationales Bauchgefühl wie bei Klara. Nun unterhalten Sie sich mit einem richtig eingefleischten Gegner dieser These, einem, der die Thematik bis in den letzten Winkel ausgeleuchtet hat und bestens auf solche Greta Thunberg hörigen Gutmenschen wie Sie vorbereitet ist, der jedes einzelne Ihrer Argumente mit zehn (angeblich) faktenbasierten Gegenargumenten und ärgerlicherweise auch noch mit schneidender Eloquenz widerlegen kann. Kurz: Ihr Gegenüber macht Sie richtig platt. Vielleicht sind Sie ja eine Person, die sich einer überragenden Allgemeinbildung rühmen darf und der so etwas einfach nicht passiert. Wahrscheinlicher aber ist es, dass es Ihnen wie mir geht: dass Sie nämlich bei dieser Vorstellung ein unangenehm mulmiges Gefühl des kalt Erwischtwerdens in der Magengrube verspüren. Ich jedenfalls muss zugeben: Bei den meisten meiner vermeintlich rationalen Überzeugungen, es sei denn, sie betreffen ein Gebiet, auf dem ich wirklich Experte bin, könnte es mir so oder so ähnlich ergehen.

Der Verdacht erhärtet sich: Selbst in unseren rationalen Überzeugungen sind wir weniger rational, als wir denken. Aber wäre es nicht einfach viel besser für uns, wenn unsere Überzeugungen möglichst rational wären und sich auf die verfügbare Evidenz stützen? Wäre maximale epistemische Rationalität nicht die optimale Strategie, um sich auf die Gegebenheiten der Welt einzustellen und in ihr möglichst gut zurechtzukommen? Vielleicht nicht. Zum einen haben wir festgestellt, dass irrationale Überzeugungen sehr verbreitet sind, zum anderen sind selbst unsere vermeintlich rationalen Überzeugungen wohl weniger rational, als wir denken. Da sehr viele Menschen mit ihren mehr oder weniger irrationalen Überzeugungen offenbar recht gut in der Welt zurechtkommen, scheint epistemische Rationalität nicht das Maß aller Dinge zu sein.

Kognitive Verzerrungen

Wie wir festgestellt haben, finden wir (oder viele von uns) unsere Irrationalität in vielen Fällen völlig in Ordnung, zum Beispiel, wenn es um religiösen Glauben geht. In anderen Fällen aber, vor allem dann, wenn es darum geht, was wahr ist und was nicht, haben wir das Gefühl, dass unsere Überzeugungen vernunftgeleitet sind und auf Faktenwissen beruhen. Wir halten unsere Überzeugungen für epistemisch rational, scheinen uns darin aber oft zu täuschen. Und das betrifft nicht nur Verschwörungstheorien, sondern möglicherweise viele unserer ganz »normalen« Überzeugungen. Wir leiden also, so scheint es, an einer Rationalitätsillusion – einer Illusion der Vernunft.

Solche Selbsttäuschungen sind in der Psychologie bestens bekannt. Die Psychologie spricht im Falle fehlerhafter Neigungen im Denken und Urteilen von *kognitiven Verzerrungen* (im Englischen *Cognitive Bias* oder auch *Cognitive Illusion* genannt[39]). Das bedeutet, dass wir in unserem Denken systematische Fehler machen, also Sachverhalte falsch einschätzen. *Systematisch* heißt, dass diese Fehler nicht zufällig mal in die eine oder andere Richtung gehen, sondern dass der Fehler immer wieder in eine bestimmte Richtung geht. Unsere Einschätzung eines Sachverhalts ist also nicht einfach nur ungenau, sondern in eine Richtung verzerrt. Es ist wie bei einer Schießübung, bei der Sie nicht einfach nur unscharf zielen und Ihre Schüsse mehr oder weniger chaotisch irgendwo landen außer in der Mitte der Zielscheibe (so wie das bei mir der Fall wäre), sondern bei der Ihre Schüsse *systematisch* immer zu weit rechts landen, zum Beispiel, weil der Gewehrlauf verzogen ist.

Aber gehen wir noch einmal einen Schritt zurück. Wie kommen wir überhaupt zu unseren Überzeugungen? Grundsätzlich gibt es mindestens zwei Möglichkeiten. Die eine Möglichkeit besteht darin, dass wir uns auf der Grundlage der verfügbaren Evidenz ein Bild von der Welt machen. Diese Evidenz sammeln wir entweder selbst durch eigene Erfahrungen, oder sie wird uns von anderen zur Verfügung gestellt, z.B. in den Medien oder in wissenschaftlichen Veröffentlichungen. So kann ich zu der Überzeugung, dass regelmäßige körperliche Aktivität gut für mich ist, entweder durch die Erfahrung gelangen, dass ich mich körperlich und geistig besser fühle, wenn ich dreimal pro Woche laufen oder schwimmen gehe; oder ich gelange zu dieser Überzeugung, indem ich etwa die Webseite der Weltgesundheitsorganisation lese, auf der die wissenschaftliche Evidenz zum Thema körperliche Aktivität und Gesundheit dargestellt ist.

Die andere Möglichkeit ist, Überzeugungen mehr oder weniger ohne Überprüfung der Evidenz von unseren Mitmenschen zu übernehmen,

Abbildung 2: Überschießende Mustererkennung in einer Felsformation

zum Beispiel von unseren Eltern, Lehrer:innen, Freund:innen, Pfarrer:innen oder Gurus. Meine Überzeugung, dass mir körperliche Aktivität guttut, kann also auch darauf beruhen, dass meine Mutter mir das gesagt hat und ich es einfach glaube, weil ich ihr vertraue.

Beide Wege sind anfällig für kognitive Verzerrungen. Wenn wir aus Daten etwas lernen wollen, sind wir darauf angewiesen, in den Daten Muster zu erkennen. Unser Gehirn ist daher ständig auf der Suche nach Mustern, die für uns eine Bedeutung haben oder aus denen wir Vorhersagen ableiten können. Dabei schießen wir oft über das Ziel hinaus, indem wir Muster erkennen, wo eigentlich keine sind. Diese kognitive Verzerrung wird als *Clustering Illusion* (engl. Cluster = Gruppe, Anhäufung) bezeichnet: Wir gruppieren Datenpunkte zu vermeintlich bedeutungsvollen Mustern. Ein bekanntes Beispiel dafür ist das »Hot-Hand«-Phänomen. Damit sind vermeintliche Glückssträhnen von Basketballer:innen beim Erzielen von Körben gemeint, die in statistischen Auswertungen allerdings als weitgehend zufällig entlarvt wurden.[40] Ein ähnliches Phänomen der überschießenden Mustererkennung können wir fast täglich an unserer visuellen Wahrnehmung beobachten, wenn wir zum Beispiel Gesichter oder andere vertraute Gegenstände in Wolken, Felsformationen, Baumrinden oder der Mondoberfläche erkennen (Abbildung 2).[41]

Hinzu kommt, dass wir ein starkes Bedürfnis nach kausalen Erklärungen haben. Wenn wir ein Muster entdeckt haben, wollen wir auch seine Ursache ergründen. Als soziale Wesen sind für uns gerade diejenigen Ereignisse von besonderer Bedeutung, die von anderen verursacht wurden. Das bringt mit sich, dass wir gern absichtsvolles Handeln einer anderen Person vermuten (oder auch einer höheren Macht: »Gott, ich danke dir für die Hot Hand, die du mir heute gegeben hast!«), wo nur der Zufall herrscht oder andere, völlig absichtslose Prozesse ablaufen.

Diese kognitive Verzerrung wurde als *Hypersensitive Agency Detection Device* (übersensitives Agentendetektionssystem) bezeichnet[42] und hat genauso wie die *Clustering Illusion* vermutlich gute Gründe: Es scheint uns Vorteile zu bringen, wenn wir vorschnell hinter Mustern Absichten erkennen. Wir verfolgen damit die altbekannte Cowboy-Strategie »shoot first and ask questions later« (erst schießen und dann Fragen stellen)[43]. Wir legen uns also erst einmal fest und stellen unsere Festlegung erst im Nachhinein infrage – wenn überhaupt, denn das Infragestellen ist nicht unsere große Stärke, wie wir gleich noch sehen werden.

Zunächst aber noch zu der Frage, wie wir Überzeugungen von anderen Menschen übernehmen. Viele Dinge sind zu schwer überprüfbar oder ihre Überprüfung ist zu gefährlich, als dass wir uns durch das Sammeln eigener Erfahrungen ein Bild machen könnten. Zum Beispiel haben wir die meisten unserer Überzeugungen über die Gefährlichkeit bestimmter Tiere oder die Giftigkeit mancher Pflanzen nicht durch eigene Erfahrungen überprüft, und das ist in der Regel auch gut so. Andere Sachverhalte sind einfach so komplex oder umfangreich, dass mindestens ein Hochschulstudium in dem entsprechenden Fach notwendig wäre, um zu fundierten Überzeugungen zu gelangen. Es ist also in vielen Fällen praktikabel, kurzerhand die Überzeugungen zu übernehmen, die uns von Eltern, anderen Autoritäten oder Angehörigen unserer Peer-Group angetragen wurden. Auch dieser Ansatz ist allerdings nicht frei von kognitiven Verzerrungen. Bei der Einschätzung, wie glaubwürdig die Aussage einer Person ist, spielt häufig der sogenannte *Halo-Effekt* (engl. Halo = Heiligenschein) eine wichtige Rolle. Er besteht darin, dass man von einer Eigenschaft einer Person auf andere Eigenschaften schließt.[44] So bin ich geneigt, den Aussagen meines Onkels, der ein freundlicher und großzügiger Mensch ist, hinsichtlich seiner Überzeugungen Glauben zu schenken, auch wenn sich von seiner Freundlichkeit und Großzügigkeit überhaupt nicht auf den Wahrheitsgehalt seiner Überzeugungen schließen lässt. Auch der *Mitläufereffekt* kann eine ähnliche Wirkung entfalten. Er besteht darin, dass wir uns gern den Handlungsweisen, aber auch den Überzeugungen erfolgreicher Personen anschließen.[45]

Und schließlich spielt bei der Entstehung aller Überzeugungen auch eine kognitive Verzerrung eine Rolle, die wir schon bei der Klimaschutzaktivistin Klara kennengelernt haben: *emotionales Schlussfolgern*. Dieser Begriff wurde von Aaron T. Beck eingeführt, einem der Begründer der kognitiven Verhaltenstherapie.[46] Damit beschrieb er die Neigung depressiver Menschen, mehr auf ihr negatives Bauchgefühl zu hören als auf die objektiv überprüfbaren Fakten. Aber auch gesunde Menschen haben eine solche Neigung, sich bei der Ausbildung ihrer Überzeugungen auf ihr Bauchgefühl zu verlassen, was sicher oft einer richtigen Intuition entspricht, manchmal jedoch zu voreiligen oder falschen Schlussfolgerungen führt.[47] Diese Neigung ist keineswegs auf negative Gefühle beschränkt. Oft nehmen wir auch Überzeugungen an oder halten an ihnen fest, weil sie uns ein gutes Gefühl geben. Dazu gehören die selbstwertdienlichen Verzerrungen, die weiter oben schon anklangen. Die Überzeugung, dass ich ein besserer Autofahrer bin als die meisten anderen Menschen, ist gut für meinen Selbstwert, sie gibt mir ein gutes Gefühl, das vermutlich zur Verfestigung meiner Überzeugung beiträgt.

Kognitive Verzerrungen sind nicht nur bei der Entstehung unserer Überzeugungen von Bedeutung, sondern auch, wenn es darum geht, einmal gefasste Überzeugungen zu überprüfen. Wir halten gern an unseren Überzeugungen fest, und dabei spielen wieder eine Reihe von kognitiven Verzerrungen eine Rolle. Das Phänomen, dass wir selbst dann gern an unseren Überzeugungen festhalten, wenn wir mit Informationen konfrontiert werden, die unserer Überzeugung widersprechen, wird auch als *konzeptioneller Konservativismus* bezeichnet. Dabei spielt die sogenannte *Bestätigungstendenz* (auch bekannt unter dem englischen Begriff *Confirmation Bias*) eine zentrale Rolle.[48] Darunter versteht man die Tendenz, hauptsächlich die Informationen zu suchen, die eine bestehende Überzeugung bestätigen, oder Informationen entsprechend dieser Überzeugung wahrzunehmen oder zu interpretieren.[49] Der eifersüchtige Ehemann, der – aus gutem Grund oder nicht – glaubt, dass seine Frau einen Liebhaber hat, sieht überall Anzeichen dafür, dass sie ihn betrügt. Die Chefin, die sich bereits eine Meinung zur Unfähigkeit eines Mitarbeiters gemacht hat, wird sich durch jeden noch so kleinen Lapsus dieses Mitarbeiters darin bestärkt fühlen. Auch die Wissenschaftlerin, die von ihrer Theorie fest überzeugt ist, neigt dazu, ihre Theorie in den verfügbaren Daten bestätigt zu sehen. Oder wie der britische Journalist Ron Jonson feststellte: »Seit ich von der Bestätigungstendenz erfahren habe, sehe ich sie überall.«[50]

Deutlich lässt sich die Bestätigungstendenz in den viel diskutierten Filterblasen und Echokammern im Internet sehen. Mit dem Begriff Echokammer (der Begriff stammt ursprünglich aus der Tontechnik) wird eine Hypothese beschrieben, der zufolge sich Menschen mit ähnlichen Überzeugungen bevorzugt in geschützten Räumen austauschen, in die anderslautende Ansichten keinen Eingang finden.[51] Solche Räume können bestimmte Kanäle oder Chat-Foren im Internet sein. Wenn ich beispielsweise als sogenannter »Querdenker« nur Seiten besuche, in denen Gleichgesinnte falsche Fakten über Coronaviren verbreiten, so werde ich meine Überzeugungen immer wieder bestätigt (und nie widerlegt) sehen, sodass sie sich zunehmend verfestigen. Dieser Selbstbestätigungsmechanismus kann noch zusätzlich durch die sogenannten Filterblasen verstärkt werden. Sie entstehen durch die Nutzung von Algorithmen, die anhand von Suchhistorie und früherem Klickverhalten voraussagen, welche Informationen für Benutzer:innen einer Webseite interessant sein könnten.[52] So werden bevorzugt Informationen angeboten, die den Wünschen der Benutzer:innen entsprechen und ihre Überzeugungen bestätigen – eine Art computergestützte Bestätigungstendenz. Unsere menschliche Bestätigungstendenz ist also nicht der einzige Grund für die Entstehung von Echokammern im Internet, sie trägt aber sicher dazu bei.[53]

Verstärkt wird unser konzeptioneller Konservativismus noch durch den aus der Politikwissenschaft bekannten *Backfire-Effekt*. Er beschreibt das Phänomen, dass sich Überzeugungen noch mehr verfestigen können, wenn Fakten präsentiert werden, die diesen widersprechen.[54] Der Backfire-Effekt kommt oft bei Verschwörungsgläubigen zum Tragen. Viele Impfgegner:innen sind der Überzeugung, dass die offiziellen Empfehlungen zu Impfungen auf einer Verschwörung beruhen, die von einer gewissenlosen und ausbeuterischen Pharmaindustrie angezettelt wurde.

Konfrontiert man sie mit wissenschaftlichen Daten, welche die Wirksamkeit von Impfungen nachweisen, so geht das oft nach hinten los (engl. *to backfire*) und wird als Beweis dafür gewertet, dass die medizinische Forschung Teil der Verschwörung ist.

Diese und andere wissenschaftlich gut belegte kognitive Verzerrungen tragen also dazu bei, dass wir bei der Ausbildung und Aufrechterhaltung unserer Überzeugungen oft irrational vorgehen, ohne dass wir uns dessen bewusst sind. Auch der Umstand, dass wir uns dessen meistens nicht bewusst sind, ist seinerseits als kognitive Verzerrung bekannt, als die sogenannte *Verzerrungsblindheit* (engl. *Blind Spot Bias*). Wir haben einen blinden Fleck für unsere kognitiven Verzerrungen. In einer Studie der US-amerikanischen Psychologin Emily Pronin und ihrer Kollegen gaben 85 Prozent aller Teilnehmer an, weniger stark von kognitiven Verzerrungen beeinflusst zu werden als der »Durchschnittsamerikaner«.[55] Dieser Befund ist nicht ohne Ironie, denn er legt eine selbstwertdienliche Verzerrung mitsamt Verzerrungsblindheit nahe und widerlegt damit direkt die Selbsteinschätzung der Befragten.

Verzerrungsblindheit trägt also einen großen Teil dazu bei, dass wir einer Rationalitätsillusion unterliegen. Die meisten von uns halten sich und ihre Überzeugungen für epistemisch rational, viel rationaler als die meisten anderen, und beweisen allein dadurch schon ihre eigene Irrationalität. Sind wir also alle »verrückt«, leiden an einem Rationalitätswahn? Vermutlich nicht. Was unsere Überlegungen zur vermeintlichen Rationalität unserer Überzeugungen allerdings deutlich zeigen, ist, dass epistemische Irrationalität beileibe kein Alleinstellungsmerkmal wahnhafter Überzeugungen ist.

Das hört sich nach einer schlechten Nachricht für die Psychiater:innen an, die Wahn von »normalen« Überzeugungen unterscheiden müssen, um Diagnosen stellen und richtig behandeln zu können. Trotzdem heißt das alles nicht, dass die Unterscheidung wahnhafter von »normalen« Überzeugungen unmöglich ist, sondern nur, dass die Unterscheidung allein auf der Grundlage des Rationalitätskriteriums, wie es DSM-5 vorschlägt, problematisch ist. Deshalb wurden von anderen Autor:innen auch oft weitere Zusatzkriterien herangezogen (die allerdings auch alle nicht ohne Probleme sind). Dazu gehören die funktionelle Einschränkung oder das subjektive Leiden, das mit einer wahnhaften Überzeugung einhergeht, oder auch die Frage, inwieweit eine Überzeugung von den meisten anderen Menschen mit einem vergleichbaren kulturellen Hintergrund geteilt wird.[56] Mir geht es hier aber nicht darum, die psychiatrische Diagnostik von Wahn zu verbessern. Das Problem ist vielleicht sogar unlösbar. Sondern es geht darum zu zeigen, dass sich wahnhaftes Denken viel weniger stark von »normalem« Denken unterscheidet, als wir annehmen. Ja, Wahn ist epistemisch irrational, aber auch unser »normales« Denken ist meist viel weniger rational, als es uns gefallen könnte.[57] Wir sind nicht alle »verrückt«. Vielleicht aber sind wir tatsächlich »verrückter«, als wir meinen. Oder zumindest ist die Art, wie vermeintlich »verrückte« Überzeugungen zustande kommen, weniger »verrückt«, als wir denken.

3

Warum gibt es Schizophrenie?

Schizophrenie – Geschichte einer Diagnose

Wahn ist für sich genommen keine Diagnose, sondern ein Symptom. Es gibt eine Reihe von Diagnosen, bei denen Wahn ein mögliches oder sogar charakteristisches Symptom ist. So können schwere Depressionen von Wahnsymptomen gekennzeichnet sein. Menschen mit Depressionen sind manchmal wahnhaft davon überzeugt, an ihrer eigenen Erkrankung oder dem Unglück anderer schuld zu sein oder sich und ihre Familie finanziell zu ruinieren. Im Gegensatz dazu erleben Menschen in manischen Episoden, die im Rahmen der sogenannten bipolaren Störung (häufig auch als »manisch-depressiv« bezeichnet) auftreten können, oft einen Größenwahn, der sie von ihrer eigenen Großartigkeit und der Unterlegenheit aller anderen überzeugt sein lässt. Ein solcher Größenwahn kann aber auch, genauso wie ein Verfolgungswahn, ein Symptom entzündlicher Hirnerkrankungen sein oder infolge der Einnahme bestimmter Drogen wie Cannabis, Kokain oder Amphetaminen auftreten. Auch bei schweren Demenzerkrankungen kann es zu Verfolgungswahn kommen. Bei diesen und vielen weiteren Erkrankungen ist Wahn als Symptom möglich. Besonders charakteristisch aber ist es für die Diagnose *Schizophrenie*.

Wenn man als medizinischer Laie jemanden als »verrückt« bezeichnet, dann hat man meist einen Menschen mit der Diagnose Schizophrenie vor Augen. Schizophrenie ist gewissermaßen die prototypische Erkrankung für »Verrücktheit«. Deshalb wollen wir uns in diesem Kapitel der Schizophrenie widmen, um besser verstehen zu können, wie Überzeugungen entstehen, und vor allem, warum diese Überzeugungen oft so irrational sind. Um uns der Erklärung für die epistemische Irrationalität unserer Überzeugungen anzunähern, beginnen wir an dem Ende der Skala, an dem die Irrationalität anscheinend am größten ist: beim Wahn und eben bei jener Erkrankung, für die Wahn besonders charakteristisch ist. Die Hoffnung ist, dass wir dabei nicht nur etwas über pathologische Überzeugungen lernen (oder solche, die wir für pathologisch halten), sondern auch ganz allgemein darüber, wie Überzeugungen in unserem Gehirn entstehen.

Schizophrenie wird oft als »klassische« psychiatrische Diagnose gesehen,[1] dabei ist der Begriff kaum älter als hundert Jahre. Er wurde 1911 von dem Schweizer Psychiater Eugen Bleuler eingeführt, und zwar nicht als *die Schizophrenie*, sondern vielmehr als *Gruppe der Schizophrenien*.[2] Bleuler fasste damit eine Gruppe von psychischen Störungsbildern zusammen, bei denen er als zentrales Merkmal eine »assoziative Lockerung« beobachtet hatte. Damit ist eine Störung der sinnvollen und kontrollierten Verknüpfung von Gedanken gemeint. Anders als heute sah Eugen Bleuler Wahn nicht als zentrales Symptom der Schizophrenien an, sondern als ein Zusatzsymptom, das auftreten kann, aber nicht muss.

Der Begriff der Schizophrenie, wie wir ihn heute kennen, wurde erst 1938 vom deutschen Psychiater Kurt Schneider in seiner »Klinischen Psychopathologie« geprägt, einem Buch, das großen Einfluss auf die psychiatrische Krankheitslehre haben sollte.[3] Schneider stellte die Symptome in den Vordergrund, die auch heute für die Diagnose Schizophrenie als wegweisend angesehen und etwas unscharf als *Psychose* bezeichnet werden. Dazu gehört zum einen das Hören von Stimmen als Halluzination, also Trugwahrnehmung. Betroffene hören fremde Stimmen, die ihre Handlungen kommentieren, mit ihnen in Dialog treten oder ihnen sogar Anweisungen geben. Häufig sind die Aussagen der Stimmen beleidigenden oder beschimpfenden Inhalts, weshalb das Stimmenhören als quälend und bedrohlich erlebt wird. Zum anderen erleben Betroffene ihre eigenen Gedanken so, als wären sie von jemand anderem verursacht worden oder als wären sie für andere hör- oder sichtbar.

Schließlich beschreibt Schneider auch Wahnsymptome, vor allem sogenannte Wahnwahrnehmungen, als charakteristisch für Schizophrenie. Wahnwahrnehmung bedeutet, dass äußeren Reizen oder Ereignissen eine wahnhafte Bedeutung beigemessen wird. So berichtete mir eine Patientin, sie sei irritiert davon, dass heute schon wieder die Ampel an der Kreuzung vor ihrem Haus ausgefallen sei, sie werte dies als Zeichen einer Verschwörung gegen sie. Ein anderer Patient schreckte während des Gesprächs auf, weil er draußen ein schwarzes Auto vorbeifahren sah. Er war sich ganz sicher, dass seine Verfolger ihm damit mitteilen wollten, sie wüssten, wo er sich gerade aufhalte.

Solche paranoiden Gedanken gehören zu den Wahninhalten, die bei Schizophrenie typischerweise auftreten, sie sind bei über der Hälfte aller Menschen mit dieser Diagnose zu beobachten.[4] Die Betroffenen fühlen sich meist von anderen bedroht, verfolgt oder beeinträchtigt, bis hin zu der Befürchtung, dass man ihnen nach dem Leben trachte. Zudem erleben sie Äußerungen oder Handlungen anderer fälschlicherweise als Zeichen einer besonderen Beziehung zur eigenen Person. Bei diesen »anderen« kann es sich um reale Personen handeln – Bekannte oder Unbekannte, einzelne oder mehrere – oder auch um übernatürliche Wesen wie Dämonen oder Götter.

Heute wird die Diagnose der Schizophrenie pragmatisch nach sogenannten *operationalisierten* Kriterien gestellt. Das bedeutet, dass eine bestimmte Anzahl von charakteristischen Symptomen über einen bestimmten Zeitraum vorhanden sein muss, damit die Diagnose gestellt werden kann. Wobei die einzelnen Symptome für sich genommen nicht diagnosedefinierend sind, sondern nur in Kombination mit anderen typischen Symptomen. Diese Kriterien sind in diagnostischen Klassifikationssystemen festgehalten, wie etwa dem DSM-5. Zu den Symptomen für die Diagnose Schizophrenie gehören nach dem DSM-5 die genannten *psychotischen* Symptome, also Wahn und Halluzinationen, sowie eine »desorganisierte« Sprache, die der von Bleuler beschriebenen assoziativen Lockerung entspricht. Zusätzlich können noch bizarr anmutendes Verhalten und sogenannte negative Symptome die Diagnose stützen. Zu diesen gehören zum Beispiel eine Verminderung des emotionalen Ausdrucks oder des Antriebs.[5]

Ist Schizophrenie eine Krankheit?

Was aus dieser kurzen Einführung in die Geschichte der Diagnose Schizophrenie hervorgeht, ist, dass der Begriff Schizophrenie keineswegs in Stein gemeißelt ist. Seine Bedeutung hat sich über die Jahre gewandelt und wird sich weiter verändern. Irgendwann wird es ihn vielleicht gar nicht mehr geben, weil man ihn zugunsten präziserer Begriffe aufgeben wird. Schizophrenie bezeichnet auch kein einheitliches Krankheitsbild, dem eine bestimmte Pathologie zugrunde liegt, so, wie wir das von den meisten körperlichen Krankheiten kennen.[6] Ein Herzinfarkt zum Beispiel ist klar definiert als eine Durchblutungsstörung des Herzens, die zum Absterben von Herzmuskelgewebe führt und in der Regel durch die Verstopfung einer verengten Herzkranzarterie mit einem Blutgerinnsel verursacht wird. Von Symptomen, wie wir das bei den Kriterien für die Diagnose Schizophrenie gesehen haben, ist hier gar nicht die Rede. Natürlich geht auch ein Herzinfarkt meist mit bestimmten Symptomen einher, typischerweise mit einem starken und plötzlich einsetzenden linksseitigen Brustschmerz. Aber Symptome wie diese können auch bei vielen anderen Krankheiten auftreten und daher bestenfalls den Verdacht auf einen Herzinfarkt begründen. Die Diagnosestellung aber beruht allein auf dem Nachweis der Durchblutungsstörung beziehungsweise des Absterbens von Herzmuskelgewebe.

Die klinische Diagnosestellung einer Schizophrenie – wie übrigens auch die der meisten anderen psychiatrischen Diagnosen – ist also ungefähr so präzise wie die Diagnose »linksseitiger Brustschmerz«: Es gibt eine Handvoll Symptome, die unserer Beobachtung nach häufig zusammen auftreten, woraus wir auf das Vorliegen einer bestimmten Erkrankung schließen. Unklar ist allerdings, ob es diese »bestimmte Erkrankung« überhaupt gibt. So, wie der typischen Symptomkonstellation beim Herzinfarkt sehr oft die besagte Durchblutungsstörung zugrunde liegt, so gehen wir in unserer medizinisch geprägten Denkweise davon aus, dass auch der Symptomkonstellation aus Wahn, Halluzinationen und desorganisiertem Denken eine bestimmte Pathologie zugrunde liegen müsste. Aber welche könnte das sein? Wir haben zwar eine Menge Ideen und auch zahlreiche wissenschaftliche Befunde, die uns zumindest eine Ahnung von möglichen Pathologien geben; für die klinische Diagnosestellung ist all das aber derzeit nicht relevant, weil nicht verlässlich genug.

Sie beruht also allein auf Symptomen und befindet sich damit medizinhistorisch betrachtet in einem Stadium, das man ohne allzu große Übertreibung als vorsintflutlich bezeichnen kann. Aber wir haben es eben auch mit dem Gehirn zu tun, dem komplexesten aller Organe, und mit Störungen seiner Funktion. Nach allem, was wir wissen, liegt diesen Funktionsstörungen nicht *eine* Pathologie zugrunde, sondern es ist eine Vielzahl komplex interagierender Faktoren, die dazu beitragen. Wir bemühen uns, die Situation zu verbessern, aber einstweilen müssen wir mit der rein symptombasierten Diagnostik zurechtkommen. Eine Schwierigkeit, die diese Form der Diagnostik mit sich bringt, ist ihre Unschärfe. Oft ist der Fall klar, die diagnostischen Kriterien sind eindeutig erfüllt, und eine zweifelsfreie Diagnosestellung ist möglich. Oft genug aber ist es nicht so klar, ob die Kriterien erfüllt sind, denn schon bei den Symptomen gibt es eine gewisse Unschärfe, wie wir am Beispiel des Wahns ja schon ausführlich diskutiert haben. Man muss aber das Problem gar nicht als Schwäche der diagnostischen Methodik anprangern. Vielmehr liegt die diagnostische Unschärfe in der Natur der Sache. Nicht nur zwischen Wahn und »normalen« Überzeugungen gibt es einen fließenden Übergang, sondern auch bei allen anderen psychischen Symptomen.

Die Diagnose Schizophrenie wird bei etwa einem von hundert Menschen irgendwann im Laufe des Lebens gestellt. Das heißt aber nicht, dass jeder Hundertste die »Krankheit Schizophrenie« hat, denn die Krankheit gibt es in diesem absoluten Sinne nicht. Es heißt lediglich, dass bei jedem Hundertsten im Laufe des Lebens irgendwann die *Kriterien* für die Diagnose Schizophrenie erfüllt sind. Und die können sich ändern. Weil neue wissenschaftliche Erkenntnisse dies nahelegen oder sich die gesellschaftliche Haltung zu psychischen Erkrankungen ändert. Wie bereits erwähnt, könnte es sogar passieren, dass wir diese Diagnose komplett aufgeben. Vielleicht einigen wir uns auch irgendwann darauf, die diagnostischen Kriterien enger zu fassen, weil wir feststellen, dass die Diagnose viel öfter gestellt wird als nötig und in vielen Fällen die Behandlung mehr schadet als nutzt. Dann würde vielleicht nur noch jeder Zwei- oder Dreihundertste die Diagnose bekommen. Ich weiß natürlich nicht, ob das so kommen wird, aber wenn ich eine Prognose wagen darf, dann ist es die: Auch wenn wir uns noch so sehr bemühen und noch so kluge Forschung betreiben, *die eine* Pathologie, die der Krankheit Schizophrenie zugrunde liegt, werden wir nie finden. Denn die »Krankheit Schizophrenie« gibt es in diesem Sinne nicht. Das heißt nicht, dass es sinnlos ist, ihre Mechanismen zu erforschen. Denn ich hoffe sehr (und glaube auch vorsichtig daran), dass uns diese Forschung irgendwann helfen wird zu verstehen, warum welcher Mensch an welchen Symptomen leidet und wie diese gelindert werden können.

Schizophrenieforschung

Da man sich in der psychiatrischen Forschung mittlerweile weitgehend darüber einig ist, dass die Auffassung von der »Krankheit Schizophrenie« als feststehende Entität nicht haltbar ist, wird auch oft infrage gestellt, ob die diagnostische Kategorie »Schizophrenie« für die Forschung herangezogen werden sollte.[7] Diese Frage ist durchaus berechtigt. Allerdings sollte man bedenken, dass diese Kategorie nicht rein zufällig entstanden ist, sondern aus der Beobachtung heraus, dass bestimmte Symptome häufig zusammen auftreten. Die Annahme, dass es dafür eine gemeinsame Grundlage gibt, ist somit nicht völlig aus der Luft gegriffen. Um das Zustandekommen dieser typischen Symptomkonstellation – in der Medizin spricht man von einem Syndrom – zu erklären, kann es also durchaus sinnvoll sein zu untersuchen, wie sich Menschen mit der Diagnose Schizophrenie hinsichtlich genetischer, neurophysiologischer oder sonstiger Parameter von anderen Menschen unterscheiden. Auch wenn wir uns vor allem für eine bestimmte Symptomdimension interessieren, wie zum Beispiel Wahn, mag es sinnvoll sein, die Kategorie Schizophrenie heranzuziehen, denn schließlich tritt bei der überwiegenden Mehrzahl aller Menschen, bei denen eine Schizophrenie diagnostiziert wird, irgendwann einmal das Symptom Wahn auf. Statistisch gesehen haben also Menschen mit der Diagnose Schizophrenie mit einer viel höheren Wahrscheinlichkeit wahnhafte Überzeugungen als andere Menschen. Das heißt nicht, dass sie kategorial anders sind, aber es deutet darauf hin, dass die Diagnose Schizophrenie mit einer stärkeren Neigung einhergeht, wahnhafte Überzeugungen auszubilden.

Wenn wir uns also zum Beispiel dafür interessieren, welche Mechanismen im Gehirn wahnhaften Überzeugungen zugrunde liegen, dann erscheint es somit durchaus sinnvoll, die diagnostische Kategorie Schizophrenie für die entsprechenden Untersuchungen heranzuziehen. Eine andere Möglichkeit besteht darin, Wahn ganz unabhängig von diagnostischen Kategorien zu untersuchen, also sich allein auf die *Symptomdimension* Wahn zu beziehen. Wenn es darum geht, die Grundlagen von Wahn zu verstehen, dann haben beide Ansätze ihre Stärken und Schwächen, aber sie haben aus meiner Sicht beide ihre Berechtigung. Im Folgenden, und auch im weiteren Verlauf des Buches, werde ich mich auf eine Reihe von Studien beziehen, die entweder den einen oder den anderen Ansatz gewählt haben. Wichtig ist dabei, dass ich grundsätzlich nicht die »Krankheit Schizophrenie« im Auge habe, sondern dass es dabei immer um die Grundlagen von Wahn als eine bestimmte Form von Überzeugungen geht, also um die Frage, welche Mechanismen im Gehirn dazu beitragen, dass Wahn entsteht.

Wo die Dämonen herkommen – die Rolle der Genetik

Ich möchte Sie hier nicht mit Theorien und Fakten zur Entstehung der Schizophrenie langweilen, die man bei tiefergehendem Interesse ohne Probleme in jedem Psychiatrielehrbuch oder im Internet nachlesen kann. Ein Punkt erscheint mir aber in unserem Zusammenhang besonders wichtig, und das ist die Rolle der Genetik.

Wie bei vielen anderen psychischen Störungen gehen wir bei der Schizophrenie von einem sogenannten *Vulnerabilitäts-Stress-Modell* aus.[8] Das bedeutet, dass Menschen eine mehr oder weniger stark ausgeprägte Anfälligkeit (= Vulnerabilität) für die Erkrankung haben können, die genetisch bedingt ist und sie in bestimmten Phasen der Hirnentwicklung anfälliger für schädliche Umwelteinflüsse (= Stress) macht. Zu diesen Umwelteinflüssen gehören zum Beispiel Virusinfektionen der Mutter während der Schwangerschaft, traumatische Erlebnisse in der Kindheit und Drogenkonsum oder Migrationserfahrungen in der Jugend. Jeder einzelne dieser Umwelteinflüsse hat nur einen geringen Effekt, aber zusammengenommen spielen sie nach heutigem Kenntnisstand eine bedeutende Rolle.

Über viele Jahre hinweg schwelte in der Forschung eine *Nature-or-Nurture*-Debatte: Ist es die Natur (also die Genetik) oder sind es die Erziehung und andere Umweltfaktoren, die hauptsächlich der Entstehung der Schizophrenie zugrunde liegen? Heute gilt als gesichert, dass es in dieser Frage kein Entweder-oder gibt, sondern, dass sowohl Genetik als auch Umweltfaktoren eine bedeutende Rolle spielen und miteinander in Wechselwirkung stehen.[9]

Die Schizophrenie gehört zu den psychischen Störungen, bei denen der Beitrag der Genetik am größten ist. Auf einen genetischen Einfluss deutet schon die Beobachtung hin, dass Schizophrenien familiär gehäuft auftreten. So liegt bei eineiigen (= genetisch identischen) Zwillingen, von denen einer an Schizophrenie erkrankt ist, die Wahrscheinlichkeit einer Erkrankung beim anderen Zwilling bei mindestens fünfzig Prozent. Natürlich stellt sich bei solchen Befunden immer die Frage, inwieweit sie durch »Nature« oder »Nurture« bedingt sind. Wenn von einem Zwillingspaar beide an Schizophrenie erkranken, liegt das dann an den Genen oder daran, dass sie unter ähnlichen Umständen aufgewachsen sind? Einen Hinweis auf einen echten genetischen Effekt liefert hier die Beobachtung, dass das Erkrankungsrisiko mit zunehmendem Verwandtschaftsgrad steigt.[10]

Die molekulargenetische Forschung der letzten Jahrzehnte hat die große Bedeutung der genetischen Einflüsse bestätigt. Seit es ohne allzu großen Aufwand möglich ist, das gesamte menschliche Genom zu sequenzieren, wurden groß angelegte Studien mit dem Ziel durchgeführt, den Zusammenhang zwischen bestimmten genetischen Varianten und dem Auftreten von Krankheiten festzustellen. So wird in genomweiten Assoziationsstudien (kurz GWAS genannt) nach *genetischen Risikovarianten* gesucht: Gibt es Varianten an bestimmten Orten des Genoms, die signifikant mit einer bestimmten Diagnose assoziiert sind, die entsprechende Erkrankung also wahrscheinlicher machen? Solche Studien erfordern eine hohe Zahl von Teilnehmenden und sind nur durch den Zusammenschluss vieler Forschender in internationalen Konsortien möglich.

Für die bislang größte GWAS zur Schizophrenie analysierte das internationale Psychiatric Genomics Consortium die Daten von 76 755 Menschen mit der Diagnose Schizophrenie und die von 243 649 gesunden Kontrollpersonen.[11] In dieser Studie wurden 287 Risikovarianten für Schizophrenie gefunden. Der Anteil des genetischen Beitrags zum Auftreten schizophrener Erkrankungen, die sogenannte Varianzaufklärung, wurde auf der Grundlage dieser genomweiten Analyse auf etwa 24 Prozent geschätzt. In Anbetracht des deutlich höheren genetischen Beitrags, den Zwillingsstudien nahelegen, ist allerdings damit zu rechnen, dass weitere genetische Assoziationsstudien in Zukunft noch weitere Risikovarianten aufdecken werden. Der Anteil der Varianzaufklärung durch genetische Varianten wird sich also voraussichtlich noch weiter erhöhen. Festhalten lässt sich aber schon jetzt, dass sich durch genetische Assoziationsstudien ein bedeutender Teil des erblichen Einflusses erklären lässt, den die familiäre Häufung von Schizophrenien nahelegt.

Wie groß der genetische Einfluss auf die Entstehung schizophrener Psychosen ist, ist aber nur *eine* wichtige Erkenntnis, die uns genetische Assoziationsstudien mit den Mitteln der modernen Molekulargenetik liefern. Mindestens genauso wichtig sind die Informationen, die uns solche Studien über die möglichen Entstehungsmechanismen der Erkrankung liefern. In dieser Hinsicht ist vor allem die Frage relevant, welche Funktion die genetischen Risikovarianten haben. Entscheidend dafür ist die sogenannte Genexpression: Wie und in welchen Zellen des Organismus wird die genetische Information, für die ein Gen kodiert, umgesetzt? In GWAS zur Schizophrenie zeigte sich (wenig überraschend), dass ein großer Teil der identifizierten Gene im Gehirn exprimiert wird und mit der Funktion bestimmter Hirnbotenstoffe wie Glutamat oder Dopamin zu tun hat. Zusätzlich (und etwas überraschender) wurden aber auch einige Risikovarianten in Genen gefunden, die in Zellen des Immunsystems exprimiert werden.[12] Dieser wichtige Befund hatte zur Folge, dass die Rolle der Immunfunktion seither stärker in den Fokus der Schizophrenieforschung gerückt ist. Sowohl die Vielzahl der genetischen Risikovarianten als auch die Tatsache, dass betroffene Gene in verschiedenen Geweben exprimiert werden, legt nahe, dass die Rolle der Genetik sehr komplex ist. Man spricht in diesem Fall von einem *polygenetischen* Einfluss.

Sehen wir uns das etwas genauer an. Es gibt *monogenetisch* vererbbare Krankheiten, bei denen *ein* Gen verändert ist, was zu einer ganz spezifischen Veränderung in der Funktionsweise des Organismus führt. Ein bekanntes Beispiel für eine solche monogenetische Erkrankung ist die Mukoviszidose: Hier führt eine einzige Genmutation dazu, dass unter anderem in den Atemwegen übermäßig zäher Schleim gebildet wird, was häufige und zum Teil schwere Atemwegsinfektionen wie Lungenentzündungen zur Folge hat. Solche monogenetischen Erkrankungen sind vererbbar. Das heißt, wenn beide Eltern Träger einer Mutation sind und diese an ihr Kind weitervererben, so wird es unweigerlich zur Erkrankung kommen.[13]

Polygenetische Erkrankungen wie Schizophrenie sind nicht auf diese Weise direkt vererbbar, sie sind aber in dem Sinne erblich, dass eine genetische Veranlagung weitergegeben wird, die das Risiko für die Erkrankung erhöht. Das Erkrankungsrisiko steigt mit der Anzahl der geerbten Genvarianten, von denen jede einzelne für sich genommen nicht krankheitsauslösend ist, die aber in ihrer Summe ein genetisches Risiko bedingen. Man spricht in diesem Zusammenhang von einem genetischen *Risikoprofil.*

Dass sich dieses Risikoprofil aus vielen unterschiedlichen Genen zusammensetzt, bringt auch mit sich, dass es nicht *den einen* Mechanismus gibt, der schizophrenen Erkrankungen zugrunde liegt (was wiederum zu unserer Feststellung passt, dass es nicht *die eine* »Krankheit Schizophrenie« gibt). Vielmehr ist davon auszugehen, dass es sich um eine Vielzahl von Mechanismen handelt, die zum Erkrankungsrisiko beitragen und deren Rolle bei der Entstehung von Schizophrenien durch das genetische Risikoprofil und die Wechselwirkung von Genen und Umweltfaktoren bestimmt wird. Zur genetischen Variabilität kommt noch hinzu, dass natürlich auch die Umweltfaktoren individuell sehr unterschiedlich sind. So ist davon auszugehen, dass etwa die individuellen Lernerfahrungen eines heranwachsenden Kindes in vielschichtiger Weise auf das genetische Risikoprofil treffen. Darin liegt auch eine mögliche Erklärung dafür, dass das Erscheinungsbild schizophrener Erkrankungen individuell sehr variabel ist. So liegt, wie bereits erwähnt, das häufigste und für Schizophrenie so charakteristische Symptom, ein Beziehungs- oder Verfolgungswahn, zwar bei einem hohen Prozentsatz der Erkrankten vor, aber eben nicht bei allen. Bei anderen Betroffenen stehen Halluzinationen oder desorganisiertes Denken im Vordergrund, und Wahn spielt nur eine untergeordnete oder gar keine Rolle. Auch der Verlauf der Erkrankung ist sehr unterschiedlich. Bei manchen Betroffenen kommt es nur zu einer einzigen psychotischen Episode, während die Erkrankung bei anderen schwer und chronisch verläuft.

Für die psychiatrische Forschung ist natürlich von großem Interesse, wie bestimmte genetische Risikoprofile und deren Wechselwirkung mit bestimmten Umweltfaktoren zu bestimmten Veränderungen der Hirnfunktion führen; wie diese neuronalen Mechanismen wiederum mit bestimmten Symptomen zusammenhängen; und ob sich dadurch ein bestimmter Verlauf oder gar die Wirksamkeit von bestimmten therapeutischen Strategien voraussagen lässt. Sie sehen schon, die Sache ist nicht gerade einfach.

Lassen Sie uns also vor allem im Auge behalten, was aus all diesen Informationen für unser Verständnis von Wahn relevant ist. Wir können festhalten, dass genetische Faktoren zu einem bedeutenden Anteil an der Entstehung schizophrener Erkrankungen beteiligt sind – und damit vermutlich auch an der Entstehung von Wahn, der als Symptom für diese Erkrankungen so charakteristisch ist. Wie groß dieser genetische Anteil ist, das variiert von Individuum zu Individuum und hängt davon ab, wie viele und welche Risikovarianten vorliegen. Aber, so variabel und komplex sie auch sein mag, es scheint eine genetische Grundlage dafür zu geben, dass manche Menschen leichter an einer Schizophrenie erkranken als andere; und damit möglicherweise auch dafür, dass manche Menschen stärker zu wahnhaften Überzeugungen neigen als andere. Ich sage hier ganz bewusst »möglicherweise«, denn wir können die Diagnose Schizophrenie und die Neigung zu wahnhaften Überzeugungen nicht einfach gleichsetzen. Wer zu wahnhaften Überzeugungen neigt, muss noch lange nicht als schizophren diagnostiziert werden, und wem die Diagnose Schizophrenie gestellt wird, der muss nicht unbedingt an einem Wahn leiden. Doch wenn eine Erkrankung, deren zentrales Symptom Wahn ist, eine genetische Grundlage hat, dann liegt die Hypothese nahe, dass dasselbe auch für die Neigung zu wahnhaften Überzeugungen gelten könnte.

Nach dem, was uns die Genetik gelehrt hat, scheint die Antwort auf die Frage, warum es Schizophrenie gibt, diese zu sein: weil es genetische Varianten gibt, die schizophrene Erkrankungen begünstigen. Doch diese Antwort provoziert sofort die nächste Frage: Warum gibt es diese Genvarianten überhaupt, wenn sie doch das Risiko für eine so schwere Erkrankung wie Schizophrenie erhöhen? Für monogenetische Krankheiten fällt die Antwort auf solche Fragen vergleichsweise leicht, denn da kann man das Problem auf einen einzelnen Gendefekt zurückführen. Da ist bei den unglaublich komplexen Vorgängen der Weitergabe genetischer Informationen von Generation zu Generation eben ein folgenschwerer Fehler passiert. Bei polygenetischen Erkrankungen fällt die Erklärung ungleich schwerer: Denn da ist kein Fehler passiert, sondern es handelt sich um genetische Normvarianten, um Gene also, die es in unterschiedlichen Varianten gibt und die für sich genommen nicht pathologisch sind. Warum also gibt es dann Schizophrenie überhaupt?

Die Frage nach dem »Warum« eines jeden Verhaltens – oder noch allgemeiner: eines jeden Lebensphänomens – lässt sich immer auf verschiedenen Ebenen beantworten. Als ich mich gerade daranmachen wollte, diesen Absatz zu schreiben, stand ich vom Schreibtisch auf und ging in die Küche, um mir ein Glas Wasser zu holen. Warum habe ich das getan? Die naheliegendste Antwort wäre wohl: weil ich Durst hatte. Eine Physiologin würde meinen Drang nach Wasser auf der Grundlage ihres Wissens über die Regulation des Flüssigkeits- und Elektrolythaushalts des Menschen erklären. Ganz anders könnte die Antwort eines Psychologen aussehen. Er würde möglicherweise ahnen, dass ich gerade ein Konzentrationstief hatte und der Gang in die Küche Ausdruck meines Bedürfnisses nach einer kurzen Pause oder sogar – durch eine freudianische Brille betrachtet – nach oraler Befriedigung war. Der Freudianer hätte vielleicht auch eine plausibel klingende Theorie dazu, wie mein Bedürfnis, mir ausgerechnet jetzt Wasser einzuverleiben, mit meiner frühen psychosexuellen Entwicklung zusammenhängt. Er würde bei der Frage nach dem »Warum« also auf meine Lebensgeschichte verweisen. Eine Evolutionsbiologin hingegen würde den Blick möglicherweise weniger auf meine persönliche Geschichte, sondern eher auf die stammesgeschichtliche Entwicklung der Spezies Homo sapiens richten und erklären, wie die genetische Ausstattung, die dem Menschen das subjektive Empfinden von Durst als Reaktion auf drohende Dehydrierung ermöglicht, einen Selektionsvorteil gebracht haben mag.

Der niederländische Zoologe und Verhaltensforscher Nikolaas Tinbergen hat sich Mitte des letzten Jahrhunderts eingehend mit der Frage beschäftigt, welche unterschiedlichen Ebenen für die Erklärung von Verhalten herangezogen werden können. Er kam zu dem Schluss, dass die Erklärung eines jeden Lebensphänomens die Beantwortung von vier Warum-Fragen erfordert.[14] Die erste Warum-Frage bezieht sich auf den Mechanismus, also etwa die physiologischen Prozesse, die einem Verhalten zugrunde liegen. Bei der zweiten Warum-Frage geht es um die individuelle Entwicklungsgeschichte, also darum, wie ein Verhalten mit der Entwicklung des Organismus über die Lebensspanne zusammenhängt. Diese beiden ersten Warum-Fragen betreffen somit *unmittelbare* Ursachen (auch *proximate* Ursachen genannt), denn diese Ursachen sind unmittelbar im Individuum und in seiner Interaktion mit der Umwelt zu suchen. Zur Beantwortung der Warum-Fragen nach den *unmittelbaren* Ursachen dafür, dass ich mir gerade ein Glas Wasser geholt habe, könnten also am ehesten die Physiologin und der Psychologe etwas beitragen.

Die dritte und die vierte von Tinbergens Warum-Fragen betreffen hingegen *grundlegende* Ursachen (auch *ultimate* Ursachen genannt). Damit sind Ursachen gemeint, die nicht im Einzelnen, sondern in der gesamten Spezies zu suchen, die also das Ergebnis eines evolutionären Prozesses sind. Die *grundlegenden* Ursachen sind demnach eigentlich evolutionäre Ursachen. So bezieht sich die dritte Warum-Frage auf den sogenannten adaptiven Wert eines Phänomens: Bringt ein bestimmtes Verhalten (beziehungsweise die Gene, die diesem Verhalten zugrunde liegen) einen Selektionsvorteil für unsere Spezies mit sich? Im Falle meines Wasserglases ist der adaptive Wert meines Verhaltens nicht schwer herzuleiten: Individuen, die sich regelmäßig Flüssigkeit zuführen, um Dehydrierung zu vermeiden, leben gesünder und länger und erhöhen damit auch ihre Reproduktionschancen.

Die vierte Warum-Frage bezieht sich auf die stammesgeschichtliche Entstehung von Verhalten oder anderer Lebensphänomene im Laufe der

Evolution. Dabei geht es um die Umstände und Mechanismen, die zur Herausbildung einer bestimmten Verhaltensweise über die Entwicklung einer Spezies hinweg beigetragen haben. Dazu gehört zum Beispiel die Frage, wie sich die extrem komplexe Regulation unseres Flüssigkeits- und Elektrolythaushalts aus einfacheren, stammesgeschichtlich älteren Formen der Flüssigkeitsregulation herausgebildet hat. Die Warum-Fragen nach den *grundlegenden* Ursachen dafür, dass ich mir gerade ein Glas Wasser geholt habe, könnte also am ehesten die Evolutionsbiologin beantworten.

Im Zusammenhang mit Wahn und Schizophrenie haben wir uns bisher hauptsächlich mit *unmittelbaren* Ursachen nach Tinbergen beschäftigt. Wir haben uns anhand des Vulnerabilitäts-Stress-Modells überlegt, wie eine genetische Prädisposition zusammen mit bestimmten Umwelteinflüssen das Risiko einer schizophrenen Erkrankung erhöhen kann.[15] Im Folgenden wollen wir uns nun vor allem den *grundlegenden* Ursachen widmen. Im Zentrum steht die Frage, ob und wie die Neigung zu wahnhaften Überzeugungen und das Risiko, an einer Schizophrenie zu erkranken, als Ergebnis eines evolutionären Selektionsprozesses verstanden werden können.

Evolutionstheoretische Erklärungen sind oft mit Vorsicht zu genießen. Im Englischen gibt es den Begriff der *Just-so-Story*. Eine Geschichte, die man sich einfach so ausgedacht hat. Sie ist plausibel und in sich stimmig, sie könnte zutreffen. Oder auch nicht. Es gibt keine Beweise, keine wissenschaftliche Evidenz, zumindest keine ausreichende. Das ist ein Vorwurf, der evolutionstheoretischen Erklärungen oft – und manchmal auch zu Recht – gemacht wird, vor allem, wenn es um die Erklärung sehr komplexer Phänomene geht und insbesondere solcher Phänomene, die uns Menschen und unsere spezifisch menschlichen Eigenschaften betreffen. Eines möchte ich deshalb klarstellen: Bei den evolutionstheoretischen Erklärungen, die ich hier diskutiere, handelt es sich zum Teil um Just-so-Storys. Das heißt nicht, dass sie falsch sind. Es heißt nur, dass ich manches von dem, was ich behaupte, nicht beweisen kann. Ich werde versuchen, die dargestellten Thesen mit wissenschaftlicher Evidenz zu untermauern, aber das wird nicht immer möglich sein. Manche der dargestellten Ideen werden vorerst noch spekulativ bleiben. Aber vielleicht werden sie irgendwann Anlass zu wissenschaftlichen Untersuchungen geben, die Evidenz für oder gegen die aufgestellten Thesen liefern, sie also verifizieren oder falsifizieren. Anderes wird vielleicht für immer spekulativ bleiben, weil es sich der empirischen Überprüfung entzieht. Und zwar nicht aus grundsätzlichen Gründen, wie etwa religiöser Glaube, sondern aus ganz praktischen Gründen, zum Beispiel, weil Beobachtungszeiträume notwendig wären, die viele menschliche Generationen umspannen würden; oder weil entsprechende Experimente nicht mit unseren ethischen Grundsätzen vereinbar wären.

Wir sollten uns aber etwas entspannen. Es ist nicht schlimm, dass wir nicht alles beweisen können, zumindest im Hier und Jetzt. Es kann trotzdem sinnvoll sein, sich zu überlegen, wie es sein könnte, und sinnvolle, plausible und vielleicht sogar hilfreiche Erklärungen zu finden. Wichtig ist, dass unsere Theorien sich an dem orientieren, was wir schon wissen, und dass sie sich offen der empirischen Überprüfung stellen. Unsere Theorien sind immer Hypothesen, müssen immer offen dafür sein, entweder ganz oder teilweise widerlegt zu werden. In einem Satz: Unsere Theorien sollten im epistemischen Sinne rational sein. Und das gilt selbstverständlich auch für die hier vorgeschlagenen Ideen.

Das evolutionäre Paradoxon der Schizophrenie

Bei der Suche nach den *grundlegenden* Ursachen der Schizophrenie müssen wir uns an der Frage orientieren, was für Lebewesen wie uns adaptiv ist. Adaptiv bedeutet, dass Lebewesen ihr Verhalten bestmöglich an die Gegebenheiten der Umwelt anpassen, um ihre Fitness zu maximieren, also die Chancen, zu überleben und sich fortzupflanzen. Im Sinne der Evolutionstheorie ist unsere individuelle Fitness letztlich deswegen relevant, weil sich dadurch die Wahrscheinlichkeit erhöht, dass sich unsere Gene durchsetzen. Adaptiv sind also die Merkmale, die uns in puncto Überleben und Reproduktion erfolgreich machen und damit einen Selektionsvorteil für die zugrunde liegenden Gene bringen.[16]

Im Lichte der Evolutionstheorie scheint es keinen Sinn zu ergeben, dass sich im Laufe der Generationen Genvarianten durchgesetzt haben, die mit einem Risiko für schwere psychische Erkrankungen wie Schizophrenie assoziiert sind. Und es ergibt erst recht keinen Sinn, dass über alle Kulturen und Zeiten hinweg mit relativ geringen Abweichungen etwa jeder Hundertste im Laufe seines Lebens an einer Schizophrenie erkrankt. Die Frage, warum es diese Erkrankung überhaupt noch gibt, drängt sich vor allem deswegen auf, weil Menschen mit der Diagnose Schizophrenie – durch die Brille der Evolutionstheorie betrachtet – eine erheblich eingeschränkte Fitness haben: Sie sind körperlich ungesünder und leben im Schnitt deutlich kürzer.[17] Zudem gehen sie seltener Partnerschaften ein, haben auch weniger Kinder und Enkelkinder.[18] Die Reproduktionsrate schizophren Erkrankter liegt im Vergleich zu Gesunden nur bei dreißig bis vierzig Prozent.[19] Man würde also eigentlich für Gene, die mit einem Risiko für Schizophrenie verbunden sind, eine *negative Selektion* erwarten: Die genetischen Risikovarianten müssten im Laufe der Generation langsam verschwinden. Nach dieser Logik erscheint es paradox, dass es Schizophrenie überhaupt noch gibt. Das ist das *evolutionäre Paradoxon* der Schizophrenie.[20]

Das Forschungsgebiet der *evolutionären Psychiatrie* versucht, auf solche und ähnliche Fragen Antworten zu finden, und nimmt dabei auch andere psychische Erkrankungen in den Blick, die ebenfalls eine genetische Grundlage haben.[21] Wieso sollten sich Gene durchgesetzt haben, die für Depressionen prädisponieren, wenn Depressionen doch mit schweren Beeinträchtigungen im täglichen Leben, einer erhöhten Suizidrate und einer (der Reproduktion abträglichen) reduzierten Libido einhergehen? Ähnliche Fragen stellen sich für Autismus, Essstörungen und Angsterkrankungen.

Ein grundsätzlicher Erklärungsansatz der evolutionären Psychiatrie ist, dass genetische Veranlagungen, die uns heute psychisch krank machen, unter anderen, früher herrschenden Umständen adaptiv gewesen sein könnten. Die Evolution hin zum modernen Homo sapiens hat über viele Jahrtausende hinweg unter Bedingungen stattgefunden, die wenig mit denen unserer heutigen Zivilisation zu tun hatten. Der indisch-US-amerikanische Arzt und Genetiker Siddhartha Mukherjee hat diese Idee in seinem eindrucksvollen Buch »Das Gen« so zum Ausdruck gebracht: »Wenn eine Genvariante die Fitness eines Organismus in einer bestimmten Umgebung reduziert […], dann nennen wir das Phänomen *genetische Krankheit* [engl. *genetic illness*]. Wenn dieselbe Variante die Fitness in einer anderen Umgebung erhöht, dann nennen wir das *genetische Verbesserung* [engl. *genetic enhancement*]. Die Synthese von Evolutionsbiologie und Genetik aber zeigt uns, dass diese Urteile bedeutungslos sind: *Verbesserung* oder *Krankheit* sind Wörter, die die Fitness eines bestimmten Genotyps in einer bestimmten Umgebung angeben; wenn sich die Umgebung ändert, kann sich die Bedeutung dieser Wörter umkehren.«[22]

Diese Logik lässt sich auf viele polygenetisch bedingte Erkrankungen anwenden, auch auf körperliche. Viele Krankheiten, mit denen wir es heute zu tun haben, könnten die Folge einer genetischen Anpassung an Lebensumstände längst vergangener Zeiten sein. Den meisten Menschen, die heute in hoch entwickelten Gesellschaften leben, steht Essen im Überfluss zur Verfügung, und sie sind auch sonst in jeder Hinsicht wie in Watte gepackt. Sie sind weitgehend geschützt vor Naturgewalten, haben jede Menge Freizeit und können im Falle körperlicher Schmerzen auf lindernde Mittel zurückgreifen. Der US-amerikanische Psychiater und Mitbegründer der evolutionären Psychiatrie, Randolph Nesse, sieht genau in diesen spektakulären Errungenschaften der modernen Zivilisation die Ursache für die meisten chronischen Krankheiten.[23] So mögen sich Genvarianten, die die Bereitstellung von Energiereserven begünstigen, deswegen durchgesetzt haben, weil sie unseren Urahnen in früheren Zeiten halfen, Phasen der Nahrungsmittelknappheit zu überstehen – heute hingegen verursachen sie Zivilisationskrankheiten wie Übergewichtigkeit und Diabetes.[24]

Einen vergleichbaren Mechanismus könnte man für Schizophrenie oder die Neigung zu Wahn postulieren. Für unsere Vorfahren, die in kleinen sozialen Gruppen zusammenlebten und mit feindlichen Gruppen um knappe Ressourcen konkurrierten, könnten ein Hang zu Misstrauen und paranoide Züge einen Überlebensvorteil bedeutet haben. Man war dadurch eher auf der Hut, erkannte Bedrohungen schneller. Und ein direkter Draht zu übernatürlichen Mächten mag innerhalb sozialer Gruppen sogar besonderes Ansehen mit sich gebracht haben. Psychotisches Erleben, das wir heute als Zeichen einer schizophrenen Erkrankung sehen, könnte in frühzeitlichen Gesellschaften als Kontakt zu den Geistern interpretiert worden sein und den »Betroffenen« oft den sozialen Sonderstatus von Schamanen eingebracht haben.[25] So könnten

Genvarianten, die psychotisches Erleben begünstigen, über Tausende von Generationen der frühen menschlichen Entwicklung – um mit Siddhartha Mukherjee zu argumentieren – eine *genetische Verbesserung* bedeutet haben, während sie in der heutigen Zeit, im Kontext moderner Gesellschaften, als *genetische Krankheit* gesehen werden.

Wenn an dieser Idee etwas dran ist, dann könnte man spekulieren, dass die Risikogene für Schizophrenie durch die veränderte Lebenssituation in modernen Gesellschaften langsam weniger werden. Dass sie nicht verschwunden sind, ist klar, sonst gäbe es keine Erblichkeit der Schizophrenie mehr. Dennoch könnte es sein, dass sich schon jetzt, nach einer extrem kurzen Zeit – wenn man die gesamte Dauer der Evolution irdischen Lebens in Betracht zieht – die Häufigkeit mancher Risikogene verändert hat. Die Überlegung ist also: Wenn sich unsere Lebensumstände innerhalb der letzten paar Tausend Jahre dahingehend geändert haben, dass ein genetisches Risiko für Schizophrenie nicht mehr adaptiv ist, dann müsste negative Selektion nachweisbar sein. Genau das wurde in einer kürzlich veröffentlichten genetischen Studie untersucht.[26]

Anhand der genomweiten Daten von mehreren Zehntausend Menschen mit der Diagnose Schizophrenie und gesunden Vergleichspersonen wurden sogenannte *evolutionäre genetische Marker* untersucht. Bei diesen Markern handelt es sich um Gene, die entweder für den modernen Menschen spezifisch sind oder die wir mit Neandertalern und Denisova-Menschen gemeinsam haben, deren Entwicklung sich vor mehreren Hunderttausend Jahren von der zum modernen Homo sapiens abgespalten hat. Aus der Analyse dieser evolutionären genetischen Marker konnte abgeleitet werden, dass Risikovarianten für Schizophrenie im Genom des modernen Menschen bereits abgenommen haben. Dieser Befund deutet darauf hin, dass es tatsächlich eine – wenn auch geringe – negative Selektion für Genvarianten gibt, die schizophrene Erkrankungen begünstigen. Im Umkehrschluss bedeutet das: Bestimmte genetische Varianten, die wir heute mit einem Risiko für Schizophrenie assoziieren, mögen für unsere fernen Vorfahren tatsächlich einen Selektionsvorteil bedeutet haben.

Wenngleich die Idee, dass genetische Risikovarianten der Schizophrenie einst adaptiv waren, aus evolutionstheoretischer Sicht nicht unplausibel ist und es sogar empirische Hinweise auf ihre Richtigkeit gibt, so kann sie das evolutionäre Paradoxon der Schizophrenie doch nicht vollständig auflösen. Denn es ist schwer vorstellbar, dass eine schwere psychische Erkrankung, die mit erheblichen funktionellen Beeinträchtigungen einhergeht, in früheren Zeiten adaptiv gewesen sein soll. Klar, ohne jeden Zweifel hängt die Frage, ob ein Mensch als psychisch krank angesehen wird, inhärent damit zusammen, was eine Gesellschaft als normal ansieht. Wie ein Mensch in einer Gesellschaft funktioniert, hängt davon ab, was diese Gesellschaft von ihren Mitgliedern erwartet und wie sie »Funktionieren« definiert. Gerade bei psychischen Erkrankungen beruht der Unterschied zwischen gesund und krank auf der Grenze, die die Gesellschaft, und die Medizin als Teil dieser Gesellschaft, zwischen normal und pathologisch zieht.[27] Auch das Ausmaß psychischen Leidens hängt zu einem großen Teil davon ab, wie wir als Gesellschaft mit Betroffenen umgehen: ob wir sie als Teil der Gemeinschaft annehmen oder sie als »anders« abstempeln und an den Rand drängen; ob wir sie als *psychisch Kranke* bezeichnen oder, wie man durchaus mit gutem Grund argumentieren kann, besser als *Menschen mit Psychiatrieerfahrung*. Eine solche Sichtweise ist in vielerlei Hinsicht hilfreich und kann einen immens wichtigen Beitrag zur Entstigmatisierung von Menschen mit Psychosen leisten.

Dass die Hoffnung auf eine Entstigmatisierung psychotisch Erkrankter nicht völlig vergebens ist, legen Entwicklungen nahe, die unsere Gesellschaft in den letzten Jahrzehnten im Umgang mit anderen vermeintlichen Abweichungen von der Norm gemacht hat. So wurde Homosexualität noch bis weit in die zweite Hälfte des 20. Jahrhunderts hinein als Krankheit angesehen, die einer Umerziehungstherapie bedurfte.[28] Erst 1990 legte die Weltgesundheitsorganisation fest, dass Homosexualität keine psychische Krankheit ist, was sicher ein wichtiger Meilenstein in der gesellschaftlichen Akzeptanz von Homosexualität war. Das heißt noch lange nicht, dass Homophobie kein Thema mehr ist. Aber die Tatsache, dass die Bekleidung hoher Staatsämter durch homosexuelle Vertreter:innen selbst konservativer Parteien in Deutschland kaum mehr jemanden juckt, darf schon als Erfolg eingeordnet werden.[29]

Auf das Thema Stigma und mögliche Wege zur Entstigmatisierung psychotischer Erkrankungen werden wir im letzten Kapitel noch einmal ausführlicher zu sprechen kommen. Was wir aber hier, im Kontext des evolutionären Paradoxons der Schizophrenie, auch im Blick haben sollten, ist die Tatsache, dass gerade schwer betroffene Menschen mit Schizophrenie psychotische Zustände oft nicht nur als eine funktionelle Beeinträchtigung oder ein Anderssein, sondern als äußerst qualvoll erleben. Wenn man die Dinge, die man erlebt, die in einem und um einen herum passieren, nicht mehr einordnen kann, dann macht das Angst. Sich beobachtet, verfolgt und bedroht zu fühlen, ja sogar um sein Leben zu fürchten, löst Verzweiflung aus; manchmal bis zu dem Punkt, dass sich Betroffene nicht anders zu helfen wissen, als ihr Leben selbst zu beenden, wie vermutlich im Fall von John M. Darüber hinaus gehen schizophrene Psychosen häufig mit schweren formalen Denkstörungen einher, also mit der Unfähigkeit, klare Gedanken zu fassen, sie zu ordnen oder in verständlicher Weise zum Ausdruck zu bringen. Es erscheint nicht falsch, solche Zustände als krankhaft einzuordnen, nicht in einem ausgrenzenden Sinne, sondern einfach als Anerkennung des schweren Leidens und der Einschränkungen, die diese Zustände für die Betroffenen mit sich bringen können – ganz unabhängig von der Frage der gesellschaftlichen Akzeptanz.

Im Hinblick auf das evolutionäre Paradoxon der Schizophrenie ist es schwer vorstellbar, dass das regelmäßige oder gar chronische Auftreten solcher psychotischen Zustände in frühzeitlichen sozialen Gemeinschaften irgendwie von Vorteil gewesen sein soll. Eher könnte man sich vorstellen, dass mildere Psychosen oder gar nur eine leicht ausgeprägte Neigung zu halluzinatorischem oder wahnhaftem Erleben für besondere gesellschaftliche Rollen wie Schamanentum qualifizierten. Darüber hinaus ist auch denkbar, dass ein genetisches Risikoprofil, das ja keine Entweder-oder-Frage, sondern eine Mehr-oder-weniger-Frage ist, in geringeren Ausprägungen Merkmale mit sich bringt, die für das Überleben und die Reproduktion unserer Spezies vorteilhaft waren und damit adaptiv sind.

Ein in diesem Zusammenhang viel diskutiertes Merkmal sind Persönlichkeitszüge, die mit Kreativität verbunden sind.[30] Dahinter steckt die alte Darwin'sche Idee der *sexuellen Selektion*, der zufolge der ungeheure Aufwand, den viele Spezies in ihr ästhetisches Erscheinungsbild stecken, der Werbung um potenzielle Geschlechtspartner:innen dient – man denke nur an das Gefieder des Pfaus, das zum farbenprächtig schillernden Rad aufgefächert eine Menge Eindruck macht, aber ansonsten in vielen Bereichen des praktischen Lebens völlig unbrauchbar und sogar hinderlich ist. Die Botschaft, die das Pfauenmännchen damit sendet, könnte sein: »Sieh mich doch an, wie schön und prachtvoll ich bin! Muss ich nicht über fantastische Gene verfügen, dass ich mir diesen Luxus leisten kann? Wenn du dich mit mir einlässt, dann werden deine Kinder diese fantastischen Gene in sich tragen!« Evolutionspsycholog:innen wie der US-Amerikaner Geoffrey Miller vertreten die Auffassung, dass künstlerischer Ideenreichtum, Fantasie, die Gabe, Neues und Schönes aus sich heraus zu erschaffen, also all das, was man unter Kreativität versteht, genau diese Funktion haben: nämlich im Wettbewerb um die besten Partner:innen möglichst erfolgreich zu sein.[31]

Das ist ja zweifelsohne ein nachvollziehbarer Gedanke, aber was hat das Ganze mit Schizophrenie und Wahn zu tun? Die Idee ist, dass Menschen mit einem genetischen Risikoprofil für Schizophrenie besonders kreativ sein könnten und dies einen Selektionsvorteil mit sich bringen könnte. Kreativität ist schwer zu definieren, aber meistens wird kreativen Personen die Fähigkeit zugeschrieben, neue Wege im Denken und im Ausdruck von Gedanken und Gefühlen zu gehen. Anders zu denken als die meisten, vom Mainstream abweichen und ausgetretene Pfade verlassen zu können, ist demnach die Voraussetzung für Kreativität. So *besonders* zu sein könnte einerseits größeren Erfolg bei der Partner:innensuche mit sich bringen.[32] Andererseits aber könnte eine solche Neigung zu ungewöhnlichen Gedanken auch mit einem größeren Risiko einhergehen, sich im Denken und Erleben auf Abwegen zu verirren, den Bezug zur Realität zu verlieren und psychotisch zu erkranken.

Ein Schlüssel also zur Auflösung des evolutionären Paradoxons der Schizophrenie? Um diese steile These empirisch zu überprüfen, müssen wir in einem Bereich suchen, in dem wir es *nicht* mit einem klaren Reproduktionsnachteil zu tun haben. Also nicht bei Menschen, die an einer schweren schizophrenen Psychose erkrankt sind und sich somit bekanntermaßen weniger reproduzieren; sondern eher bei denen, die zwar gesund sind, aber bei denen sich dennoch eine Neigung zu psychotischem Erleben nachweisen lässt, zum Beispiel durch gezieltes Abfragen von Symptomen der Schizophrenie in geringer Ausprägung.[33] In entsprechenden Studien konnte recht zuverlässig nachgewiesen werden, dass Menschen mit einer Neigung zu psychotischem Erleben – also ungewöhnlichen Wahrnehmungserfahrungen und wahnhaftem Denken in milder Form – tatsächlich besonders kreativ sind.[34] Wenn man so will, ist also was dran an der alten Plattitüde von der Nähe zwischen Genie und Wahnsinn.

Bleibt noch die Frage, ob Menschen, die zu psychotischem Erleben neigen, nicht nur kreativer sind, sondern tatsächlich auch reproduktiver. Nur so könnte man sich eine positive Selektion der entsprechenden Genvarianten erklären. Mit diesem Thema hat sich der britische Verhaltensbiologe Daniel Nettle eingehend beschäftigt. Vor einigen Jahren befragten er und seine Kollegin Helen Clegg im Rahmen einer Studie mehrere Hundert Erwachsene, unter ihnen viele Kreative – Autor:innen, Künstler:innen und Filmproduzent:innen –, um die Zusammenhänge zwischen Psychoseneigung, Kreativität und Reproduktionserfolg zu untersuchen.[35] Sie stellten fest, dass Personen, die von ungewöhnlichem Erleben wie magischem Denken oder auffälligen Wahrnehmungen berichteten, häufiger kreativen Berufsgruppen angehörten. Wie schon in anderen Studien, bestätigte sich auch hier der Zusammenhang zwischen der Neigung zu psychotischen Erfahrungen und Kreativität. Der entscheidende Befund dieser Studie aber war, dass die Angaben zu ungewöhnlichem Erleben auch mit der Anzahl von Partner:innen in Zusammenhang standen, die eine Person in ihrem Leben hatte.

Man sollte sich natürlich immer der Grenzen solcher Untersuchungen bewusst sein.[36] Im speziellen Fall dieser Studie von Nettle und Clegg stellt sich vor allem die Frage, ob das Maß für den Erfolg bei der Partner:innensuche – hier war es schlichtweg die Anzahl von Beziehungen – wirklich das abbildet, was für Reproduktionserfolg und damit sexuelle Selektion relevant ist. Tatsächlich konnte in dieser Studie keine Korrelation zwischen Psychoseneigung und der Anzahl der gezeugten Kinder festgestellt werden. Dabei muss aber fairerweise festgehalten werden, dass die Anzahl gezeugter Kinder in Zeiten leicht verfügbarer

Verhütungsmittel wahrscheinlich kein besonders empfindliches Maß darstellt.

Auch wenn wir solche Limitationen immer im Auge behalten müssen: Die Befunde von Nettle und Clegg liefern zumindest Hinweise darauf, dass Menschen mit einer leicht ausgeprägten Psychoseneigung – wahnhaftes Denken mit eingeschlossen – kreativer sind und leichter Partner:innen für sich gewinnen können. Diese Schlussfolgerung wird auch durch neuere genetische Befunde gestützt: Das genetische Risikoprofil für Schizophrenie[37] geht mit einer größeren Wahrscheinlichkeit einher, einer künstlerischen Vereinigung anzugehören oder in einem kreativen Beruf zu arbeiten.[38] Zudem gibt es auch einen positiven Zusammenhang mit der Anzahl der Sexualpartner:innen.[39] Bei Frauen ist das genetische Risikoprofil für Schizophrenie mit einer früheren Geburt des ersten Kindes assoziiert,[40] aber auf die Anzahl der Kinder ließen sich in genetischen Studien bisher allenfalls schwache Effekte nachweisen.[41] Wenngleich damit die Evidenz für eine tatsächliche sexuelle Selektion auf etwas wackeligen Beinen steht, kann man doch eines festhalten: Die Ergebnisse dieser genetischen Studien stehen auf jeden Fall im deutlichen Gegensatz zu der Tatsache, dass Menschen mit der Diagnose Schizophrenie weniger Partner:innen und Kinder haben. Dass dies bei gesunden Personen, die ein genetisches Risiko für Schizophrenie haben, nicht so ist oder der Effekt sogar in die entgegengesetzte Richtung geht, ist auf jeden Fall bemerkenswert.

Haben sich genetische Risikovarianten für Schizophrenie also deswegen durchgesetzt, weil sie auch Kreativität begünstigen? Das letzte Wort ist in dieser Frage noch nicht gesprochen (wobei man mit letzten Worten nicht nur in der Wissenschaft immer vorsichtig sein sollte), aber ich wage zu behaupten, dass wir durch diese Befunde der Auflösung des evolutionären Paradoxons der Schizophrenie schon einen Schritt nähergekommen sind. Eine genetisch bedingte Neigung zu wahnhaftem Denken könnte, anders als die volle Ausprägung einer schizophrenen Erkrankung, tatsächlich einen Selektionsvorteil mit sich bringen – nicht nur vor 100 000 Jahren, sondern auch heute noch. Und auch wenn es hier schwierig ist, einen Kausalzusammenhang abzuleiten, so verdichten sich doch die Hinweise darauf, dass Kreativität dabei eine Rolle spielt.

Kreativität ist aber nicht das einzige Merkmal, für das man einen

Zusammenhang mit einer Psychoseneigung postulieren kann und das einen entsprechenden Selektionsvorteil für genetische Risikovarianten der Schizophrenie erklären könnte. So könnte auch die oben bereits beschriebene Wachsamkeit gegenüber möglichen Gefahren, vor allem gegenüber sozialen Bedrohungen, nicht nur in frühzeitlichen Gesellschaften adaptiv gewesen sein. Auch heute noch könnte eine solche Eigenschaft, zumindest in moderater Ausprägung, Vorteile für das eigene Überleben und das der nächsten genetischen Verwandten mit sich bringen.[42]

Eine weitere einflussreiche Hypothese besagt, dass Schizophrenie der Preis ist, den die Spezies Homo sapiens für ihre hoch entwickelten sprachlichen Fähigkeiten bezahlen muss.[43] Nach dieser Theorie war die *Hemisphärenspezialisierung*, also die Tatsache, dass unsere beiden Hirnhälften unterschiedliche Funktionen übernehmen, die entscheidende Voraussetzung für die Entwicklung unserer außerordentlichen Sprachbegabung. Gleichzeitig aber, so die Theorie, könnte diese Hemisphärenspezialisierung Schwierigkeiten mit sich gebracht haben, zwischen eigenen Gedanken und Sprache von außen zu unterscheiden, und den Menschen dadurch anfällig für Wahn und Halluzinationen gemacht haben. Ob sich diese theoretischen Überlegungen durch empirische Daten erhärten lassen, das wird die Zukunft zeigen. Zumindest aber verweisen diese Überlegungen – und die empirischen Befunde zum Zusammenhang zwischen Psychoseneigung, Kreativität und Reproduktivität – auf Wege, wie das evolutionäre Paradoxon der Schizophrenie aufgelöst werden könnte. Und wie wir dadurch zu einem verbesserten Verständnis der Entstehung und der Funktionen wahnhaften Denkens gelangen könnten.

Die Kontinuitätshypothese

Vielleicht haben Sie sich beim Lesen dieses Kapitels schon ein paarmal gewundert, dass ich so selbstverständlich von Wahnneigung, Psychoseneigung und abgeschwächten Symptomen der Schizophrenie bei Gesunden spreche. Es mag Ihnen vielleicht schon eingeleuchtet haben, dass die Grenzen zwischen »normalen« und wahnhaften Überzeugungen fließend sind, aber dass dies auch für die Grenzen zwischen psychischer

Gesundheit und Schizophrenie gelten soll, ist für manche Leser:innen sicher ein ungewohnter Gedanke.

Diese Idee ist aber keineswegs neu und wird in der wissenschaftlichen Literatur oft als *Kontinuitätshypothese der Schizophrenie* bezeichnet.[44] Schon lange ist bekannt, dass der Erkrankung an einer Schizophrenie ein Vorstadium vorausgeht, die sogenannte Prodromalphase. In dieser Phase, die oft in der Jugend oder im frühen Erwachsenenalter auftritt und die sich über Wochen, Monate oder sogar Jahre hinziehen kann, treten Symptome der Schizophrenie in abgeschwächter Form oder nur für ganz kurze Zeit auf. Häufig geht das mit einer Abnahme der Leistungsfähigkeit, einem »Leistungsknick«, und einer Veränderung des Sozialverhaltens mit vermindertem Interesse an sozialen Kontakten und Rückzug einher. Manchmal kommt es dann relativ plötzlich zu einer starken Zunahme des psychotischen Erlebens mit paranoiden Befürchtungen, Wahn und Stimmenhören, was dann zur Diagnosestellung einer Schizophrenie Anlass geben kann. Keineswegs aber, und anders als man dies von einem Vorstadium erwarten würde, führt diese Phase zwingend in die Diagnose Schizophrenie. Nur bei etwa einem Viertel bis einem Drittel der Betroffenen mündet die Prodromalphase in eine schwerere Symptomatik mit Diagnosestellung. Bei manchen verschwinden die Symptome nach einiger Zeit wieder, bei anderen bleibt eine Neigung zu wahnhaftem Denken, auffälligen Wahrnehmungen und anderen Formen ungewöhnlichen Erlebens bestehen, ohne dass dies als krankhaft eingeordnet werden sollte oder gar einer Behandlung bedürfte. Diese Beobachtungen legen nahe, dass manche Menschen näher dran sind an einer Psychose als andere; dass es nicht nur ein genetisches Risiko gibt, das mehr oder weniger stark ausgeprägt ist, sondern dass es auch im subjektiven Erleben und im Verhalten ein solches Mehr-oder-weniger gibt.

Schon Eugen Bleuler, der den Begriff Schizophrenie Anfang des zwanzigsten Jahrhunderts prägte, erkannte die fließenden Übergänge zwischen psychischer Gesundheit und schizophrener Erkrankung an.[45] Auch von anderen Autor:innen wurde im Laufe der Jahre diese Idee zum Ausdruck gebracht.[46] Der erste aber, der die Idee eines solchen sogenannten Psychosekontinuums auf der Grundlage systematischer empirischer Untersuchungen explizit auf den Punkt brachte, war der US-amerikanische Psychiater John S. Strauss. Er führte in den 1960er-Jahren am National Institute of Health der USA strukturierte Interviews mit Patient:innen durch, bei denen eine Schizophrenie diagnostiziert worden war, und quantifizierte auf dieser Grundlage die Ausprägung der Symptome. Ähnlich wie wir das für Wahn festgestellt haben, zeigten seine Befragungen auch für andere Symptome, dass diese keinem Alles-oder-nichts-Prinzip folgten.

Strauss formulierte seine Beobachtungen wie folgt: »Die Patienten beschrieben eine solche Vielfalt an perzeptuellen und gedanklichen Erfahrungen, dass in vielen Fällen eine einfache Einordnung als ›vorhanden‹ oder ›nicht vorhanden‹ die Erfahrung viel eindeutiger hätte erscheinen lassen, als sie eigentlich war. Da es so schwierig war, die gedanklichen und perzeptuellen Abweichungen in Kategorien von Halluzinationen und Wahn auf der einen Seite und ›normal‹ auf der anderen Seite zu unterteilen, ist das Konzept der Schizophrenie als eine abgrenzbare Störung, für die diese Symptome oft als diagnostisch angesehen werden, ebenfalls infrage zu stellen.«[47]

Strauss zog also aus seiner Beobachtung, dass psychotische Symptome keinem Alles-oder-nichts-Prinzip folgen, die wichtige Schlussfolgerung, dass auch die Diagnose der Schizophrenie keinem solchen Alles-oder-nichts-Prinzip folgen kann. Er stellte ausdrücklich die Auffassung infrage, dass Schizophrenie eine eindeutig abgrenzbare Krankheitsentität ist und dass sich Menschen mit solchen Diagnosen »irgendwie qualitativ von anderen Menschen unterscheiden«.[48]

In den 1990er-Jahren waren es dann vor allem zwei Wissenschaftlerinnen am Londoner Institute of Psychiatry, Philippa Garety und Emmanuelle Peters, die mit ihrem Forschungsprogramm die empirische Überprüfung der Kontinuitätshypothese vorantrieben. Sie entwarfen einen Fragebogen, das *Peters et al. Delusion Inventory* (kurz PDI), der – anders als konventionelle Instrumente zum Nachweis von Symptomen bei Erkrankten – auf die Erhebung wahnähnlicher oder wahnhafter Überzeugungen bei Gesunden abzielte.[49] Das PDI versuchte somit, dem von Strauss beklagten Problem zu begegnen, dass es oft schwierig oder unmöglich ist, eine dichotome Unterscheidung darüber zu treffen, ob ein Symptom vorhanden ist oder nicht. Stattdessen wird hier die Wahnneigung nicht als Symptom, sondern eher als Wesenszug betrachtet, der unterschiedlich stark ausgeprägt sein kann und nur bei extremer Ausprägung als Symptom gewertet werden sollte.

Die Erhebung der Wahnneigung ist allerdings nicht trivial, denn man kann Menschen ja nicht fragen, für wie wahnhaft sie sich auf einer Skala von eins bis zehn halten, so, wie man das zum Beispiel für das subjektive Erleben von Schmerz macht. Bei Wahn geht es um Überzeugungen, und die wenigsten Menschen werden bereit sein, ihre Überzeugungen als falsch oder gar krankhaft einzuordnen – das ist ja gerade das, was Wahn ausmacht. Fragebögen wie das PDI erheben die Neigung zu Wahn quasi durch die Hintertür, also mit Fragen, die auf typische wahnhafte Denkinhalte abzielen: »Haben Sie manchmal das Gefühl, dass andere Menschen doppeldeutige Bemerkungen über Sie machen?« Oder: »Denken Sie manchmal, dass elektrische Geräte oder Computer Ihre Gedanken beeinflussen können?« Die Antworten auf einzelne dieser Fragen haben für sich genommen eine geringe Aussagekraft, aber mit einer größeren Zahl solcher Fragen (beim PDI sind es vierzig) ist es durchaus möglich, eine Einschätzung darüber zu treffen, wie stark eine Person zu wahnhaftem Denken neigt. Was die Aussagekraft von Fragebögen wie dem PDI untermauert, ist die Beobachtung, dass bei gesunden Menschen, die in solchen Erhebungen Wahn oder andere psychotische Symptome in abgeschwächter Form zeigen, mit einer höheren Wahrscheinlichkeit später im Leben eine Schizophrenie diagnostiziert wird.[50]

Für die Beantwortung der Frage, ob die Grenzen zwischen psychischer Gesundheit und Schizophrenie tatsächlich fließend sind, ist nun entscheidend, ob auch bei Menschen, die nach den gängigen Kriterien gesund sind, tatsächlich manchmal Symptome einer Schizophrenie vorliegen. Eine in dieser Hinsicht wegweisende Studie war die Netherlands Mental Health Survey and Incidence Study, kurz NEMESIS.[51] Dafür wurden in den 1990er-Jahren über 7000 Erwachsene, die in ihrer Zusammensetzung repräsentativ für die Gesamtbevölkerung der Niederlande waren, in computergestützten Interviews zu allen möglichen für psychiatrische Diagnosen relevanten Themen befragt. Darunter war auch eine Reihe von Fragen zu psychotischen Symptomen wie Verfolgungswahn, dem Erleben von Fremdbeeinflussung und akustischen Halluzinationen. Waren die Antworten positiv, folgten weitere Fragen zur Vertiefung.

Auf dieser Grundlage wurden die Angaben zu den Symptomen dann eingeordnet: als klinisch relevant, als klinisch nicht relevant oder als klare Folge anderer Faktoren, wie etwa der Einnahme von Drogen. Zudem wurden die Angaben – so gut das in einer solchen Befragung eben geht – auf ihre Plausibilität hin überprüft. War es wahrscheinlich, dass die Verfolgungsideen eine reale Grundlage hatten? War das angegebene Stimmenhören möglicherweise keine Halluzination, sondern auf die lauten Nachbarn in einem hellhörigen Haus zurückzuführen?

Interessant war vor allem die Analyse der Daten der über 4000 Befragten, die als psychisch gesund eingeordnet wurden, bei denen also auf der Grundlage dieses Interviews die Kriterien für eine psychiatrische Diagnose nicht erfüllt waren.[52] Bei immerhin einem Prozent wurde ein Wahn festgestellt, der im nachfolgenden Interview als klinisch relevant eingestuft wurde. Bei knapp sechs Prozent lagen wahnhafte Überzeugungen vor, die allerdings nicht als klinisch relevant klassifiziert wurden. Ähnliche Zahlen ergaben sich auch für Halluzinationen; andere Studien haben diese Befunde inzwischen bestätigt, auch in dieser Größenordnung.[53] Insgesamt scheinen fünf bis zehn Prozent der Bevölkerung psychotische Erlebnisse wie Wahn oder Halluzinationen zu kennen, wobei diese Erlebnisse bei den meisten Menschen »subklinisch« bleiben, also nur bei wenigen als Symptome einzuordnen sind und bei noch weniger Menschen zu einer psychiatrischen Diagnose führen.

Natürlich liegt hier die Frage nahe, ob solche Erlebnisse, zumal wenn sie nicht klinisch relevant zu sein scheinen, tatsächlich etwas mit den Symptomen psychisch Erkrankter zu tun haben oder ob es sich dabei nicht doch um etwas qualitativ ganz anderes handelt. Haben also wahnhaftes Denken und gelegentliche Sinnestäuschungen bei Gesunden überhaupt etwas mit den Symptomen einer Schizophrenie zu tun? Oder sind das nur an der Oberfläche ähnliche Phänomene, so, wie sich ein Husten nach harmlosem Verschlucken ähnlich anhören kann wie der Husten bei einer Lungenentzündung, obwohl andere Ursachen zugrunde liegen?

Tatsächlich kann es sein, dass dem Verfolgungswahn eines Menschen mit der Diagnose Schizophrenie ein anderer Mechanismus zugrunde liegt als der paranoiden Idee eines nach den gängigen Kriterien Gesunden. Überdies ist es ebenso gut denkbar, dass den Wahnsymptomen zweier Menschen, die beide die Diagnose Schizophrenie haben, auch unterschiedliche Mechanismen zugrunde liegen. Denn angesichts der komplexen polygenetischen Grundlage der Erkrankung kann es durchaus sein, dass unterschiedliche Mechanismen sehr ähnliche Symptome verursachen – oder Symptome und ähnlich wirkende Wesenszüge. Doch auch wenn im Einzelfall sehr unterschiedliche Mechanismen eine Rolle spielen mögen, bleibt das grundsätzliche Problem bestehen, dass sich ein kategorischer Unterschied zwischen gesunden und krankhaften Gedanken, Sinneseindrücken oder anderen Erlebnissen nicht dingfest machen lässt. Auch neuere, größere und methodisch ausgefeiltere Studien kamen zu demselben Schluss wie John S. Strauss schon in den 1960er-Jahren: Die Übergänge sind fließend, eine kategoriale Unterscheidung zwischen gesund und krank erscheint nicht gerechtfertigt.[54]

Was darüber hinaus stark gegen einen grundsätzlichen, qualitativen Unterschied zwischen subklinischen psychotischen Erlebnissen und Symptomen einer Schizophrenie spricht, ist ein Befund, zu dem mehrere große Studien unabhängig voneinander gelangt sind: Das Auftreten subklinischer psychotischer Erlebnisse ist mit denselben demografischen und individuellen Merkmalen verbunden wie die Diagnose Schizophrenie. Dazu gehören unter anderem: männliches Geschlecht, Single-Status, Arbeitslosigkeit, Zugehörigkeit zu einer ethnischen Minderheit oder Migrationshintergrund, Leben in einer urbanen Umgebung, niedriger IQ, Cannabismissbrauch und Traumatisierung.[55] Es handelt sich dabei nur um statistische Zusammenhänge, und man kann auf der Grundlage solcher Daten keine Aussagen über Kausalzusammenhänge oder Mechanismen machen. Dennoch stützen sie die Idee, dass es sich bei subklinischen psychotischen Erlebnissen oft um eine abgeschwächte Form psychotischer Symptome handelt – ganz im Sinne der Kontinuitätshypothese.

Zusätzlich gestützt wird die Kontinuitätshypothese durch die Ergebnisse neuerer genetischer Studien. So wurde in einer GWAS der Zusammenhang zwischen subklinischen psychotischen Erlebnissen bei Jugendlichen und dem genetischen Risikoprofil für Schizophrenie bestätigt.[56] Auch bei gesunden Erwachsenen konnte eine genetische Überschneidung zwischen subklinischen psychotischen Erlebnissen und psychiatrischen Diagnosen, unter anderem Schizophrenie, nachgewiesen werden.[57]

Es spricht also zusammengenommen doch einiges dafür, dass wir Psychiater:innen nicht einfach nur unfähig sind, eine klare Unterscheidung zwischen gesund und krank zu treffen. Vielmehr deutet alles darauf hin, dass diese Unterscheidung oft nicht eindeutig möglich ist – zumindest nicht allein auf der Grundlage der Symptomausprägung. Vielleicht ist diese Unmöglichkeit ein Hinweis darauf, dass es auch hinsichtlich der Mechanismen, also der Vorgänge im Gehirn, die der Ausbildung von »normalen« und »verrückten« Überzeugungen zugrunde liegen, keine kategorischen Unterschiede gibt, sondern ein Kontinuum. Wir werden auf diese Frage noch zurückkommen.

4
Die Evolution der Irrationalität

Kann Irrationalität adaptiv sein?

Im letzten Kapitel haben wir uns mit dem Symptom Wahn beschäftigt. Wir sind zu dem Schluss gekommen, dass Wahn zwar ein Symptom psychischer Erkrankungen wie Schizophrenie ist, dass aber wahnhafte Überzeugungen nicht selten auch bei Gesunden vorkommen und keineswegs immer Anlass für eine psychiatrische Diagnose sein müssen. Wir haben von der Neigung zu Wahn gesprochen und über deren *grundlegende* Ursachen nach Tinbergen spekuliert. Dabei haben wir die Möglichkeit diskutiert, dass eine Wahnneigung mit Eigenschaften einhergehen könnte, die im Sinne der Evolutionstheorie adaptiv sind, zum Beispiel Kreativität. Bei all diesen Überlegungen aber haben wir Wahn von der Seite der Pathologie her betrachtet, quasi durch die Brille der Psychiatrie: Wahn als Symptom psychischer Erkrankungen, Wahnneigung als eine abgeschwächte Form dieses Symptoms, die (noch) keinen Krankheitswert hat.

Was wir aber im zweiten Kapitel herausgearbeitet hatten, war, dass sich Wahn zwar durch epistemische Irrationalität auszeichnet (und auch so definiert wird), dass diese aber keineswegs ein Alleinstellungsmerkmal wahnhafter Überzeugungen ist. Vielmehr haben wir gesehen, dass viele unserer ganz »normalen« Überzeugungen irrational sind und wir unsere eigene Rationalität überschätzen. Wir unterliegen einer Rationalitätsillusion, sind also auch in der Einschätzung unserer *eigenen* Rationalität irrational. Wir wollen deshalb jetzt einen Schritt weitergehen und die *grundlegenden* Ursachen dieser ganz »normalen« epistemischen

Irrationalität untersuchen, im Sinne der dritten Tinbergen'schen *Warum*-Frage: Inwieweit könnte eine Neigung zu epistemischer Irrationalität einen Selektionsvorteil mit sich bringen und somit adaptiv sein?

Stellen Sie sich vor, Sie wären Teil eines Teams, das Roboter entwickelt. Diese Roboter sollen lernen, möglichst selbstständig in ihrer Umgebung zurechtzukommen und dabei möglichst lange zu »überleben«, also nicht kaputtzugehen. Vermutlich würden Sie den Roboter mit einer Software ausstatten, die ihm zu einem möglichst genauen Eindruck seiner Umwelt verhilft. So sollte der Roboter zum Beispiel schnell und präzise auf Hindernisse reagieren, die ihm bei der Navigation durch seine Umwelt begegnen. Dabei sollte er die Entfernung des Hindernisses abschätzen können, um rechtzeitig ein Ausweichmanöver einzuleiten. Würde er die Entfernung überschätzen, so würde er möglicherweise zu spät ausweichen und Gefahr laufen, mit dem Hindernis zu kollidieren. Würde er hingegen die Entfernung unterschätzen, könnte er mit einem zu jähen Ausweichmanöver reagieren, das die Gefahr eines Sturzes mit sich brächte. Mit anderen Worten: Je realistischer der Roboter seine Umwelt »wahrnimmt«, desto weniger Fehler wird er machen und desto länger wird er unbeschadet durch seine Umgebung navigieren und somit »überleben«.

Schon klar, wir sind keine Roboter, aber genau wie für den Roboter könnte doch auch für uns Menschen gelten, dass es maximal adaptiv wäre, wenn wir uns ein maximal realistisches Bild von der Welt da draußen machen könnten. In anderen Worten: Maximale epistemische Rationalität, also die Welt so erkennen zu können, wie sie wirklich ist, wäre doch eigentlich erstrebenswert, wenn man gut in dieser Welt zurechtkommen möchte.

Aber ganz offensichtlich führen in puncto Adaptivität zwar nicht alle, so doch viele verschiedene Wege nach Rom. So, wie es unzählige Arten von Lebewesen gibt, die auf ihre eigene Weise evolutionär erfolgreich sind – vom Einzeller bis zum Menschen –, gibt es auch innerhalb der Spezies Homo sapiens viele verschiedene Merkmale, die ihre Vor- und Nachteile haben, aber alle auf ihre Weise adaptiv sind. Die Evolutionsbiologie spricht von »Fitness-Landschaften«, um bildhaft zu verdeutlichen, wie die unterschiedliche Ausprägung verschiedener Merkmale die evolutionäre Fitness bedingt. Ein bekanntes Beispiel ist die Länge von

Vogelflügeln.[1] Wenn es etwa um das Überleben in einem Sturm geht, haben Vögel mit sehr kurzen Flügeln geringe Chancen, denn sie werden sich schlechter gegen die Kräfte starker Windböen durchsetzen können. Aber auch zu lange Flügel wären unvorteilhaft, denn der Wind könnte sich in ihnen leichter verfangen. Die Fitness-Landschaft für die Flügellänge kann also mit einem »Hügel«, einem Maximum in der Mitte der Verteilung beschrieben werden: Vögel mit mittleren Flügellängen haben die größte adaptive Fitness. Dass nicht alle Vogelarten mittellange Flügel haben, lässt sich dadurch erklären, dass auch kürzere und längere Flügel bestimmte Vorteile mit sich bringen. Vögel mit kürzeren Flügeln werden wendiger sein, während längere Flügel besser für den Gleitflug geeignet sind.

Mit solchen Fitness-Landschaften lassen sich auch bei uns Menschen eine Vielzahl von Merkmalen hinsichtlich ihres adaptiven Wertes beschreiben, bis hin zu komplexen Eigenschaften wie Persönlichkeitsmerkmalen, von denen wir wissen, dass sie zumindest zum Teil eine genetische Grundlage haben.[2] Beispielsweise werden extrovertierte Menschen, die besonders aktiv, kontaktfreudig und abenteuerlustig sind, in Sachen Reproduktion einen Vorteil haben. Gleichzeitig ist die Neigung zum Draufgängertum, die extrovertierten Menschen oft zu eigen ist, auch gefährlicher und der Fitness durch eine geringere langfristige Überlebenswahrscheinlichkeit abträglich. Im Gegensatz dazu ist Gewissenhaftigkeit ein Persönlichkeitsmerkmal, das durch wohlüberlegtes, zielgerichtetes und verantwortungsvolles Verhalten charakterisiert ist. Gewissenhafte Menschen leben also ohne Zweifel sicherer als extrovertierte. Allerdings werden sie im Wettbewerb um Partner:innen und Ressourcen kurzfristige Gelegenheiten leichter verpassen, was sich wiederum ungünstig auf die adaptive Fitness auswirkt.[3] Solange sie nicht ins ganz Extreme gehen, können also ganz unterschiedliche Ausprägungen von Persönlichkeitsmerkmalen adaptiv sein.

Für uns stellt sich nun die Frage, inwieweit die Art, wie wir unsere Überzeugungen ausbilden (und sie aufrechterhalten oder ändern), adaptiv sein könnte. Gibt es eine Fitness-Landschaft für (Ir-)Rationalität? Sind Überzeugungen umso adaptiver, je besser sie mit den realen Gegebenheiten der Welt übereinstimmen (und damit im epistemischen Sinne rational sind)? Oder könnten auch epistemisch irrationale Überzeugungen adaptiv sein? Ist Irrationalität vielleicht sogar besser als ihr Ruf?

Aber Vorsicht, eine Sache sollte uns bei diesen Überlegungen immer klar sein: Es geht dabei nicht darum, ob wir Irrationalität als Leitprinzip unseres Denkens und Handelns gut finden oder nicht. Dass ich gestern spätabends, als ich mit ein paar Freunden zusammensaß, noch eine Flasche Wein aufgemacht habe, obwohl ich wusste, dass ich heute früh raus-muss, war sicher irrational. Aber es war ein wunderbarer Abend, und deswegen bereue ich diese irrationale Entscheidung heute nicht (oder nur ein wenig). Die meisten von uns finden irrationales Verhalten manchmal nicht nur gerechtfertigt, sondern sogar gut, manche mehr, manche weniger. Aber um eine solche Bewertung soll es hier nicht gehen, sondern allein darum, ob Irrationalität im Sinne der evolutionären Fitness adaptiv sein könnte.

Eine nicht allzu abwegige Möglichkeit ist die, dass es epistemische Irrationalität gibt, *obwohl* sie nicht adaptiv ist. Man kann die Sache ja auch mal von der anderen Seite betrachten: Dass sich bei uns Menschen überhaupt die Fähigkeit zu rationalem Denken entwickelt hat – denn ganz absprechen können wir uns diese Fähigkeit nicht –, deutet auch darauf hin, dass Rationalität adaptiv ist. Ist Irrationalität also nur eine Art Fehler im System? Ein Ausrutscher der Evolution? So etwas wie der Wurmfortsatz unseres Blinddarms, der keinerlei erkennbare Funktion hat, zwar manchmal zu Problemen führt, aber unterm Strich auch nicht genug Schaden anrichtet, um durch natürliche Selektion eliminiert zu werden?

Aber Moment mal, *erkennbare Funktion*, das ist ein wichtiges Stichwort: Die entscheidende Frage ist doch die, ob epistemische Irrationalität eine Funktion haben und damit im evolutionstheoretischen Sinne adaptiv sein könnte?

Nun ist die Neigung zu epistemischer Irrationalität kein klar definiertes Merkmal wie die Länge von Vogelflügeln. Irrationalität ist auch kein einheitliches psychologisches Konstrukt und keine scharf umschriebene oder gar empirisch validierte Persönlichkeitsdimension. Zunächst einmal ist Irrationalität einfach nur die Abwesenheit von Rationalität. Also beginnen wir am besten mit der Frage, ob epistemische Rationalität wirklich so adaptiv ist, wie sie uns auf den ersten Blick erscheint.

Es erscheint zunächst einmal plausibel, dass es unserer Fitness zuträglich ist, wenn wir mit unserem Bild von der Welt möglichst nahe an der Wahrheit sind. Ganz so, wie einem Roboter eine möglichst realistische Repräsentation seiner Umwelt dabei hilft, erfolgreich durch diese zu navigieren. Andererseits ist Rationalität für sich genommen zunächst einmal kein relevantes Kriterium für natürliche Selektion: Ein Verhalten kann noch so irrational sein, wenn es dabei hilft, möglichst viele Sexualpartner:innen für sich klarzumachen, dann erhöht dieses Verhalten die evolutionäre Fitness. Wenn zum Beispiel eine Neigung zu Ignoranz die Wahrscheinlichkeit erhöhen würden, dass biologische Wesen wie wir mit möglichst vielen verschiedenen Partner:innen möglichst viel Sex hätten, dann würde die natürliche Selektion dafür sorgen, dass diese biologischen Wesen möglichst ignorant sind.[4] Andererseits kann es auch nicht nur um Sex gehen, denn um überhaupt erst sexuell aktiv werden zu können, muss man ja wenigstens bis zum Eintreten der Geschlechtsreife überleben und idealerweise noch einige Zeit darüber hinaus. Eine extrem extrovertierte Person mag noch so erfolgreich darin sein, Sexualpartner:innen für sich zu gewinnen, wenn diese Person aber aufgrund ihres Draufgängertums schon früh stirbt, dann kommt sie erst gar nicht in den Genuss vielfacher sexueller Aktivität, kann also ihre Gene nicht oder nur in begrenztem Maße weitergeben.

Irrationalität als Wurmfortsatz

Wenn wir den Erfolg bei der Partner:innensuche mal beiseitelassen und uns nur auf das Überleben konzentrieren (ohne das es logischerweise keinen Reproduktionserfolg geben kann), dann bleibt immer noch die Frage, ob epistemische Rationalität zumindest hinsichtlich der Maximierung der Überlebenswahrscheinlichkeit adaptiv ist. Wichtig ist die Wahrhaftigkeit unserer Überzeugungen ja deshalb, weil wir möglichst Fehler bei der Einschätzung der Realität vermeiden sollten. Denn solche Fehler könnten unser Überleben natürlich gefährden. Nun wiegt aber nicht jeder Fehler gleich schwer. Ob ich fälschlicherweise von der Harmlosigkeit meines Gegners beim Freizeittennis ausgehe oder mich in der Annahme irre, dass mich die Gruppe adoleszenter Männer in einer abgeschiedenen nächtlichen Unterführung sicher nur nach dem Weg fragen will; ob ein frühzeitlicher Homo sapiens in der afrikanischen Savanne daran glaubte, dass sein Jagdglück von der Gunst eines höheren Wesens abhing oder sich fälschlicherweise sicher war, er befände sich in einer wildkatzenfreien Zone und dass das Rascheln im Gebüsch somit nur von einem harmlosen Vogel herrührte statt von einem gefährlichen Raubtier: Die Folgen der Fehler, die wir aufgrund falscher Überzeugungen machen, können dramatisch unterschiedlich sein. Entscheidend für unsere Fitness ist also nicht allein die Frage, ob unsere Überzeugungen wahr sind, sondern auch – oder sogar vielmehr – wie folgenschwer die Fehler sind, die aus falschen Überzeugungen resultieren.

So gesehen könnte man epistemische Irrationalität dadurch erklären, dass es je nach Situation mehr oder weniger wichtig ist, ein wahrheitsgetreues Bild der Realität zu haben. Irrationale Überzeugungen könnten also zum Beispiel dann entstehen, wenn die Folgen eines Irrtums nicht ins Gewicht fallen. Warum nicht an die Abhängigkeit von der Gunst eines höheren Wesens glauben? Wenn ich dafür nur hin und wieder an rituellen Handlungen teilnehmen oder eine bescheidene Opfergabe bringen muss, halten sich die Kosten dieser falschen Überzeugung ja in Grenzen. Das hieße, dass eine Neigung zu solchen relativ konsequenzlosen Irrtümern deswegen besteht, weil sie hinsichtlich der evolutionären Fitness nicht von Belang ist. Nach dieser Theorie könnten unsere irrationalen Neigungen tatsächlich so etwas sein wie der Wurmfortsatz des Blinddarms, wie Ohrläppchen oder wie männliche Brustwarzen. Nebenschauplätze unserer Entwicklungsgeschichte, nutzlose Atavismen, deren Kosten hinsichtlich unseres Überlebens und unserer Reproduktion nicht groß genug sind, als dass sie im Rahmen der natürlichen Selektion verschwunden wären.

Lassen Sie uns aber noch einen Schritt weitergehen und uns fragen, ob die Neigung zu Irrationalität vielleicht sogar im positiven Sinne adaptiv, unserem Überleben also sogar förderlich sein könnte. Wenn dem so wäre, müsste eine genetisch verankerte Neigung zu irrationalem Denken einen echten Vorteil in Sachen Überlebens- und Reproduktionschancen mit sich bringen. Irrationale Überzeugungen wären zum Beispiel dann adaptiv, wenn sie uns effektiver vor folgenschweren Fehlern schützen würden als rationale Überzeugungen. Im epistemischen Sinne könnte die Annahme der frühzeitlichen Savannenbewohnerin, dass das Rascheln im Gebüsch keine Gefahr bedeutet, durchaus rational sein: Aufgrund der Seltenheit von Wildkatzen in der gerade durchkreuzten Gegend mag es um ein Vielfaches wahrscheinlicher sein, dass das Rascheln von einem harmlosen Vogel herrührt. Folgt sie aber streng der epistemisch-rationalen Herangehensweise und irrt sich ausnahmsweise doch einmal, dann könnte dieser Irrtum ihren sofortigen Tod bedeuten. Ergreift sie aber irrationalerweise die Flucht, um nach kurzer Zeit festzustellen, dass es sich doch nur um einen Vogel gehandelt hat, dann ist der Schaden überschaubar.

Vor dem Hintergrund, dass die Informationen, die unserem Gehirn von den Sinnesorganen zur Verfügung gestellt werden, immer mit einer gewissen Unsicherheit behaftet sind, liegt es auf der Hand, dass bei der Wahrnehmung und Interpretation dieser Informationen auch Fehler einkalkuliert werden müssen. Angesichts dieser Unsicherheit macht es durchaus Sinn, sich vorsichtshalber für die Variante zu entscheiden, mit der wir die Kosten eines möglichen Fehlers minimieren – sicher ist sicher. Es kann also gute Gründe für Wahrnehmungen oder Entscheidungen geben, die mit großer Wahrscheinlichkeit falsch sind. Das ist dann zwar im epistemischen Sinne nicht rational, wohl aber im praktischen: Unsere Savannenbewohnerin jedenfalls hat ihren Ausflug überlebt. Die epistemische Irrationalität hat hier also tatsächlich eine *erkennbare Funktion*: nämlich die Überlebenswahrscheinlichkeit des Organismus auf lange Sicht zu erhöhen.

Fehlermanagement

Die Idee, dass Irrationalität in der Wahrnehmung, im Denken und im Handeln in Unterschieden bei der Kostenabwägung möglicher Fehler begründet liegt, wird durch die sogenannte *Fehlermanagementtheorie* (im Englischen *Error management theory*) beschrieben. Nach dieser Theorie, die von den US-amerikanischen Evolutionspsychologen David Buss und Martie Hasselton aufgestellt wurde, sind kognitive Verzerrungen und darauf beruhende falsche Überzeugungen keineswegs Ausrutscher der Evolution, keine kognitiven Wurmfortsätze; sondern vielmehr dadurch adaptiv, dass sie die Fitness insgesamt erhöhen.[5] Eine irrationale Überzeugung mag zwar eine höhere Fehlerrate produzieren; hilft sie aber, Fehler mit höheren Kosten zugunsten von Fehlern mit niedrigeren Kosten zu vermeiden, so ist sie trotzdem adaptiv.

Buss und Hasselton haben Fehlermanagement ursprünglich herangezogen, um Unterschiede bei der wechselseitigen Einschätzung des sexuellen Interesses von Männern und Frauen zu erklären. Männer neigen dazu, das sexuelle Interesse von Frauen zu überschätzen. Wenn ein Mann die sexuellen Absichten einer Frau *über*schätzt, wiegt ein Irrtum hinsichtlich seines reproduktiven Erfolges weniger schwer, als würde er sie *unter*schätzen. Denn was die evolutionäre Fitness betrifft, sind die Kosten einer verpassten Chance auf Reproduktion größer als die vergeblichen Bemühungen um die Gunst einer Frau.

Bei Frauen wurde ebenfalls eine solche Asymmetrie in der Einschätzung potenzieller Partner beobachtet. Allerdings nicht hinsichtlich deren sexueller Absichten, sondern in Bezug auf das männliche Interesse an einer Familiengründung. Frauen neigen dazu, dieses Interesse zu *unter*schätzen, was nach der Fehlermanagementtheorie ebenfalls mit den Kosten von möglichen Fehleinschätzungen erklärt werden kann. Wenn eine Frau die familiären Interessen eines Mannes *über*schätzt und seinem Werben nachgibt, muss sie im Falle einer Schwangerschaft mit beträchtlichen Konsequenzen rechnen, falls der Mann sie sitzen lässt. *Unter*schätzt sie hingegen sein Interesse an einer Familiengründung, wird sich diese vielleicht etwas hinauszögern, was aber für den reproduktiven Erfolg insgesamt geringere Kosten bedeutet. Nach der Fehlermanagementtheorie ist also die evolutionäre Fitness jener Frauen höher, die dazu neigen, Beteuerungen von Männern bezüglich ihrer lauteren Absichten nicht allzu ernst zu nehmen.

In ähnlicher Weise bietet die Fehlermanagementtheorie einen plausiblen Erklärungsansatz für eine Reihe der kognitiven Verzerrungen, die wir im zweiten Kapitel kennengelernt haben. Zum Beispiel die *Clustering Illusion*, also das Phänomen, dass wir eine starke Neigung haben, bedeutungsvolle Muster zu erkennen, wo gar keine sind. Wir sehen Gesichter in Felsformationen und nehmen Zusammenhänge zwischen zufälligen Ereignissen wahr. Nach der Fehlermanagementtheorie ist es wichtig für unser Überleben, Muster zu erkennen, die von Bedeutung für uns sein könnten. Die Wahrnehmung eines menschlichen Gesichts in einer dunklen Gegend in der Fremde kann ebenso entscheidend für das Überleben sein wie das Erkennen von Zusammenhängen zwischen Ereignissen. Wenn vor einem Monat das Haus des Nachbarn zwei Häuser weiter vom Blitz getroffen wurde und gestern das Haus meines direkten Nachbarn, dann muss ich ja nur eins und eins zusammenzählen, um zu wissen, wessen Haus als Nächstes dran sein wird. Da besorge ich mir doch lieber gleich mal einen ordentlichen Blitzableiter.

Ähnlich verhält es sich mit dem *übersensitiven Agentendetektionssystem*, also unserer Neigung, die Ereignisse um uns herum der Absicht einer anderen Person oder eines höheren Wesens zuzuschreiben. Kann es Zufall sein, dass die beiden Nachbarhäuser kurz nacheinander vom Blitz getroffen wurden? Oder steckt dahinter ein göttlicher Plan? Für uns als soziale Wesen sind Ereignisse, die von anderen verursacht wurden und damit Hinweise auf ihre Absichten liefern könnten, von besonderer Bedeutung. Kann ich vertrauen, muss ich in Deckung gehen oder mich sogar zum Angriff bereit machen? Habe ich es mit Freund oder Feind zu tun?

Sowohl für die Clustering Illusion als auch für das übersensitive Agentendetektionssystem gilt das Prinzip Fehlermanagement: Wenn man schon Fehlentscheidungen einkalkulieren muss – und Fehlentscheidungen sind im Leben unvermeidbar –, dann doch besser die mit den geringeren Kosten. Lieber mal fälschlicherweise irgendwo in der Dunkelheit der nächtlichen Gasse ein bedrohliches Gesicht entdecken und kurz erschrecken (geringe Kosten), als völlig unvorbereitet Opfer eines Überfalls zu werden (hohe Kosten). Lieber mal einen ordentlichen Blitzableiter einbauen (geringe Kosten), als das nächste Opfer einer Blitzschlagserie zu werden (hohe Kosten). Oder auch: Lieber jeden Tag ein Vaterunser beten (geringe Kosten), als ein Opfer von Gottes Zorn in Form eines Blitzschlags zu werden (hohe Kosten).

Wahrnehmungs- und kognitive Verzerrungen dieser Art folgen dem Rauchmelderprinzip. Ein Rauchmelder sollte eher übersensitiv eingestellt sein, also schon bei geringer und noch ungefährlicher Rauchentwicklung reagieren. Lieber rückt die Feuerwehr einmal umsonst aus (zugegebenermaßen auch nicht ganz geringe Kosten), als dass das ganze Haus in Flammen aufgeht und dabei Menschenleben in Gefahr geraten (unzweifelhaft deutlich höhere Kosten). Den Leuten, die solche Rauchmeldeanlagen konstruieren, ist es bei der Einstellung der Empfindlichkeit völlig egal, wie »realistisch« ihre Geräte die Rauchentwicklung und damit die Gefahr eines Brandes »einschätzen«. Ähnliches könnte man sich im Übrigen auch für den Roboter vorstellen, der möglichst selbstständig durch seine Umgebung navigieren soll. Wenn es um die Vermeidung von Totalschäden geht, könnte ein solches Rauchmelderprinzip auch für ihn nützlich sein. Es geht hier nicht um eine möglichst wahrheitsgetreue Vermessung der Welt, sondern um eine simple Kosten-Nutzen-Kalkulation. Genauso ist es der Evolution als Konstrukteurin unserer Gehirne »egal«, wie realistisch das Bild ist, das wir uns von der Welt machen. Sie hat unsere Gehirne offenbar zu übersensitiven Muster- und Agentenerkennungsmaschinen geformt, weil so die Überlebens- und Reproduktionschancen am größten sind. Die Folgen sind epistemische Fehler, die zu irrationalen Schlüssen, Überzeugungen und Handlungen führen (z.B. Klopfen auf Holz, Bekreuzigen vor dem Elfmeter etc.). Aber nach der Fehlermanagementtheorie können solche Formen der Realitätsverkennung adaptiv sein.

Schnell und einfach

Fehlermanagement ist sicher eine gute Erklärung für epistemische Irrationalität, aber nicht die einzige. Ein weiterer guter Grund ist schlichtweg ein ökonomischer. Der Psychologe und ehemalige Direktor des Max-Planck-Instituts für Bildungsforschung in Berlin, Gerd Gigerenzer, hat dafür den Begriff der *Fast-and-Frugal-Heuristiken* geprägt, was so viel heißt wie *schnelle und einfache Faustregeln*.[6]

Die Idee dahinter ist simpel: Unser Gehirn ist ständig mit der Aufgabe beschäftigt, Wahrnehmungs- und Handlungsentscheidungen zu treffen. Die meisten davon fallen uns gar nicht auf, weil sie automatisch und unbewusst ablaufen. Nur wenn eine Entscheidung uns besonders herausfordert oder sich im Nachhinein als Fehlentscheidung herausstellt, werden wir uns der Entscheidungsprozesse überhaupt bewusst. Da aber sowohl unsere Zeitressourcen als auch die Rechenkapazität unseres Gehirns begrenzt sind, wäre ein Vorgehen nach dem Prinzip der epistemischen Rationalität – ich versuche erst mal, mir ein möglichst vollständiges und realistisches Bild von der Situation zu machen, und treffe auf dieser Grundlage eine Entscheidung – meist viel zu umständlich. Man spricht in diesem Zusammenhang auch von *begrenzter Rationalität*.[7] Die Theorie der Fast-and-Frugal-Heuristiken besagt nun, dass sich das Gehirn daher einfacher Faustregeln bedient, also einer begrenzten Anzahl vereinfachender Entscheidungsalgorithmen für bestimmte häufig vorkommende Entscheidungssituationen. Mit diesem Werkzeugkasten von Heuristiken lassen sich die meisten Situationen ganz gut und vor allem schnell in den Griff kriegen. Sie sind und bleiben aber eben auch nur Faustregeln und können daher zu Fehlern und damit irrationalen Entscheidungen führen.

Ein Beispiel für eine solche Faustregel ist die sogenannte *Wiedererkennungsheuristik*, die Folgendes besagt: Wenn du aus einem oder mehreren Objekten dasjenige mit dem höchsten Wert auswählen musst, dann nimm das Objekt, das dir am ehesten bekannt vorkommt. Gerd Gigerenzer hat dazu mit seinem Kollegen Daniel Goldstein eine inzwischen klassische Studie durchgeführt.[8] Je eine Gruppe US-amerikanischer und deutscher Studierenden sollten entscheiden, welche amerikanische Stadt mehr Einwohner hat: San Diego oder San Antonio. Angesichts ihrer Herkunft und des damit verbundenen Wissens über die Größe amerikanischer Städte würde man erwarten, dass amerikanische Studierende bei der Aufgabe besser abschnitten. Aber das Gegenteil war der Fall. Während nur etwa zwei Drittel der amerikanischen Studierenden die richtige Antwort gab, nämlich San Diego, machten fast alle deutschen Studierenden die Aufgabe richtig. Obwohl viele von ihnen San Antonio gar nicht kannten. Genau darin sahen Goldstein und Gigerenzer auch den Grund für deren besseres Abschneiden. Weil sie San Antonio nicht kannten, entschieden sie sich kurzerhand für San Diego. Die amerikanischen Studierenden konnten von dieser Heuristik keinen Gebrauch machen, sie wussten also nicht zu wenig, sondern zu viel.

Diese und andere ähnliche Heuristiken legen ein übergeordnetes Prinzip in der Entscheidungsfindung nahe, das der Wirtschaftswissenschaftler und Nobelpreisträger Daniel Kahneman als *Verfügbarkeitsheuristik* oder auch *WYSIATI* bezeichnet hat. WYSIATI steht für *What you see is all there is* (auf Deutsch: Was du siehst, ist alles, was es gibt) und meint unsere Tendenz, uns bei Entscheidungen auf die Informationen zu verlassen, die gerade verfügbar sind, statt noch umständlich nach weiteren Informationen zu suchen.[9] Wenn die vorliegenden Informationen ein schlüssiges Bild ergeben, dann gehen wir nach dem Kohärenzprinzip der Wahrheit vor. Wir fragen nicht lange nach, sondern bilden uns ein Urteil auf der Grundlage des Bekannten. Wenn wir uns einmal eine schlüssige Story zurechtgelegt haben, dann wollen wir sie uns nicht durch komplizierende Information kaputt machen lassen.

So meinen wir bei vielen unserer Entscheidungen aus dem Bauch heraus zu wissen, welche Entscheidung die richtige ist. Aber warum das so ist, erscheint uns schwer erklärlich. Entscheidend für unser Bauchgefühl sind oft die Fast-and-Frugal-Heuristiken, die automatisch ablaufen und derer wir uns in der Regel nicht bewusst sind.[10] Mit diesen Heuristiken und den daraus resultierenden Bauchentscheidungen sind wir aber insgesamt sehr erfolgreich, denn sie bieten in den meisten Situationen eine brauchbare Richtschnur. Ähnlich wie das Prinzip des Fehlermanagements haben sie sich im Laufe der Evolution unserer kognitiven Fähigkeiten vermutlich aus gutem Grund durchgesetzt: Sie funktionieren in den meisten Situationen – schnell, unkompliziert und ohne großen Energieverbrauch. Aber auch hier gilt wieder, dass die Evolution sich nicht primär für die Wahrheit interessiert. Dass Entscheidungen auf der Grundlage von Heuristiken schnell und effizient getroffen werden können, wiegt in der natürlichen Selektion offenbar schwerer als die Frage, ob die Entscheidungen immer auf einer korrekten Einschätzung der Realität beruhen. Entscheidungen nach Bauchgefühl mögen zwar manchmal epistemisch irrational sein, aber sie funktionieren in den meisten Fällen gut und vor allem effizient, weshalb sie trotzdem adaptiv zu sein scheinen.

Nun mögen Sie sich vielleicht fragen, was Entscheidungen nach Bauchgefühl mit unseren Überzeugungen zu tun haben. Könnte man nicht sogar im Gegenteil behaupten, dass solche intuitiven Entscheidungen sehr wenig mit Überzeugungen zu tun haben, eben weil wir dabei nicht darüber nachdenken, ob unsere Entscheidungen mit irgendwelchen übergeordneten Glaubenssätzen übereinstimmen, sondern einfach nach Bauchgefühl vorgehen? Demnach würden Bauchentscheidungen also gerade eher nicht auf bewussten Überzeugungen beruhen. Das stimmt einerseits. Andererseits ist es umgekehrt sehr wohl denkbar, dass unsere intuitiven Entscheidungen starken Einfluss auf unsere Überzeugungen haben.

In dieser Hinsicht ist das Phänomen der *Wahlblindheit* (englisch *Choice Blindness*) interessant, das zuerst von Andreas Ohlsson und seiner Arbeitsgruppe an der Universität Lund in Schweden beschrieben wurde.[11] Die Forscher:innen legten ihren Versuchspersonen verschiedene Porträtfotografien von jeweils zwei Frauen vor und baten sie, von den beiden abgebildeten Personen jeweils die attraktivere auszuwählen. Danach sollten sie begründen, warum sie diese Person attraktiver fanden. Bei einigen Versuchsdurchgängen wurden die Bilder allerdings einfach heimlich ausgetauscht, nachdem die Proband:innen ihre Entscheidung bekannt gegeben hatten.

Man könnte erwarten, dass das Austauschen der Bilder zumindest eine Irritation hervorrief, aber in den meisten Fällen bemerkten die Versuchspersonen überhaupt nichts. Stattdessen begründeten sie nun, warum sie eine Frau attraktiver fanden, die sie gar nicht als die attraktivere ausgewählt hatten. Dabei war es völlig egal, wie ähnlich sich die beiden abgebildeten Frauen waren. Ohne mit der Wimper zu zucken, gaben die Versuchspersonen Erklärungen ab wie: »Sie lächelt so freundlich. In einer Bar würde ich viel eher sie ansprechen als die andere Frau. Außerdem finde ich ihre Ohrringe schön.« Solche und andere Dinge sagten sie mit dem Brustton der Überzeugung und meist ohne auch nur den Hauch eines Verdachts zu schöpfen, dass da etwas nicht stimmen könnte, dass sie eigentlich ein ganz anderes Porträt als das attraktivere ausgewählt hatten. Es scheint, als hätten die Versuchspersonen in diesem Experiment einfach angenommen, dass sie ihre Entscheidung wohl aus guten Gründen getroffen haben mussten, und sich dann bemüht, diese guten Gründe plausibel zu machen.

Aus diesem Phänomen, das nicht auf die Beurteilung der Attraktivität von Gesichtern beschränkt ist,[12] lässt sich eine Reihe interessanter Schlüsse ziehen, vor allem was unsere – offenbar recht geringe – Introspektionsfähigkeit in unsere eigenen Entscheidungsprozesse betrifft. In unserem Zusammenhang ist die wichtigste Erkenntnis diese: Allein die Tatsache, *dass* wir uns für etwas entschieden haben, lässt uns gute Argumente für diese Entscheidung finden. Und zwar sogar unabhängig davon, ob wir die entsprechende Entscheidung tatsächlich so getroffen haben oder nicht. Dass wir *glauben*, uns für eine Sache entschieden zu haben, reicht, um uns selbst (und andere) durch Argumente von der Richtigkeit dieser Entscheidung zu überzeugen. Für das Entstehen einer Überzeugung könnte also die Argumentation, das aktive Suchen nach guten Gründen für diese Überzeugung, weitaus wichtiger sein als die eigentlich zugrunde liegenden Informationen oder sogar unser eigener Entscheidungsprozess.

Unsere Neigung anzunehmen, dass wir für unsere Ansichten gute Gründe haben, spricht für eine *Bestätigungstendenz*, eine der kognitiven Verzerrungen, die wir bereits im zweiten Kapitel als Beispiel für unsere epistemische Irrationalität kennengelernt haben. Auf diese uns allen eigene Neigung, unsere Überzeugungen durch die gezielte Suche nach passenden Informationen und Argumenten zu bestätigen, werden wir weiter unten in diesem Kapitel noch eingehender zu sprechen kommen.

Heuristiken bilden also die Grundlage dafür, wie wir aus dem Bauch heraus Entscheidungen treffen und uns Meinungen bilden, die dann mithilfe der Bestätigungstendenz schnell zu Überzeugungen werden können. Ein solches Vorgehen könnte dadurch adaptiv sein, dass es angesichts beschränkter Zeitressourcen und Rechenkapazitäten praktikabel ist und zum relativ besten Ergebnis führt. Es mag nicht unbedingt zum epistemisch-rational korrekten Ergebnis führen, aber doch zu einem, das unter Berücksichtigung des Kosten-Nutzen-Verhältnisses recht gut funktioniert. Diese Kosten-Nutzen-Rechnung wird durch das *Gesetz des abnehmenden Nutzens* beschrieben: Demnach gibt es bei der Suche nach der Wahrheit immer einen Punkt, an dem es sich einfach nicht mehr lohnt, noch mehr Zeit in die Ergründung der Wirklichkeit zu investieren.[13] Es kann also durchaus rational sein (im praktischen Sinne), Entscheidungen nach Bauchgefühl zu treffen und solche Bauchentscheidungen als Grundlage für die Ausbildung von Überzeugungen heranzuziehen.[14]

Mir wird das Gesetz des abnehmenden Nutzens immer wieder bewusst, wenn ich Kaufentscheidungen treffen muss (bei denen meine persönliche Nutzenkurve extrem steil abfällt). Vor ein paar Wochen musste ich mir neue Jeans kaufen, meine alten waren total zerschlissen und hatten definitiv ihren Dienst getan. So fuhr ich auf dem Heimweg von der Arbeit bei einem Laden in Berlin-Mitte vorbei, bei dem ich schon öfter fündig geworden war (das ist bei mir nicht so einfach, denn meine Beine sind ein paar Zentimeter zu lang geraten). Ich probierte Jeans an, die perfekt passten, aber vom Schnitt her etwas ungewohnt waren. Es bedurfte aber keiner raffinierten rhetorischen Kniffe seitens des Verkäufers, um mich davon zu überzeugen, dass dieser Schnitt gerade sehr angesagt sei. Erst beim Blick auf das Preisschild kam ich ins Zweifeln, denn sie kosteten deutlich mehr, als ich normalerweise für Jeans auszugeben gewillt bin. Ich beschloss, sie erst mal nicht zu kaufen, sondern noch weiterzuziehen und nach günstigeren Varianten zu suchen. Im nächsten Laden probierte ich Jeans an, die eigentlich meinen Vorstellungen entsprachen und noch dazu 40 Euro günstiger waren. Allerdings waren sie – wie so oft – zu kurz. Ich verließ den Laden mit einem leichten Enttäuschungsgefühl und dem festen Entschluss, nun doch die teureren Jeans aus dem ersten Laden zu erstehen. Ich machte intuitiv eine Kosten-Nutzen-Rechnung. Kosten: 40 Euro. Nutzen: Jetzt nicht weiter auf der Suche nach Jeans durch Mitte tingeln zu müssen, sondern sich vergnüglicheren Dingen zuwenden zu können. Und ich hatte mir auch schon die perfekte Story für meine Kaufentscheidung zurechtgelegt: Es handelt sich um italienische Designerware, die zwar teurer ist als gewöhnliche Jeans, sich dafür aber durch einen sehr angesagten Schnitt auszeichnet.

Ich kehrte also kurzerhand in den ersten Laden zurück und bat den überraschten Verkäufer, mir die Jeans zu verkaufen. Ein paar Tage später führte ich meinen beiden Töchtern (und Style-Beraterinnen) die neuen Jeans vor, die sie »okay« fanden. Okay, aber nicht mehr. Da hatte ich mir etwas mehr Begeisterung erhofft. Sie behaupteten, von der Angesagtheit dieses speziellen Schnitts noch nichts gehört zu haben (»Hm ja, vielleicht für Männer in deinem Alter …«). Trotzdem bin ich nach wie vor davon überzeugt, dass der Schnitt tatsächlich angesagt ist und dass meine Kaufentscheidung goldrichtig war.

Da haben wir alle Ingredienzien einer Bauchentscheidung nach einer Fast-and-Frugal-Heuristik mitsamt nachfolgender Ausbildung und Aufrechterhaltung einer irrationalen Überzeugung: Ich habe die Entscheidung für Jeans auf der Grundlage der spärlichen Information, die mir zur Verfügung stand, getroffen (*What you see is all there is*: Aussage des

Verkäufers über den Jeansschnitt); ich habe eine Kosten-Nutzen-Rechnung nach dem Gesetz des abnehmenden Nutzens gemacht (den Einkaufsbummel schnell beenden zu können, ohne weitere Jeans anzuprobieren oder gar andere Meinungen zum Schnitt der Jeans einzuholen, war mir offenbar 40 Euro wert); und ich habe schließlich entgegen der Reaktion meiner Töchter, die in Style-Fragen eindeutig besser informiert sind als ich, auf der Überzeugung beharrt, dass der Schnitt meiner teuren neuen Jeans sehr angesagt ist (Bestätigungstendenz). Jetzt, wo ich das so schreibe, kommen mir Zweifel. Aber egal, die Jeans gefallen mir.

Nach dem Gesetz des abnehmenden Nutzens ist es nachvollziehbar, dass sich unser Bild der Welt stark auf das gründet, was uns von Menschen unseres Vertrauens als Wahrheit vermittelt wurde, also von unseren Eltern, Lehrer:innen und anderen Autoritäten (zum Beispiel Jeansverkäufer:innen). Wie der US-amerikanische Philosoph Daniel Dennett feststellt, brauchen wir ohnehin schon ein riesiges Allgemeinwissen, um uns in dieser unendlich komplexen Welt zurechtzufinden, und wir haben schlichtweg nicht die Zeit, all dieses Wissen im Detail zu überprüfen. Wenn Sie beispielsweise Angehöriger eines Stammes wären, in dem »jeder weiß«, dass man eine Ziege opfern muss, um ein gesundes Kind zu bekommen, würden Sie dann im Falle einer Schwangerschaft auf diese Opfergabe verzichten? Besser nicht, sicher ist sicher![15]

Für das, was wir glauben (und aus praktischen Gründen nicht im Detail überprüfen können), ist viel entscheidender, *wer* uns eine Sache gesagt hat, als die Frage, ob die Sache *wahr* ist oder nicht. Wenn also Menschen nicht an die Evolutionstheorie glauben, sondern an intelligentes Design, dann ist ein Grund dafür, dass sie den Leuten, die ihnen diese »Wahrheit« beigebracht haben, mehr trauen als irgendwelchen Wissenschaftler:innen, zumal wenn ihnen diese Leute möglicherweise auch noch beigebracht haben, dass die Wissenschaft des Teufels ist und man ihr ohnehin nicht trauen dürfe. Evolutionär betrachtet ist nach Richard Dawkins ein solches Vorgehen bei der Ausbildung von Überzeugungen durchaus adaptiv: »Die natürliche Selektion baut Kindergehirne mit einer Tendenz, alles zu glauben, was ihre Eltern und Stammesältesten ihnen erzählen.«[16]

Positive Effekte positiver Illusionen

Wir stellen also fest, dass Irrationalität nicht nur dadurch adaptiv ist, dass sie uns hilft, unwahrscheinliche, aber folgenschwere Fehler zu vermeiden; sondern auch dadurch, dass es oftmals einfach zu zeitaufwendig wäre, der Wahrheit auf den Grund zu gehen. Das gilt für Situationen, in denen wir schnelle Entscheidungen treffen müssen (aus denen dann mithilfe der Bestätigungstendenz irrationale Überzeugungen entstehen können). Das gilt aber auch für Allgemeinwissen und andere übergeordnete Überzeugungen, die wir einfach aus pragmatischen Gründen von anderen übernehmen. Es wäre unserer evolutionären Fitness abträglich, wenn wir vor lauter Wahrheitssuche keine Zeit mehr für Sex fänden. Aber gibt es auch irrationale Überzeugungen, die nicht nur negative Konsequenzen abwenden, sondern auch einen unmittelbaren positiven Effekt auf unsere Überlebens- und Reproduktionschancen haben?

Ein solcher adaptiver Vorteil kann für viele sogenannte *positive Illusionen* angenommen werden, kognitive Verzerrungen also, die uns selbst oder die Welt in einem besseren Licht erscheinen lassen. Dazu gehören vor allem selbstwertdienliche Verzerrungen wie der *Better-than-Average*-Effekt (Sie erinnern sich: Die meisten Autofahrer sind überzeugt davon, überdurchschnittlich gute Autofahrer zu sein) oder die *optimistische Verzerrung*: Die meisten Menschen neigen dazu, die Zukunft optimistischer einzuschätzen, als sie es tatsächlich ist, sich für gesünder zu halten, als sie sind, oder das Risiko eines beruflichen Scheiterns zu unterschätzen.[17] Solche positiven Illusionen können wie viele andere Verzerrungen im Sinne des Fehlermanagements interpretiert werden:[18] Wenn die langfristigen Kosten vergeblicher Bewerbungen gering sind im Vergleich zu dem möglichen Nutzen eines einzigen erfolgreichen Versuchs, dann kann eine optimistisch verzerrte Sicht auf die Jobchancen sich langfristig auszahlen – im wahrsten Sinne des Wortes. In der Tat gibt es empirische Belege dafür, dass Menschen mit einer übertrieben positiven Einschätzung ihrer eigenen Fähigkeiten auch erfolgreicher sind.[19]

Zusätzlich zum Fehlermanagement gibt es aber auch direkte positive Effekte positiver Illusionen auf die evolutionäre Fitness. Ein solcher Effekt kann beispielsweise für eine Variante des *Better-than-Average*-Effekts angenommen werden, die sich auf nahestehende Menschen bezieht. In empirischen Studien beurteilten 95 Prozent der Befragten ihre eigenen Partner:innen in Bezug auf Eigenschaften wie Intelligenz, Attraktivität und Sinn für Humor positiver als durchschnittliche Partner:innen.[20] Derselbe Effekt ist auch in Bezug auf die eigenen Kinder nachweisbar[21] – wer hat nicht schon mal innerlich die Augen gerollt, wenn Eltern die Qualitäten ihrer Kinder allzu unverhohlen loben und preisen? Die Fähigkeit von Eltern, die Schwächen ihrer Kinder auszublenden, hat in der Tat manchmal etwas Wahnähnliches, wie die kanadischen Psycholog:innen Dennis Krebs und Kathy Denton feststellten.[22] Solche Überschätzungen könnten zum reproduktiven Erfolg beitragen und damit direkt die evolutionäre Fitness verbessern: indem sie Partnerschaften stabilisieren und für eine verbesserte Versorgung der Nachkommen sorgen.

Positive Illusionen können auch insofern adaptiv sein, als sie förderlich für die körperliche Gesundheit sind, weil sie etwa Stress reduzieren.[23] Stress und die damit verbundene Ausschüttung von Stresshormonen wie Cortisol führen zwar kurzfristig zu einer Mobilisierung von Reserven, um der akuten Belastung gewachsen zu sein, schwächen den Organismus aber langfristig und machen ihn anfälliger für Krankheiten.[24] Sehr gut belegt ist der günstige Effekt des subjektiv wahrgenommenen Gesundheitszustands auf das langfristige Überleben, das zuverlässigste (weil buchstäblich todsichere) Maß für körperliche Gesundheit. Wie gesund man sich subjektiv fühlt, sagt viel besser voraus, wie lange man lebt, als die objektive Einschätzung des Gesundheitszustands durch Ärzt:innen.[25] In einer groß angelegten Studie aus der Schweiz wurden über 8000 Menschen gebeten, ihren allgemeinen Gesundheitszustand auf einer Skala von »sehr schlecht« bis »ausgezeichnet« zu bewerten; die Aussagen der Proband:innen wurden dann über dreißig Jahre nachverfolgt.[26] Dabei zeigte sich – wie zu erwarten – ein deutlicher Zusammenhang der Überlebensdauer mit offensichtlich relevanten Variablen wie Alter bei der Befragung, Rauchen und Vorerkrankungen. Darüber hinaus, und unabhängig von diesen Variablen, war aber auch ein starker Effekt des subjektiv wahrgenommenen Gesundheitszustands nachweisbar. Das legt nahe, dass positive Illusionen über den eigenen Gesundheitszustand tatsächlich adaptiv sind.

Solche positiven Effekte auf die evolutionäre Fitness sind für positive

Illusionen im Sinne kognitiver Verzerrungen empirisch belegt, bieten aber auch eine Erklärung für irrationale Glaubenssysteme. Der Glaube an Übernatürliches bietet Entlastung und Stressreduktion.[27] Vor allem wenn Menschen in ihrem Leben einen Kontrollverlust hinnehmen müssen – zum Beispiel durch den Verlust eines geliebten Menschen, ihrer Wohnung oder ihres Jobs –, kann der Glaube an eine durch übernatürliche Kräfte geordnete Welt Halt geben.[28] Grundsätzlich heißt das aber nicht, dass irrationale Glaubenssysteme *an sich* immer adaptiv sind. Für manche Überzeugungen kann man zwar einen solchen adaptiven Wert gut herleiten und sogar belegen, wie etwa Stressreduktion durch den Glauben an einen liebenden und gütigen Gott. Viel mehr als für die irrationalen Überzeugungen an sich gilt aber für die ihnen zugrunde liegenden kognitiven Verzerrungen, dass sie durch Fehlermanagement und günstige Effekte auf die Gesundheit als adaptiv angesehen werden können.

Soziale Gründe für Irrationalität

Anders als für den Roboter, von dem wir oben sprachen, geht es für uns Menschen noch um einiges mehr als darum, unbeschadet durch unsere Umgebung zu navigieren. Für uns und unsere Vorfahren geht und ging es seit Tausenden von Generationen darum, mit unseresgleichen zurechtzukommen. Dazu gehört es, in Gemeinschaften zusammenzuleben, aber auch, sich gegen Angriffe anderer wehren zu können. Wie sich unter diesem Selektionsdruck komplexe soziale Phänomene wie Kooperation, Moral, Altruismus und Gruppenbildung entwickelt haben, ist für sich genommen ein faszinierendes Thema, auf das wir an dieser Stelle nicht im Detail eingehen können.[29] Was für uns aber hier von Bedeutung ist, das ist die Frage, welche Rolle soziale Faktoren für die Ausbildung von Überzeugungen spielen. Könnten in unserer Evolution als soziale Wesen plausible Erklärungen für unsere Neigung zu irrationalen Überzeugungen liegen?

Unsere Überzeugungen haben enorme Bedeutung für unser Zusammenleben, das lässt sich auf jeden Fall schon mal relativ gefahrlos behaupten. Denn es zeigt sich allzu deutlich an all den Fragen, an denen sich »die Geister scheiden«, an denen unsere Gesellschaft sich spaltet.

Sei es der Klimawandel, die COVID-19-Pandemie oder der Vorwurf der »gestohlenen« US-Präsidentschaftswahl 2020: Hier geht es zwar unter anderem auch um die Frage nach der Wahrheit, aber diese Frage tritt – das haben wir bereits festgestellt – häufig hinter eine andere wichtige Funktion von Überzeugungen zurück, nämlich die der sozialen Zugehörigkeit.

Für das Leben in komplexen sozialen Gefügen bedeutet die Fähigkeit, sich in Gruppen zusammenzuschließen und Koalitionen zu bilden, einen Selektionsvorteil, wodurch sich im Laufe unserer Evolution Merkmale durchgesetzt haben, die solche Fähigkeiten begünstigen. Wie wir schon gesehen haben, sind wir beim Erwerb von Wissen über die Welt – und damit bei der Ausbildung von Überzeugungen – auf Informationen angewiesen, die uns andere vermitteln. An erster Stelle sind das unsere Eltern und Lehrer:innen, aber im Laufe unseres Lebens nehmen die sozialen Gruppen, denen wir uns anschließen, eine zunehmend wichtige Rolle dabei ein. Soziale Gruppen definieren sich über gemeinsame Interessen und gemeinsame Weltanschauungen, sodass Überzeugungen für die Zugehörigkeit zu einer Gruppe zentral sein können. Die bindende Kraft gemeinsamer Überzeugungen innerhalb von Gruppen – und damit einhergehend meist auch die spalterische Kraft gegenüber Abweichlern oder anderen Gruppen – kann in fast allen Lebensbereichen beobachtet werden, sei es in Religion, Politik oder Sport.

Stellen Sie sich einen mittelmäßig fußballbegabten (aber dafür sehr fußballbegeisterten) Jungen vor, der in den 1980er-Jahren in einer oberbayerischen Kleinstadt nahe München aufwächst. In dieser Zeit war der Fußballverein TSV 1860 München, kurz »die Sech'zger«, noch ein halbwegs ernst zu nehmender Konkurrent des FC Bayern München. Der Junge war, wie die meisten Jungs in besagter oberbayerischer Kleinstadt – und ausnahmslos alle anderen Jungs in seiner Klasse –, Bayern-Fan. Aber es gab auch hin und wieder einzelne Sechz'ger-Fans, aus Gründen, die den Bayern-Fans rätselhaft waren. In der achten Klasse kam ein neuer Mitschüler in die Klasse des Jungen. Er hatte ihn schon früher beim nachmittäglichen Bolzen auf dem Schulhof kennengelernt. Der Neue spielte gut, war ein netter Kerl, trug aber oft ein Sechz'ger-Trikot. Ein klares Bekenntnis zu den Underdogs, das in unserem jungen Bayern-Fan gemischte Gefühle hervorrief: einerseits Respekt (»Der traut sich was!«), andererseits aber auch so etwas wie Mitleid (»Der Arme hat sich den falschen Verein ausgesucht!«) und sogar unterschwellige Verachtung (»Wie kann man auch nur im Entferntesten daran glauben, dass diese Mannschaft nach dem Zufallserfolg von 1966 irgendwann noch ein zweites Mal deutscher Meister werden könnte?«).

Der junge Bayern-Fan mit den gemischten Gefühlen war – ich. Wenn ich diese Erinnerungen heute in mir wachrufe, beschleicht mich ein Gefühl der Scham und ein Anflug von Entsetzen darüber, welche Empfindungen bei mir allein durch die Tatsache ausgelöst wurden, dass mein neuer Mitschüler Fan eines anderen Fußballvereins war. Die gute Nachricht ist: Die Gräben waren überwindbar, und wir sind trotzdem gute Freunde geworden. Das ist natürlich ein harmloses Geschichtchen verglichen mit den manifesten Fan-Feindschaften, die es im Fußball gibt, die immer wieder zu Krawallen geführt haben und manchmal sogar Todesopfer forderten.[30]

Jenseits des Sports, der in dieser Hinsicht global und historisch betrachtet sicher nur ein Nebenschauplatz ist, sind es vor allem Religionen, bei denen der Glaube, die feste Überzeugung, den einen wahren Gott anzubeten, das zentrale Kriterium für die Zugehörigkeit zur Gemeinschaft ist; und bei denen umgekehrt Zweifel oder Ungläubigkeit fatale Konsequenzen für das Individuum haben können. Auch in der Politik besteht ein geradezu verblüffender Zusammenhang zwischen der Zugehörigkeit zu politischen Lagern und Überzeugungen, und zwar in Bezug auf Sachverhalte, von denen man angesichts der erdrückenden wissenschaftlichen Evidenz nicht annehmen würde, dass es sich dabei um reine Glaubensfragen handelt. Wie unterschiedlich die Überzeugungen der Anhänger:innen verschiedener Parteien zu Fragen des Klimawandels sind, hatte ich bereits erwähnt. Man ist schnell geneigt, solche Befunde mit Unterschieden im Zugang zu Bildung und Wissen zu erklären. Aber so einfach ist es nicht.

Der Jurist und Sozialwissenschaftler Dan Kahan von der Yale University vertritt die Auffassung, dass Überzeugungen nicht widerspiegeln, *was man weiß*, sondern dass sie ausdrücken, *wer man ist*.[31] Aufgrund seiner Studien kommt er zu dem Schluss, dass unterschiedliche Überzeugungen über Themen wie Klimawandel oder Evolution nicht primär damit zu tun haben, wie gut man informiert ist oder wie verständlich das Wissen vermittelt wurde. Vielmehr geht es darum, dass solche Überzeugungen Werte repräsentieren, die für die Zugehörigkeit zu einer Gruppe oder zu einem politischen Lager entscheidend sind. Werte wie etwa Solidarität versus Selbstbestimmung, Unterordnung eigener Interessen versus Stärke in deren Durchsetzung oder Harmonie mit der Natur versus ihre Beherrschung.[32] Überzeugungen können nach Kahan nicht als einheitliches Konstrukt angesehen werden, sondern sind immer auch vom Kontext abhängig. So kommt er zu dem Ergebnis, dass das eigentliche Wissen unterschiedlicher Gruppen zum Klimawandel sich nicht wesentlich unterscheidet; die Kontroverse zwischen den unterschiedlichen Auffassungen spiegele vielmehr einen »kulturellen Statuswettbewerb« wider.[33]

In eine ähnliche Richtung weisen Daten aus dem US-amerikanischen Pew Research Center.[34] Während unter den Anhänger:innen der Demokraten 89 Prozent derjenigen, die über ein hohes wissenschaftliches Bildungsniveau verfügen, den Klimawandel auf menschliche Aktivität zurückführen, ist dies nur bei 41 Prozent derer mit niedriger wissenschaftlicher Bildung der Fall. Bei Anhänger:innen der Republikaner hingegen spielt das Bildungsniveau keine wesentliche Rolle. Unter ihnen sind es unabhängig vom Bildungsniveau nur 25 Prozent oder weniger, die den Klimawandel für menschengemacht halten. Auch diese Daten legen also nahe, dass die politische Gesinnung einen stärkeren Einfluss auf die Überzeugungen zum Klimawandel hat als der Zugang zu entsprechendem Wissen.

Ob es nun um Sport, Religion, Politik oder andere Fragen der Weltanschauung geht, für die Überzeugungen, die wir vertreten, ist also nicht allein entscheidend, ob sie im epistemischen Sinne wahr sind. Ihre Funktion liegt vielmehr zu einem großen Teil darin, die Zugehörigkeit zu einer sozialen Gruppierung zu definieren. Aus einer evolutionstheoretischen Perspektive ist diese Form der epistemischen Irrationalität durchaus mit dem Prinzip des Fehlermanagements kompatibel. Gerade hinsichtlich abstrakten Wissens oder weltanschaulicher Fragen ist es für das Individuum von minimaler Bedeutung, ob eine Überzeugung wahr ist oder falsch. Welche Rolle spielt es schon für meinen reproduktiven Erfolg, was ich vom Klimawandel halte, ob ich an die Existenz einer Gottheit glaube oder nicht oder ob ich die Evolutionstheorie für richtig halte? Ob solche abstrakten und für den praktischen Lebensalltag wenig relevanten Überzeugungen im epistemischen Sinne falsch sind, wird für unsere Überlebens- und Reproduktionswahrscheinlichkeit an sich relativ unerheblich sein. So darf die Frage durchaus gestellt werden, welchen Selektionsvorteil dann Gene überhaupt mit sich brächten, die die Ausbildung möglichst wahrheitsgetreuer weltanschaulicher Überzeugungen begünstigen.

Doch selbst wenn man annimmt, dass es einen Selektionsdruck dafür gibt, die Welt so zu erkennen, wie sie ist, so besteht sicher auch erheblicher Selektionsdruck seitens der sozialen Funktion von Überzeugungen. Und damit sind wir wieder beim Fehlermanagement: Ist eine Überzeugung nämlich *im sozialen Sinne* falsch (weil abweichend), kann das mit extrem hohen Kosten für das Individuum verbunden sein. Nämlich mit dem Ausschluss aus der Gemeinschaft als Abweichler:in oder gar Verräter:in bis hin zum Versagen des Zugangs zu überlebenswichtigen Ressourcen oder möglichen Geschlechtspartner:innen. Unter diesem sozialen Druck haben unsere Gehirne eine Neigung zu irrationalen Überzeugungen entwickelt, sofern diese eine relevante soziale Funktion erfüllen.[35]

Im Sinne der Fehlermanagementtheorie ist es also für uns Menschen adaptiv, Überzeugungen auszubilden, die unsere Zugehörigkeit zu einer Gruppe stärken, auch wenn sie im epistemischen Sinne falsch sind. Aber könnten nicht auch manche irrationalen Überzeugungen an sich prosoziale Effekte haben, die ihrerseits adaptiv sein könnten? Insbesondere für religiöse Überzeugungen, die wir nach epistemischen Gesichtspunkten getrost als irrational bezeichnen dürfen, werden solche prosozialen Effekte diskutiert. Wegen der weiten Verbreitung und der langen Geschichte des Glaubens an Gottheiten und andere übernatürliche Wesen drängt sich die Frage geradezu auf: Ist Gottesglaube adaptiv, erhöht er unsere Fitness im Sinne einer gesteigerten Überlebens- und Reproduktionswahrscheinlichkeit?

Angesichts der Keuschheitsgebote, die in vielen religiösen Lehren eine prominente Rolle spielen, mag die Frage nach der Reproduktionswahrscheinlichkeit auf den ersten Blick ironisch erscheinen. Doch vermutlich ist es zu kurz gedacht, von den konkreten Inhalten religiöser Lehren direkt auf den adaptiven Wert von Gottesglauben schließen zu wollen, denn diese Inhalte variieren erheblich von Religion zu Religion.

Konkrete Inhalte religiöser Lehren sind stark durch den Kontext ihrer Entstehungsgeschichte geprägt, also durch Zeitgeist, kulturelle Hintergründe, ökonomische Gegebenheiten und andere gesellschaftliche Faktoren.

Zu einem großen Teil wird der Glaube an höhere Wesen sicher durch kognitive Verzerrungen begünstigt. So trägt unser übersensitives Agentendetektionssystem[36] dazu bei, dass wir an Götter glauben, die unsere Geschicke lenken; oder unsere Neigung zu positiven Illusionen trägt dazu bei, dass der Glaube an einen gütigen und gerechten Gott uns in schweren Zeiten Trost spendet. Doch über diese kognitiven Verzerrungen hinaus könnte ein wesentlicher adaptiver Effekt des Glaubens an höhere Mächte darin liegen, dass er regulierenden Einfluss auf menschliches Sozialverhalten nimmt. Der Glaube an einen gerechten Gott, der gute (prosoziale) Taten belohnt und schlechte (antisoziale) Taten bestraft, begünstigt kooperatives Verhalten, das sich auf Dauer auch für das Individuum auszahlen wird.[37]

Kommunikation durch Überzeugung

Diese Überlegungen bringen uns zu der Frage, ob das Leben in sozialen Gefügen nicht nur bestimmte irrationale Neigungen begünstigt hat, sondern auch für die Entstehung von Überzeugungen im Allgemeinen von Bedeutung gewesen sein könnte. Könnte es sein, dass unsere Gehirne abstrakte und weltanschauliche Überzeugungen auch (oder sogar vor allem) deswegen ausbilden, weil diese im sozialen Kontext adaptiv sind?

Es ist nicht von der Hand zu weisen, dass Überzeugungen auch im sozialen Kontext eine epistemische Funktion haben. Überzeugungen über andere Menschen und deren Eigenschaften sind wichtig für die Unterscheidung zwischen Freund oder Feind. Sie helfen mir bei der Frage, ob ich jemandem vertrauen soll oder nicht, ob ich mich annähern oder besser fernhalten sollte. Kurz: Sie dienen der Erfassung meiner sozialen Umwelt.

Außerdem haben Überzeugungen sicher auch eine *kommunikative* Funktion. Das klang oben schon an, als es um Gruppenzugehörigkeit ging. Wenn eine US-Amerikanerin überzeugt davon ist, dass der Klimawandel menschengemacht ist und dass die Evolutionstheorie wahr ist, dann wird sie eher dem liberal-demokratischen Lager zuzuordnen sein als dem konservativ-republikanischen. Überzeugungen sind wie Standortmarkierungen, sie erlauben Rückschlüsse darauf, wo wir stehen und wer wir sind. Darüber hinaus definieren unsere Überzeugungen und die Überzeugungskraft, mit der wir sie vertreten, unsere sozialen Rollen. Oder in den Worten von Matthias Claudius (berühmt vor allem als Schöpfer des deutschen Schlafliedklassikers »Der Mond ist aufgegangen«) ausgedrückt: »Wer recht behält, weißt du wohl, wird von den meisten gelobt und angesehen, als ob er auch recht habe.«[38]

Die Fähigkeit an sich, Überzeugungen auszubilden und sie gegenüber unseren Mitmenschen zu vertreten und durchzusetzen, hilft uns, unsere soziale Stellung zu behaupten. Sie ist dadurch von einem hohen adaptiven Wert, denn die soziale Stellung hat Einfluss auf unseren Erfolg bei der Partner:innensuche. Aber auch bestimmte Aspekte von Überzeugungen, sowohl rationale als auch irrationale, können durch ihre kommunikative Funktion erklärt werden. Die französischen Kognitionswissenschaftler Hugo Mercier und Dan Sperber argumentieren in ihrem Buch »The Enigma of Reason«, dass sich Rationalität vor allem deswegen entwickelt hat, weil vernünftiges Argumentieren im Kampf um soziale Positionen ein schlagkräftiger Trumpf ist.[39] Bei diesem vernünftigen Argumentieren geht es aber keineswegs nur um Wahrhaftigkeit. Es geht nicht nur um die Frage, ob eine Aussage mit der verfügbaren Evidenz übereinstimmt, entsprechend der im zweiten Kapitel diskutierten *Korrespondenztheorie* der Wahrheit; sondern es geht, gemäß der *Kohärenztheorie* der Wahrheit, auch darum, ob eine Argumentation *in sich* stimmig ist. Wenn wir andere – und uns selbst – überzeugen wollen, wenn wir uns mit unseren Überzeugungen durchsetzen und das Vertrauen anderer gewinnen wollen, dann kann die Frage der Wahrhaftigkeit hinter die Kraft der schlüssigen Argumentation zurücktreten.

Ob faktenbasiert oder in sich schlüssig, gute Argumente zu haben ist nach der Theorie von Mercier und Sperber im sozialen Kontext adaptiv. Demnach bilden wir vor allem deswegen rationale Überzeugungen aus, weil sich unsere Gehirne unter dem Selektionsdruck unserer sozialen Umgebung zu Argumentationsmaschinen entwickelt haben. Unsere Fähigkeit, Überzeugungen zu haben, hat sich nach Mercier und Sperber nicht (nur) deshalb entwickelt, weil sie uns helfen, die Welt zu erkennen, wie sie ist, sondern (auch), weil sie uns helfen, uns in sozialen Gefügen durchzusetzen.

Neben der Fähigkeit, vernünftig zu argumentieren, lassen sich aber auch irrationale Aspekte unseres Denkens durch den Selektionsdruck der sozialen Umgebung erklären. Insbesondere für die altbekannte und schon mehrfach erwähnte *Bestätigungstendenz*, die Wahrnehmung und Denken in Richtung vorgefasster Überzeugungen verzerrt, wurden entsprechende evolutionstheoretische Erklärungen vorgeschlagen. Auf den ersten Blick scheint es dem gesunden Menschenverstand zu widersprechen, dass eine kognitive Verzerrung dieser Art adaptiv sein soll. Wieso sollte es uns helfen, immer nur das zu sehen, was wir erwarten? Nur die Informationen zu suchen, die unsere bestehenden Meinungen bestätigen? Das macht uns doch nur unflexibel und hindert uns daran, eigene Irrtümer auszuräumen oder uns auf neue Situationen einzustellen. Zudem liegt es auf der Hand, dass die Bestätigungstendenz wahnhafte Überzeugungen aufrechterhalten und auch andere pathologische Denkmuster, etwa bei Angststörungen oder Depression, zementieren kann. Sie macht uns empfänglicher für Wahrsager:innen, Wunderheiler:innen und andere Scharlatane, deren Kunst darauf aufbaut, dass wir sehen, was wir glauben oder gern glauben wollen. Und schließlich könnte man sich auch vorstellen, dass die Bestätigungstendenz kooperatives Verhalten dadurch zunichtemacht, dass sie Vorurteile aufrechterhält, es uns schwer macht, die Perspektive anderer einzunehmen, und Konflikte nährt. Man könnte somit annehmen, dass eine ausgeprägte Bestätigungstendenz gerade im sozialen Kontext kontraproduktiv ist.

Und doch scheint die Bestätigungstendenz, die zu den am besten untersuchten und empirisch untermauerten kognitiven Verzerrungen gehört,[40] allgegenwärtig. Das spricht stark dafür, dass – den vermeintlichen Nachteilen zum Trotz – von irgendeiner Seite her ein Selektionsdruck bei der Evolution von menschlichen Gehirnen bestanden haben muss; ein Selektionsdruck, der dazu führte, dass unsere Gehirne nach einer Bestätigung ihres Bildes der Welt suchen. Mercier und Sperber argumentieren, dass eine Bestätigungstendenz für isoliert agierende Individuen in der Tat nachteilig wäre. Denn sie würde verhindern, dass diese

Individuen zu optimalen Einschätzungen der Realität kommen. Sie schlagen deshalb vor, den Selektionsdruck hin zur Bestätigungstendenz in der sozialen, und zwar vor allem in der kommunikativen Funktion von Überzeugungen zu suchen.

Die Bestätigungstendenz, so Mercier und Sperber, könnte dadurch adaptiv sein, dass ein beharrliches Festhalten an eigenen Überzeugungen dabei hilft, andere für die eigenen Auffassungen zu gewinnen und das eigene Handeln zu rechtfertigen. Sie stützen diese Idee auf Experimente, die zeigen, dass wir nicht grundsätzlich Schwierigkeiten damit haben, Gegenevidenz oder Gegenargumente zu einer Theorie zu akzeptieren. Wir haben nur dann Probleme damit, wenn es um eine von uns selbst vertretene Theorie geht.[41] Unsere Bestätigungstendenz hilft uns demnach vor allem dabei, im Sinne unserer eigenen Meinung zu argumentieren und sie gegenüber anderen zu vertreten. Denn nur wenn wir selbst richtig überzeugt sind, können wir auch andere überzeugen. Diese kommunikative Funktion von Überzeugungen mag für unsere Evolution als soziale Wesen bedeutender gewesen sein als die Fähigkeit, deren Wahrheitsgehalt zu überprüfen und sie gegebenenfalls zu revidieren.

Bemerkenswert ist, dass die Bestätigungstendenz offenbar nichts mit Intelligenz zu tun hat. Man könnte auf die Idee kommen, dass intelligentere oder gebildetere Menschen weniger anfällig dafür sind, denn sie könnten ja die Tücken ihres eigenen Denkens leichter durchschauen. Das Gegenteil ist der Fall: Intelligentere Menschen haben sogar eine noch stärkere Bestätigungstendenz.[42] Das könnte daran liegen, dass sie vielleicht besser darin sind, sich schlagkräftige Argumente für ihre Thesen zurechtzulegen. Damit können sie möglicherweise nicht nur andere, sondern auch sich selbst besser von ihren Argumenten überzeugen.

Wenn man diese Argumentation noch weitertreibt, könnte man zu dem Schluss kommen, dass auch die Rationalitätsillusion, der wir unterliegen, unser blinder Fleck für die eigene epistemische Irrationalität, dadurch adaptiv ist, dass sie uns von unseren eigenen Überzeugungen überzeugter sein lässt. Die Rationalitätsillusion hilft uns, ein kohärentes Bild von uns selbst und der Welt zu haben. Denn wären wir uns ständig unserer eigenen Irrationalität, der Widersprüche in unserem Denken und der Ungereimtheiten in unserem Bild der Welt bewusst, dann würde das eine wichtige kommunikative Funktion von Überzeugungen konterkarieren: Wir könnten andere nicht von unseren Überzeugungen überzeugen.

Ich möchte aber den adaptiven Wert der Rationalitätsillusion nicht auf ihre kommunikative Funktion reduzieren, denn sie scheint mir auch eine wichtige weitere Funktion zu haben. Sie trägt nämlich dazu bei, dass wir uns mit uns und der Welt einigermaßen im Reinen fühlen können. Das Gefühl, ein vernünftiges und kohärentes Bild von uns und der Welt zu haben, reduziert Unsicherheit und Stress. Insofern könnte sich die Rationalitätsillusion – wie andere positive Illusionen auch – positiv auf unsere Überlebens- und Reproduktionswahrscheinlichkeit auswirken.

Natürliche Selektion interessiert sich nicht für die Wahrheit

Aus evolutionstheoretischer Perspektive gibt es also gute und vielfältige Gründe dafür, dass wir in epistemisch irrationaler Weise Überzeugungen ausbilden und aufrechterhalten. Zum einen sind diese Gründe in kognitiven Verzerrungen zu suchen, zum anderen aber auch darin, dass bestimmte Formen irrationaler Überzeugungen für sich genommen adaptiv sein könnten. Ein zentraler Mechanismus ist dabei das Prinzip des Fehlermanagements, aber auch direkte Auswirkungen unserer Überzeugungen auf körperliche Gesundheit und reproduktiven Erfolg sind relevant. Daneben spielt die Verhältnismäßigkeit des Aufwands, der nötig ist, um zu Überzeugungen und Handlungsentscheidungen zu kommen, eine wichtige Rolle. Und natürlich haben unsere Überzeugungen eine große soziale Bedeutung. Sowohl rationale als auch irrationale Aspekte von Überzeugungen können nicht zuletzt durch ihre kommunikative Funktion erklärt werden, die sich unter dem Selektionsdruck des Lebens in sozialen Gefügen entwickelt hat. So können wir mit den Worten des US-amerikanischen Philosophen und Kognitionswissenschaftlers Stephen Stich festhalten: »Natürliche Selektion interessiert sich nicht für die Wahrheit; sie interessiert sich nur für Reproduktionserfolg.«[43]

Und trotzdem: Dass der Wahrheitsgehalt von Überzeugungen hinsichtlich der evolutionären Fitness völlig unerheblich ist, erscheint doch unwahrscheinlich. Es ist ja durchaus eine sehr plausible Annahme, dass die Fähigkeit, die Ereignisse in der Welt um uns herum korrekt in einen größeren Kontext einzuordnen und möglichst gute, also wahrheitsgetreue Erklärungen zu finden, adaptiv sein könnte. Epistemische Rationalität könnte dabei hilfreich sein, wie Steven Pinker argumentiert: »Da die Welt ist, wie sie ist, unabhängig davon, was die Leute über sie glauben, gibt es einen starken Selektionsdruck für die Fähigkeit, Erklärungen zu entwickeln, die wahr sind.«[44]

Dass sich die natürliche Selektion nicht für die Wahrheit interessiert, heißt also nicht, dass es keinen Selektionsdruck für epistemische Rationalität gibt. Den gibt es aber nur insoweit, als epistemische Rationalität einen Selektionsvorteil mit sich bringt. Da der Selektionsdruck jedoch von ganz unterschiedlichen Seiten kommt, haben wir uns zu Wesen entwickelt, die in vielerlei Hinsicht – in der Wahrnehmung, im Denken, in ihren Überzeugungen und in ihrem Handeln – irrational sein können. Mit anderen Worten: Epistemische Irrationalität ist ganz normal und definitiv kein Alleinstellungsmerkmal pathologischer, also wahnhafter Überzeugungen oder abgeschwächter Versionen davon. Durch die Brille der Evolutionstheorie betrachtet, ist epistemische Irrationalität ein »Feature« und kein »Bug«, eine Funktion und kein Fehler.

Das heißt wohlgemerkt nicht, dass wir epistemische Irrationalität jetzt zum Maß aller Dinge erheben sollten. Genauso wenig sollten wir sie aber verteufeln oder gar gesetzlich verbieten: In ihrer evolutionstheoretischen Erklärbarkeit liegt keinerlei Urteil darüber, ob man Irrationalität für etwas Gutes oder etwas Schlechtes halten sollte. Das heißt wiederum auch nicht, dass wir aus den Erkenntnissen über unsere eigene Irrationalität nichts lernen könnten.

Bevor wir uns aber der Frage zuwenden, inwieweit diese Erkenntnisse uns helfen, mit unserer eigenen epistemischen Irrationalität und der unserer Mitmenschen umzugehen, wollen wir uns im zweiten Teil dieses Buches zunächst damit beschäftigen, wie Überzeugungen und andere Hirngespinste in unserem Kopf entstehen.

II
DIE VORHERSAGE-MASCHINE

5
Wir bauen uns eine Welt

Überzeugungen – eine unsichere Angelegenheit

Wer von einer Sache überzeugt ist, der ist sich sicher. Diese subjektive Gewissheit gehört zum Wesen von Überzeugungen. Obwohl Überzeugungen objektiv betrachtet oft eine ziemlich unsichere Angelegenheit sind. Immer wieder erweisen sich sicher geglaubte Gewissheiten als falsch. Manchmal sind wir uns der Unsicherheiten in der Einschätzung der Realität durchaus bewusst. Wir sprechen dann von Ahnungen, Meinungen oder Glauben. Wenn ich zum Beispiel sage, dass ich etwas *glaube*, dann lasse ich in der Regel die Möglichkeit eines Irrtums offen (oder ich gehe davon aus, dass eine empirische Überprüfung nicht möglich oder schlichtweg irrelevant ist, wie bei religiösem Glauben): Ich glaube, dass meine neue Kollegin mich ganz in Ordnung findet, denn sie ist freundlich und sagt nette Dinge zu mir. Aber ich kenne sie kaum, und es könnte sein, dass sie mich eigentlich für einen totalen Versager oder einen blöden Angeber hält. Freundlich ist sie vielleicht nur aus Höflichkeit oder weil sie mir schmeicheln will, um sich damit irgendwelche Vorteile zu verschaffen. Wenn ich die Kollegin mit der Zeit besser kennenlerne, dann nimmt die Unsicherheit vielleicht langsam ab – sie sagt mir nicht nur, dass sie mich schätzt, sondern hat sich in kritischen Situationen auch entsprechend verhalten. Ich habe also empirische Belege dafür gesammelt, dass meine Kollegin mich tatsächlich in Ordnung findet und zu mir steht, und mein Glaube verfestigt sich zu einer Überzeugung.

Aber selbst dann, wenn wir uns einer Sache vollkommen sicher sind, wenn wir zu hundert Prozent überzeugt sind, dass wir richtigliegen, kann es immer noch sein, dass wir irgendwann doch eines Besseren belehrt werden. Um bei dem Beispiel der Kollegin zu bleiben: Manchmal kommt es eben vor, dass wir uns von Menschen betrogen und verraten sehen, von deren Loyalität wir fest überzeugt waren. Das kann eine extrem bittere Erfahrung sein (viele ehemalige Bürgerinnen und Bürger der DDR wissen ein trauriges Lied davon zu singen).

Dass sich Überzeugungen als falsch erweisen, ist aber keineswegs auf zwischenmenschliche Beziehungen begrenzt. Die Wissenschaftsgeschichte ist reich an Begebenheiten, in denen sicher geglaubtes Wissen angesichts neuer Erkenntnisse über den Haufen geworfen werden musste. Die berühmte *kopernikanische Wende*, die Erkenntnis also, dass die Erde um die Sonne kreist und nicht umgekehrt, ist nur eines von vielen Beispielen. Bei dem Gedanken, dass Erkenntnisse, von denen wir heute fest überzeugt sind, sich morgen als grober Unfug herausstellen könnten, zieht es einem als Wissenschaftler:in schon manchmal den Boden unter den Füßen weg. Aber es wird unweigerlich immer wieder so kommen.

Woher kommt also diese Gewissheit, mit der wir unsere Überzeugungen vertreten, was soll diese trügerische Sicherheit? Warum tut unser Gehirn uns das an? Denn davon können wir – zumindest nach dem heutigen Stand der Erkenntnis – ausgehen: Überzeugungen entstehen im Gehirn. Natürlich entwickeln sich unsere Ansichten über die Dinge nicht isoliert in *einem* Gehirn allein, sondern meist durch das Zusammenspiel vieler Gehirne. Im letzten Kapitel haben wir die wichtige Rolle sozialer Beziehungen bei der Entstehung von Überzeugungen, Glaubenssätzen und Wissen beleuchtet. Wie wir gesehen haben, übernehmen wir viele unserer Überzeugungen einfach unhinterfragt von anderen, was uns aber nicht daran hindert, von diesen Überzeugungen felsenfest überzeugt zu sein. Nehmen wir beispielsweise die kopernikanische Erkenntnis, dass die Erde um die Sonne kreist. Ich bin fest davon überzeugt, dass diese Aussage richtig ist. Ist sie wahrscheinlich auch. Wir wissen das eben. Wenn mir aber jemand weismachen wollte, dass doch die Sonne um die Erde kreist, so muss ich zugeben, dass mir zwar vermutlich ein paar Argumente einfallen würden (ich würde vielleicht irgendetwas vom Wechsel der Jahreszeiten faseln), ich den Ge-

genbeweis aber nicht schlüssig antreten könnte, zumindest nicht auf Anhieb. Ich habe das eben in der Schule gelernt, und vermutlich gab es da sogar irgendwann einmal eine Unterrichtsstunde, in der mein Physik- und Erdkundelehrer Herr W. den Beweis für die kopernikanische Theorie durchdekliniert hat. Aber wirklich überprüft habe ich das natürlich nie. Ich habe es einfach geglaubt, weil ich dem kenntnisreichen Herrn W. vertraut habe und weil es eben (fast) jeder glaubt.

Etwas leichter würde mir die Argumentation fallen bei der Erkenntnis, dass die Erde (annähernd) eine Kugel ist. Das könnte man ja sogar selbst empirisch testen. Aber selbst davon sind kurioserweise nicht alle Menschen überzeugt. So gibt es eine Organisation mit dem Namen »Flat Earth Society«[1], deren Mitglieder alle naturwissenschaftlichen Beweise in den Wind schlagen und fest davon überzeugt sind, dass die Erde flach ist. Bilder aus dem All, die das Gegenteil belegen, werden als Verschwörung abgetan. Warum die »Flacherdler« dieser Überzeugung anhängen, ist eine interessante Frage. Die Antwort mag wiederum mit der wichtigen sozialen Funktion von Überzeugungen zu tun haben. Sie bilden Narrative, die für das Zusammenleben von Menschen sinnstiftend sind und damit für das Zusammengehörigkeitsgefühl von Gruppen (und die Abgrenzung von anderen) von zentraler Bedeutung sind.

Der Blick der Außerirdischen

Lassen Sie uns nun aber den Blick weg von der sozialen Dimension und hin auf das Individuum wenden und uns mit den *unmittelbaren* Ursachen von Überzeugungen im Sinne der ersten Tinbergen'schen *Warum*-Frage beschäftigen: Welche Mechanismen liegen der Entstehung von Überzeugungen zugrunde? Wie entstehen Überzeugungen im Gehirn, welche Funktion haben sie für das Individuum, und warum lassen wir uns nur so schwer von ihnen abbringen?

Um sich der Beantwortung dieser Fragen anzunähern, lohnt es sich, einen Schritt zurückzutreten und unser eigenes Gehirn mit etwas Abstand zu betrachten – vielleicht aus der Perspektive außerirdischer Wissenschaftlerwesen, die die Rolle des Gehirns bei der Entstehung des seltsamen Treibens der Erdlinge zu erfassen versuchen. Sie kommen schnell zu der Erkenntnis, dass das Gehirn offenbar der Apparat ist, der menschliches Verhalten steuert, und zwar so, dass sie sich zunächst einmal von relativ unbeholfenen Babys zu erwachsenen Menschen entwickeln, die dann einigermaßen selbstständig zurechtkommen. Das wiederum bedeutet, dass es uns Menschen in den meisten Fällen gelingt, für einige Jahrzehnte erfolgreich durch eine Welt voller Unwägbarkeiten und Gefahren zu navigieren. Erfolgreich heißt in diesem Fall einfach nur, dass wir in dieser Welt überleben und uns vielleicht obendrein auch noch reproduzieren. Im Laufe der Evolution wurden wir Menschen also mit Gehirnen ausgestattet, die unser Verhalten in Hinblick auf Überleben und Reproduktion optimieren.

Konzentrieren wir uns hier auf das Thema Überleben (oft eine gute Idee!), denn es bietet für die Suche nach der möglichen Funktion von Überzeugungen eine vielversprechende Fährte. Wir versetzen uns dazu wieder in die Lage unserer wissbegierigen außerirdischen Kollegen, die feststellen, dass das zentrale Organ, das für die Steuerung menschlichen Verhaltens zuständig ist, im Vergleich zu den Gehirnen der meisten anderen irdischen Lebewesen relativ groß und komplex ist. Überleben und evolutionärer Erfolg gehen auch einfacher. Es gibt zahllose vergleichsweise primitive Spezies, die nur aus einer einzigen Zelle bestehen und schon seit mehreren Hundert Millionen Jahren sehr erfolgreich in mehr oder weniger unveränderter Form existieren. Das Augentierchen Euglena ist ein solcher Einzeller, der über einen ganz einfachen Mechanismus der Verhaltenssteuerung verfügt und damit seine Überlebenschancen sehr effektiv maximiert. Das namensgebende Auge ist kein Sehapparat, sondern lediglich ein Pigmentfleck. Je nachdem, aus welcher Richtung das Licht kommt, fällt Schatten auf einen darunterliegenden Sensor, einen Fotorezeptor. Dieser ist direkt mit der Geißel gekoppelt, dem schwanzartigen Fortbewegungsorgan des Augentierchens. Die Bewegungen der Geißel sind wiederum von der Einfallsrichtung des Lichts abhängig, und zwar so, dass das Augentierchen immer zielgerichtet auf das Licht zusteuert. Es erhöht damit die Wahrscheinlichkeit, Fotosynthese betreiben zu können, den Stoffwechselprozess, den es zum Überleben braucht.

Warum also kompliziert, wenn evolutionärer Erfolg auch relativ einfach zu haben ist? Wozu brauchen wir Menschen dieses riesige und hochkomplexe Gehirn? Was die Außerirdischen bei der Beobachtung der menschlichen Erdbewohner unzweifelhaft feststellen werden, ist eine enorme *Verhaltensflexibilität*. Wir sind Meister darin, unser Verhalten so anzupassen, dass wir selbst unter scheinbar widrigsten Umständen überleben. Ist es zu kalt, ziehen wir uns warm an oder bauen beheizbare Häuser. Ist es dagegen zu heiß, bauen wir Häuser mit Klimaanlagen. Gibt es über längere Zeit nichts zu essen, legen wir Vorräte an oder benutzen Transportmittel, um uns die Nahrung aus fruchtbareren Gegenden liefern zu lassen. Ist es zu trocken, erfinden wir Bewässerungsanlagen. Sind wir von gefährlichen Tieren oder anderen Menschen bedroht, errichten wir Zäune und Mauern oder benutzen Waffen, um die Bedrohung abzuwehren. Kommen wir allein nicht zurecht, verständigen wir uns mit anderen Menschen und helfen uns gegenseitig. Man könnte diese Liste einigermaßen beliebiger Beispiele endlos fortführen und käme – ohne das jeweilige Verhalten moralisch zu werten – zu dem Schluss, dass unser Gehirn uns in die Lage versetzt, uns sehr flexibel an alle möglichen Lebensumstände anzupassen. Diese Flexibilität gelingt uns durch eine Reihe unterschiedlicher Fähigkeiten, wie etwa die Nutzung von Hilfsmitteln und Werkzeugen, durch das Treffen von Vorkehrungen, durch Kommunikation und Kooperation.

Lassen Sie uns noch einmal unsere außerirdischen Wissenschaftlerkollegen bemühen, um einen Blick von außen auf uns selbst zu werfen: Wenn diese Außerirdischen nun herauszuarbeiten versuchen, welche wesentliche Grundvoraussetzung all diesen erstaunlichen menschlichen Fertigkeiten und Fähigkeiten gemeinsam ist, dann werden sie möglicherweise zu folgendem Schluss kommen: Es ist die Fähigkeit, vorausschauend zu handeln, also Vorhersagen zu machen und sich diesen entsprechend zu verhalten. Um ein Werkzeug zu entwerfen und zu benutzen, müssen wir eine Vorhersage darüber machen, welchen Effekt das Werkzeug in Bezug auf das gewünschte Ergebnis haben wird. Um Vorkehrungen für die Zukunft zu treffen, müssen wir logischerweise eine Idee davon haben, was die Zukunft für uns bereithalten könnte. Um effektiv zu kommunizieren, müssen wir Vorhersagen über die mentalen Zustände unseres Gegenübers machen. Um mit anderen zusammenzuarbeiten, müssen wir die Kooperationsbereitschaft des Gegenübers und den voraussichtlichen Nutzen der Kooperation abschätzen.

Diese Fähigkeit, Vorhersagen zu machen, wird häufig mit Intelligenz in Verbindung gebracht. Aber wie wir sehen werden, ist sie von viel fundamentalerer Bedeutung. Sie stellt möglicherweise *das* grundlegende Funktionsprinzip des menschlichen Gehirns (und vermutlich vieler anderer Gehirne) dar: Unser Gehirn ist eine *Vorhersagemaschine*.

Das umgekehrte Blackbox-Problem

Damit kommen wir auch wieder auf unsere ursprüngliche Frage zurück, nämlich wozu Überzeugungen gut sein könnten. Unsere Überzeugungen speisen sich aus Erfahrungen und gelerntem Wissen über die Welt. Sie sind damit Teil des Bildes, das wir uns von der Welt (und uns) machen, oder auch unseres *inneren Modells* der Welt. Überzeugungen könnten uns somit helfen, Vorhersagen über die Ereignisse in der Welt und die Konsequenzen unseres eigenen Verhaltens zu machen. Wenn dem tatsächlich so ist, dann sind Überzeugungen (und auch ihre nächsten Verwandten Glaube, Meinungen, Ahnungen etc.) geeignete Instrumente, um unsere Überlebenschancen zu optimieren. Klar, unsere Überzeugungen stellen sich manchmal als unzutreffend heraus, aber sie sind immerhin so etwas wie ein *»best guess«*, eine bestmögliche Mutmaßung. Je besser diese Mutmaßungen sind, je genauer sie also mit der Realität übereinstimmen, desto exakter sind unsere Vorhersagen.

Nach unserer ausführlichen Beschäftigung mit dem Thema Irrationalität wissen wir bereits, dass unsere Überzeugungen nicht immer geeignet sind, möglichst *genaue* Vorhersagen über die Realität zu machen. Was für unser Gehirn also in diesem Sinne ein *»best guess«* ist, damit werden wir uns noch beschäftigen müssen, genauso wie mit der möglichen Funktion der oben angesprochenen trügerischen Gewissheit von Überzeugungen. Zunächst wollen wir uns aber die Idee vorknöpfen, dass das Gehirn eine *Vorhersagemaschine* ist, und dann versuchen, Überzeugungen als Teil dieses grundlegenden Funktionsprinzips zu verstehen.

Falls Sie den Begriff »Maschine« in Zusammenhang mit dem menschlichen Gehirn unpassend finden: Ich möchte damit keinesfalls eine Sichtweise von Menschen als roboterhafte, seelenlose Zombies vermitteln.

Auch die schwierige Diskussion, ob Maschinen Bewusstsein, Gefühle oder moralisches Empfinden haben können, soll damit nicht berührt werden. Das Bild der »Maschine« verwende ich deshalb, weil das Gehirn bestimmten mechanistischen Prinzipien gehorcht und dadurch bestimmte Funktionen hervorbringt. Dennoch müssen wir etwas wagen, wenn wir die Idee vom Gehirn als Vorhersagemaschine verstehen wollen. Wir müssen unser Denken auf den Kopf stellen und die traditionellen Bahnen verlassen, auf denen Menschen sich seit Jahrhunderten bewegen, wenn sie sich eine Vorstellung davon machen, wie Gehirn und Geist funktionieren. Sich auf dieses radikale Umdenken einzulassen, mag eine Herausforderung sein, aber es wird sich lohnen. Weil es uns einen neuen Blick auf die Funktion unseres Gehirns ermöglicht, der uns helfen wird, menschliches Denken (zum Beispiel Überzeugungen) und seine Irrwege (zum Beispiel Wahn) besser zu verstehen. Lassen Sie es uns also versuchen.

Die grundsätzliche Problemstellung, mit der unser Gehirn zu tun hat, kann man als ein *Blackbox-Problem* bezeichnen, genauer gesagt als ein *umgekehrtes Blackbox-Problem*. Normalerweise versteht man unter einer Blackbox ein Objekt, das auf einen bestimmten Input mit einem bestimmten Output reagiert, dessen Innenleben aber unbekannt ist. Mein Smartphone ist für mich eine solche Blackbox. Ich tippe »Italiener« ein (Input), und mein Smartphone zeigt mir binnen kürzester Zeit eine Karte meiner Umgebung mit italienischen Restaurants an (Output). Aber ich habe keine blasse Ahnung davon, was dabei im Inneren des Smartphones vor sich geht.

Aus Sicht der Psychologie stellt der Mensch ein klassisches Blackbox-Problem dar. Die Psychologie untersucht, wie Menschen auf bestimmte Reize (Input) mit welchem Verhalten (Output) reagieren. Sie hat aber keinen direkten Zugriff auf das tatsächliche Innenleben des Menschen, also beispielsweise auf die Vorgänge im Gehirn. Die Neurowissenschaften versuchen, dieses Problem zu lösen, indem sie Hirnaktivität messen oder beeinflussen, um die Ursachen der beobachteten Reiz-Reaktions-Muster zu ergründen. Dazu später noch mehr.

Jetzt wollen wir zunächst einmal die Perspektive wechseln und uns in die Lage unseres Gehirns versetzen. Aus der Perspektive des Gehirns ist das Problem nämlich umgekehrt, und zwar insofern, als es selbst buchstäblich in einer Blackbox sitzt. Es ist eingeschlossen in die dunkle Knochenhöhle unseres Schädels. Unbekannt ist in diesem Fall, was außerhalb dieser Blackbox vor sich geht, also wie die Welt da draußen beschaffen ist.

Dem Gehirn stehen nur seine eigenen Aktivitätsmuster in Form von Nervenimpulsen (sogenannten Aktionspotenzialen) zur Verfügung. Diese werden zwar durch Signale von den Sinnesorganen beeinflusst, aber diese Signale sind weit davon entfernt, ein realistisches Abbild der Welt da draußen zu bieten. Die Daten sind nämlich limitiert durch die anatomischen und physiologischen Eigenschaften unserer Sinnesorgane. Das Gehirn kriegt nur das mit, was die Sinnesorgane baubedingt liefern können, und das ist vielfach nur fragmentarisch, unzuverlässig und mehrdeutig.

Der in Melbourne, Australien, tätige Philosoph und Neurowissenschaftler Jakob Hohwy hat dieses Problem mit der Situation eines Menschen in einem Haus ohne Türen und Fenster verglichen, der als einziges Signal von der Welt da draußen ein Klopfen an der Wand empfängt und nun irgendwie versuchen muss, die Ursachen des Klopfens herauszufinden.[2] So wie der Mensch in diesem Haus ist unser Gehirn in seiner Schädel-Blackbox mit einer erheblichen Unsicherheit in Bezug auf die tatsächlichen Ursachen der verfügbaren Sinnesdaten konfrontiert. Denn diese Daten *sind* nicht die Welt, sie *repräsentieren* auch nicht die Welt, sondern sie repräsentieren nur das, was unsere Sinnesorgane registrieren können.

Nehmen wir zum Beispiel das räumliche Sehen. Die Netzhaut unserer Augen liefert dem Gehirn nur zweidimensionale Daten, die dritte Dimension ist eine reine Frage der Interpretation. Was da draußen wirklich los ist, welche Objekte und Ereignisse in der Welt die registrierten Sinnesdaten verursachen, darauf hat das Gehirn keinen direkten Zugriff, sondern das muss es sich aus seinen eigenen Aktivitätsmustern erschließen. Keine triviale Aufgabe: Das Gehirn muss sich die wahrscheinlichen Ursachen von unzuverlässigen Sinnesdaten (Input) erschließen, um darauf mit einem Verhalten reagieren zu können (Output), das die Überlebenswahrscheinlichkeit des gesamten Organismus maximiert.

Eine neurowissenschaftliche Perspektive

Nehmen wir wieder die gewohnte Perspektive der Psychologie oder der Neurowissenschaften ein und blicken von außen auf das Gehirn in seiner Schädel-Blackbox. Was spielt sich dort zwischen Input und Output so ab? Sehen wir uns zunächst die traditionelle Sichtweise der Neurowissenschaften an, die ungefähr dem entspricht, was mir in meinem Medizinstudium in den 1990er-Jahren beigebracht wurde. Also gut, ich habe das vielleicht nicht eins zu eins genauso gelernt, aber das ist zumindest die Vorstellung von Hirnfunktion, die ich mir auf Grundlage der Lehre in Neuroanatomie und Neurophysiologie so gemacht habe. Und dabei befand ich mich keinesfalls in schlechter Gesellschaft.[3]

Die traditionelle Sichtweise der Neurowissenschaften geht davon aus, dass unser Gehirn Signale von den Sinnesorganen erhält und diese Signale zu Wahrnehmungen verarbeitet, auf die wir dann unter Berücksichtigung unserer aktuellen Bedürfnisse, Wünsche und Ziele mit einem bestimmten Verhalten reagieren. Nehmen wir zum Beispiel Tennis. Ich bin zwar selbst ein miserabler Tennisspieler (ich persönlich bevorzuge Fußball und bitte darum, mir meine wenig fachmännische Darstellung des Tennisspiels nachzusehen), aber der Tennisplatz bietet uns ein Szenario, das für die Illustration dieser Prozesse sehr gut geeignet ist. Denn schon anhand der Betrachtung eines einzigen Ballwechsels wird deutlich, welche komplexen Leistungen unser Gehirn in kürzester Zeit vollbringt, ohne dass wir uns dessen überhaupt bewusst werden. Nehmen wir an, dass mein Gegenspieler, ein Rechtshänder, den Ball per Vorhand aus seiner rechten Spielfeldhälfte diagonal in meine rechte Spielfeldhälfte schlägt, und zwar mit Wucht. Innerhalb von Sekundenbruchteilen muss mein Gehirn die Informationen über die Flugbahn des Balles aufnehmen, berechnen, wo er ankommen wird, daraus eine Strategie für eine Reaktion auf den Ball entwickeln, einen Bewegungsplan erstellen und diesen schließlich ausführen. Um uns wenigstens ein annährungsweises Bild davon zu machen, wie unser Gehirn solche staunenswerten Leistungen zustande bringt, wollen wir uns die zugrunde liegenden Prozesse einmal Schritt für Schritt vor Augen führen.

Das Licht, das der Ball reflektiert, löst ein Signal an den Sinneszellen der Netzhaut meiner Augen aus. Dieses Signal wird bereits in der Netz-

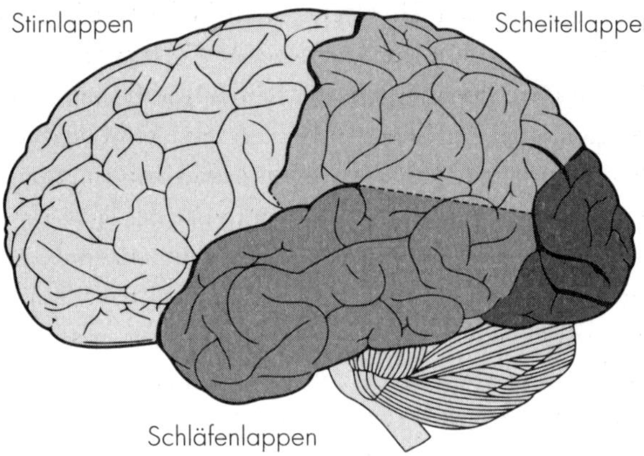

Abbildung 3: Die Großhirnrinde. Die Sehrinde, die für die Verarbeitung visueller Informationen verantwortlich ist, liegt im hinteren Bereich des Großhirns, in dem Hinterhauptslappen.

haut in Nervenzellaktivität (Aktionspotenziale) übersetzt und über Nervenbahnen bis in meine Sehrinde weitergeleitet, den Teil der Großhirnrinde, die in meinem Hinterkopf liegt (Abbildung 3). Dort werden in einem ersten Schritt, sozusagen auf der untersten Ebene der Hierarchie, zunächst einfache Bildinformationen wie Helligkeitskontraste (zwischen dem hellgelben Ball und dem dunkleren Hintergrund) und Bewegungsrichtungen (z. B. von links oben nach rechts unten in meinem Blickfeld) verarbeitet. »Verarbeitet« heißt, dass es dort Nervenzellen gibt, die auf diese Merkmale mit einer Zunahme ihrer Aktivität reagieren. Die hier verarbeiteten Signale werden dann über mehrere Stufen an höhere Zentren der Sehrinde weitergereicht, die auf immer komplexere Informationen spezialisiert sind. So gibt es im hinteren unteren Teil des Schläfenlappens (er heißt so, weil er unter den Schläfen liegt) Regionen, die auf Farben, Formen und Objekterkennung spezialisiert sind. Sie werden den hellen Fleck, der sich durch mein Gesichtsfeld bewegt, als Tennisball identifizieren.

Aber dass hier ein Tennisball durch die Gegend fliegt, war ja eigentlich schon vorher bekannt. Was jetzt viel wichtiger ist, sind Informationen über die Bewegung dieses Tennisballs im Raum. Die relevanten

Daten, die dafür von der untersten Hierarchieebene in der Sehrinde zur Verfügung gestellt werden, sind folgende: Heller Punkt bewegt sich in meinem Blickfeld von links oben nach rechts unten (die Rolle meiner Augenbewegungen lassen wir der Einfachheit halber hier unberücksichtigt) und wird dabei immer größer. Außerdem gibt es Informationen über Unterschiede in den Daten, die von meinen beiden Augen kommen, wegen ihres minimal unterschiedlichen Winkels zum Ball. Aus diesen zweidimensionalen Daten, welche die Augen registriert haben, kann mein Gehirn nun die genaue Bewegungsrichtung und -geschwindigkeit des Balles im dreidimensionalen Raum berechnen. Dabei spielt der sogenannte Scheitellappen eine wichtige Rolle. Er ist im Gehirn der Sehrinde vorgelagert und liegt, wie der Name schon vermuten lässt, ganz oben im Kopf unter dem Scheitel. Die schon recht spezifischen Informationen über die Identität des Objekts und seine Bewegung im Raum werden vom Schläfenlappen und vom Scheitellappen wiederum an Regionen weitergegeben, die noch weiter vorne im Gehirn liegen, im sogenannten Stirnlappen (auch Frontallappen genannt). Diese Regionen befassen sich mit der Planung und Vorbereitung von Bewegungen. Dabei werden auch meine gegenwärtigen Wünsche und Ziele mit einbezogen: Ich möchte meinen Gegenspieler besiegen und wünsche mir deshalb, dass der Ball mit hoher Geschwindigkeit und flach rechts an ihm vorbeifliegt, um dann in der rechten hinteren Ecke kurz vor der Grundlinie einzuschlagen. In den vordersten Bereichen des Stirnlappens wird ein entsprechender Bewegungsplan erstellt und an die motorische Hirnrinde weitergegeben, sodass es schließlich zur Ausführung der geplanten Bewegung kommt und der Ball dann hoffentlich an der gewünschten Stelle landet. Ganz großes Tennis!

Eine alternative neurowissenschaftliche Perspektive

So weit eine beispielhafte, zwar grob vereinfachende, aber intuitiv recht plausible Darstellung der Funktionsweise unseres Gehirns, wie man sie sich in den Neurowissenschaften lange vorgestellt hat. Man kann hier auch von einer *Bottom-up*-Sichtweise sprechen, also von unten nach oben.

Es werden Informationen von unten (zum Beispiel von der Sehrinde) nach oben an hierarchisch übergeordnete Zentren (zum Beispiel Schläfen- und Scheitellappen) weitergeleitet, um sie dann auf der höchsten hierarchischen Ebene für die Planung von Verhalten zu verwerten (im Stirnlappen). Wenn man diese Funktionsweise auf ein Unternehmen übertrüge, sähe das in etwa so aus: Ein Heer von Sachbearbeiter:innen einer Firma, nennen wir sie mal REACT, sammelt alle möglichen Daten über den Markt da draußen. Diese Daten werden über mehrere Stufen im mittleren Management gefiltert und zu kompakten Informationen gebündelt, die schließlich an die Führungsebene weitergereicht werden. Aufgabe der Führungsebene ist es dann zu entscheiden, wie angesichts dieser Informationen weiter verfahren werden soll, und dafür zu sorgen, dass diese Entscheidung umgesetzt wird.

Diesen *Bottom-up*-Weg des Unternehmens REACT wollen wir jetzt – wie angekündigt – buchstäblich auf den Kopf stellen und ihm einen *Top-down*-Weg gegenüberstellen, also jetzt von oben nach unten: In einem anderen Unternehmen, nennen wir es PREDICT, würde die Führungsebene eine vorausschauende Strategie verfolgen und hätte aufgrund vorheriger Erfahrungen und Analysen bereits Hypothesen darüber, was als Nächstes in der Welt da draußen passieren wird. Diese Hypothesen oder Vorhersagen gibt sie an das mittlere Management weiter, das diese detailliert ausarbeitet und dann die Sachbearbeiter:innen damit beauftragt, die verfügbaren Daten über den Markt auf ihre Übereinstimmung mit den Vorhersagen hin zu prüfen. Mit Daten, die den Vorhersagen entsprechen, hält man sich dort nicht länger auf. Sie bringen ja keine neuen Informationen und können daher gleich verworfen werden. Nur diejenigen Daten, die den Vorhersagen widersprechen, so die Arbeitsanweisung an die Sachbearbeiter:innen, werden als Fehlermeldungen an das mittlere Management weitergegeben, das dann nach Einschätzung der Tragweite der Fehlermeldung entscheidet, ob diese bis nach oben in die Führungsetage durchgereicht werden soll. Diese trifft daraufhin Entscheidungen über kurzfristige oder sogar langfristige Änderungen der Unternehmensstrategie und sorgt gegebenenfalls für deren Umsetzung.

Die Unternehmen REACT und PREDICT haben also vergleichbare hierarchische Organisationsstrukturen, aber bei der Betrachtung der

Arbeitsabläufe fällt sofort ein wesentlicher Unterschied ins Auge: Während das Unternehmen REACT ständig nur auf die Flut der gesammelten Daten reagiert, arbeitet PREDICT vorausschauend. Die Firma kann somit zielgerichtet Daten sammeln und muss ihre Strategie nur im Falle unerwarteter Daten anpassen. Wenn PREDICT reibungslos funktioniert, wird es REACT immer einen Schritt voraus sein. Das Unternehmen arbeitet zudem deutlich effizienter, da es sich nur mit denjenigen Daten weiter beschäftigen muss, die es nicht ohnehin schon vorhergesagt hat. Es liegt auf der Hand, welches Unternehmen die besseren Chancen hat, sich auf dem Markt durchzusetzen.

Weil sich das vielversprechend anhört, können wir ja einmal versuchen, die Arbeitsabläufe des Unternehmens PREDICT mithilfe des Tennisplatzszenarios auf unser Gehirn zu übertragen. Die Arbeit meines Gehirns müsste dann schon losgehen, lange bevor mein Gegenspieler überhaupt ausholt, um den Ball in meine rechte Spielfeldhälfte zu befördern. Ich habe von vorneherein eine klare Hypothese: Mit hoher Wahrscheinlichkeit wird er wieder genau diesen Vorhanddiagonalball spielen. Ich habe nämlich schon oft mit ihm gespielt und weiß, dass sein Spiel nicht besonders variantenreich ist. Er spielt immer diese Bälle oder, sagen wir, in mindestens achtzig Prozent der vergleichbaren Situationen. Dieses Wissen ist in meinem Gehirn repräsentiert, woran vermutlich Regionen im Stirn- und Schläfenlappen beteiligt sind. Die damit verbundenen Vorhersagen werden top-down an hierarchisch tieferliegende Hirnregionen bis hinunter zur Sehrinde weitergegeben, sodass diese schon mal darauf vorbereitet sind, was da sehr wahrscheinlich kommt. Hinzu kommen Vorhersagen, die aus den Bewegungen meines Gegenspielers abgeleitet werden können. Anhand seiner Position und Körperhaltung zum Ball lässt sich abschätzen, wie er den Ball treffen wird, und schon seine Armbewegung und der Winkel seines Schlägers zur Flugrichtung des ankommenden Balles verraten, in welche Richtung, mit welchem Spin und mit welcher ungefähren Geschwindigkeit der Ball in mein Feld zurückkommen wird. Noch bevor der Ball auf den Schläger meines Gegenspielers trifft, kann mein Gehirn so eine recht präzise Vorhersage über die resultierende Flugbahn des Balles machen. Wenn ich ein guter Spieler wäre, hätte ich jetzt schon meinen nächsten Schlag geplant und begonnen, mich per Beinarbeit und Ausrichtung meiner Körperhaltung darauf vorzubereiten. Denn ich weiß auch: Seine Diagonalbälle können scharf sein.

Aber bleiben wir noch einen Moment bei der Wahrnehmung des inzwischen satt getroffenen und auf mich zufliegenden Balles. Angesichts der hohen Geschwindigkeit des Balles und der natürlichen physiologischen Grenzen meines Sehapparats kann mein Gehirn die Information nicht genauer auflösen, als dass es sich um ein rundliches gelbes Objekt handelt. Diese Information wäre auch vereinbar mit anderen Objekten, etwa einer Zitrone oder einem Apfel, aber ich hatte das Objekt ja gerade eben noch selbst in der Hand, und es war eindeutig ein Tennisball. Durch Top-down-Signale von Gedächtnisstrukturen im Schläfenlappen zur Sehrinde identifiziert mein Gehirn das Flugobjekt daher trotz der ungenauen aktuellen Daten ohne Mühe als Tennisball. Aber noch viel wichtiger als die wenig überraschende Erkenntnis, dass es sich um einen Tennisball handelt, ist ja die Bewegung des Balles im Raum. Hilfreich ist, dass es in meinem Gehirn aufgrund meiner langjährigen (aber erfolglosen) Tennisbemühungen eine recht verlässliche Repräsentation der Größe eines Tennisplatzes gibt. Ich kann auch die Entfernung meines Gegenspielers aufgrund der Größe seiner Repräsentation auf meiner Netzhaut ganz gut abschätzen. Mein Gehirn, und vermutlich spielt hier wieder der Schläfenlappen die entscheidende Rolle, verfügt also über eine Art Modell des dreidimensionalen Raumes und der räumlichen Beziehungen der darin befindlichen Objekte zueinander (einschließlich meiner selbst). Auf Grundlage der oben genannten Informationen, die sich aus dem wenig variantenreichen Spiel und den Bewegungen meines Gegenspielers ergeben, kann mein Scheitellappen mithilfe der Zuarbeit von Schläfen- und Stirnlappen schon sehr präzise vorhersagen, wie schnell und in welcher Richtung sich der Ball bewegen wird und wie sich das in der Aktivität meiner Sehrinde niederschlagen würde. Diese Vorhersage würde er wiederum top-down an die Sehrinde weitergeben. Entsprechen die dort von den Augen her eintreffenden Signale dieser Vorhersage, so können sie weitgehend vernachlässigt werden, und meine Wahrnehmung entspricht der Vorhersage. Die auf den ersten Metern der Flugbahn von meiner Netzhaut vermittelten Daten präzisieren diese Vorhersage, und ich kann wie geplant mit der Vorbereitung und Durchführung meines Gegenschlags fortfahren. Weichen die in meiner Sehrinde eingehenden Daten allerdings von dieser Vorhersage ab, zum Beispiel weil mein Gegenspieler den Ball nicht voll getroffen hat und dieser langsamer als erwartet in eine andere Richtung fliegt, so generiert meine Sehrinde eine Fehlermeldung. Dieses Fehlersignal gibt sie an hierarchisch übergeordnete Ebenen weiter, damit meine Vorhersage und darauf aufbauend mein Handlungsplan aktualisiert werden können.

Predictive Processing – das Gehirn als Vorhersagemaschine

Ungefähr so sähen also, nur grob skizziert, die Vorgänge im Gehirn aus, wenn die Top-down-Sichtweise zutrifft und das Gehirn tatsächlich wie das Unternehmen PREDICT oder eben wie eine *Vorhersagemaschine* arbeitet. Ich bitte die neurowissenschaftlich gebildeten Leser:innen, mich bei der Darstellung des Tennisplatzszenarios nicht auf Details bezüglich der funktionellen Neuroanatomie festzunageln, denn es handelt sich hier nur um ein Beispiel zu Illustrationszwecken (in diesem Zusammenhang sei auch angemerkt, dass Vorhersagemechanismen im Gehirn nicht ausschließlich auf Top-down-Prozessen beruhen[4]). Zugleich hoffe ich, die in dieser Hinsicht nicht vorbelasteten Leser:innen mit der Rede von irgendwelchen Lappen im Gehirn nicht unnötig verwirrt zu haben. Auf diese Details kommt es hier aber auch nicht an. Worauf es wirklich ankommt, das lässt sich in zwei Punkten zusammenfassen. Erstens: Das Gehirn unterhält ein *inneres Modell* der Welt, das sich aus gelerntem Wissen über die Welt speist. Anhand dieses Modells werden Hypothesen aufgestellt, um eingehende Sinnesdaten vorherzusagen. Zweitens: Das Gehirn nutzt Abweichungen von diesen Vorhersagen, sogenannte *Vorhersagefehler*, um sein inneres Modell der Welt ständig zu optimieren und zu aktualisieren, das heißt, um zu lernen.

Unser Gehirn ist nach dieser Sichtweise den Ereignissen der Welt also immer einen Schritt voraus. Der britische Philosoph Andy Clark hat das mit einem treffenden Vergleich auf den Punkt gebracht: »Um schnell und reibungslos in einer unsicheren Welt zurechtzukommen, sind unsere Gehirne Meister der Vorhersage geworden – sie surfen auf den Wellen unzuverlässiger und mehrdeutiger sensorischer Daten, um ihnen im Endeffekt immer einen Schritt voraus zu sein. Eine gute Surferin bleibt ›in the pocket‹: Ganz nah, aber kurz vor dem Punkt, an dem sich die Welle bricht. Das verleiht ihr Macht und sie wird nicht von der Welle erwischt, wenn sie sich bricht.«[5]

Aus der Kombination seiner Vorhersagen mit den verfügbaren, oft unsicheren Sinnesdaten konstruiert das Gehirn so unsere Wahrnehmung der Welt. Nach dieser Idee ist Wahrnehmung kein passiver Vorgang, bei dem die Welt in unserem Gehirn abgebildet wird, sondern ein aktiver, konstruktiver Prozess. Die Idee vom Gehirn als aktive Vorhersagemaschine bietet eine mögliche Lösung für das oben dargestellte umgekehrte Blackbox-Problem: Da das Gehirn keinen direkten Zugriff auf die Welt außerhalb seiner eigenen Blackbox hat, verwendet es ein hypothetisches Modell der Welt, um Vorhersagen über die Ereignisse in dieser Welt zu machen. Man spricht auch von einem *generativen Modell*, da auf der Grundlage des Modells die Daten *generiert* (oder erzeugt) werden, die seinen Vorhersagen entsprechen.[6] Das Gehirn baut sich also seine eigene Welt.

Wichtig aber ist: Auch wenn diese Welt eine selbst gebaute ist, ist sie keineswegs unabhängig davon, was draußen tatsächlich vor sich geht. Denn wenn die Signale, die von den Sinnesorganen registriert werden, von den Vorhersagen des hypothetischen Weltmodells abweichen, wird das Modell durch Fehlersignale korrigiert. Durch diesen kontinuierlichen Lernvorgang wird das innere Modell der Welt immer weiter optimiert und kann flexibel an veränderte Umweltbedingungen angepasst werden. Auf diese Weise wird das Auftreten von Fehlersignalen langfristig minimiert. Je besser das *innere* Modell der Welt, desto weniger Fehler und desto zuverlässiger gelingt es dem Gehirn, uns sicher durch die *äußere* Welt zu navigieren.

Manche Autor:innen, wie etwa der britische Neurowissenschaftler Anil Seth, haben daher Wahrnehmung als eine »kontrollierte Halluzination«[7] bezeichnet. Halluzinationen sind Wahrnehmungen, die ohne äußere Einflüsse entstehen, also ein reines Konstrukt des Gehirns. Der Begriff der »kontrollierten Halluzination« bringt zum Ausdruck, dass normale Wahrnehmung ebenfalls ein Konstrukt des Gehirns ist, aber eben eines, das im Abgleich mit den verfügbaren Sinnesdaten entsteht, also durch diese kontrolliert wird. Wahrnehmung entsteht als eine »Fantasie«, so der britische Hirnforscher Chris Frith, »die mit der Realität im Einklang steht«.[8] Das theoretische Gebäude, das diese Idee beschreibt, ist unter dem Namen *Predictive Processing*, also »vorhersagende Verarbeitung«, in die neurowissenschaftliche und philosophische Literatur eingegangen.[9] Da die deutsche Übersetzung von Predictive Processing etwas sperrig und in der Fachliteratur nicht gebräuchlich ist, werde ich im Weiteren den englischen Begriff verwenden.

Predictive Processing – Einblicke in die Hirnforschung

Soweit wir Predictive Processing bisher kennengelernt haben, handelt es sich dabei um eine Theorie. Ich finde, dass diese Theorie recht plausibel ist, und vielleicht finden Sie das ja auch. Aber wollen wir uns damit zufriedengeben? Ich denke, das sollten wir nicht tun, denn eine Theorie kann uns noch so gut gefallen, wenn sie nicht zu den beobachtbaren Daten und Fakten passt, sich also nicht empirisch belegen lässt, dann ist sie schlicht und einfach wertlos. Gönnen wir uns also wenigstens einen kurzen Ausflug in die Welt der kognitiven Neurowissenschaften und widmen uns der Frage, ob die Predictive-Processing-Theorie der empirischen Überprüfung standhält. Gibt es Phänomene, für die Predictive Processing eine gute Erklärung bietet (eine bessere Erklärung als andere Theorien)? Und lassen sich die Hypothesen, die sich aus der Theorie ergeben, in Experimenten bestätigen?

Eine Gruppe von Phänomenen, für die Predictive Processing eine gute Erklärung bietet, ist die der sogenannten *optischen Täuschungen*. Dieser Begriff ist etwas irreführend, denn er suggeriert, dass wir von unserer Optik getäuscht werden, so als wäre mit den Brechungseigenschaften der Linse oder des Glaskörpers unserer Augen etwas nicht in Ordnung. Die meisten dieser Täuschungen haben aber mit unserem optischen Apparat gar nichts zu tun, sondern mit der Verarbeitung visueller Reize durch unser Nervensystem. Deshalb erscheint mir der aus dem Englischen entlehnte Begriff der *visuellen Illusionen* passender. Es gibt ganze Bildbände und zahlreiche Internetseiten mit Sammlungen faszinieren-

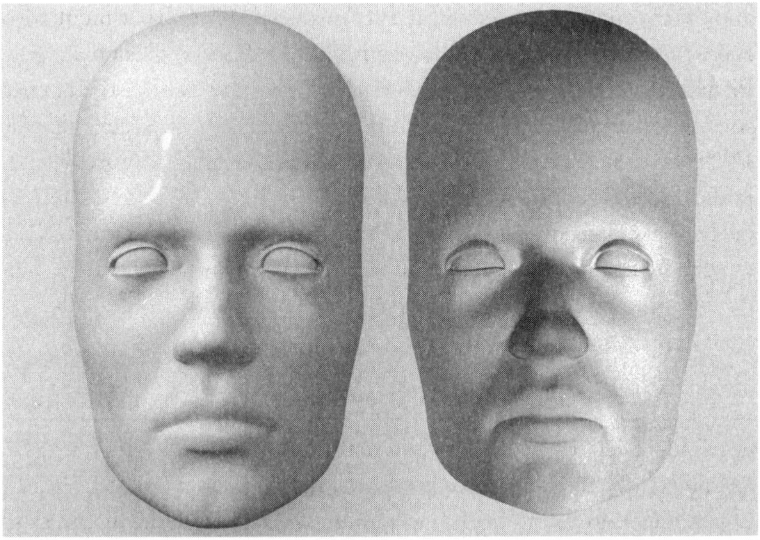

Abbildung 4: Die Hohlmaskenillusion: Links wurde die Maske von vorne (oder außen) fotografiert, rechts von hinten (oder innen). Die meisten Menschen nehmen beide Masken so wahr, als wären sie nach außen gewölbt.

der visueller Illusionen, von denen viele mit der Theorie des Predictive Processing gut erklärt werden können.[10]

Ein eindrucksvolles Beispiel ist die Hohlmaskenillusion. Wenn wir von hinten in die Maske eines Gesichts blicken (rechtes Gesicht in Abbildung 4), so müssten wir eigentlich ein nach innen gewölbtes hohles Gesicht sehen. Sosehr wir uns aber bemühen, es gelingt uns in der Regel nicht; wir nehmen ein nach außen gewölbtes Gesicht wahr. Predictive Processing bietet eine einfache Erklärung: Unser Gehirn hat durch tausendfache Erfahrung gelernt, dass Gesichter nach außen gewölbt sind. Das ist also Teil unseres inneren Modells der Welt geworden. Die damit verbundene Vorhersage, dass visuelle Daten, die der typischen Konfiguration eines Gesichts entsprechen, durch ein nach außen gewölbtes Objekt verursacht werden, ist durch diese tausendfache Lernerfahrung extrem stark geworden. Selbst wenn die »nackten« Daten besser einem hohlen Gesicht entsprechen, konstruiert unser Gehirn daraus das übliche nach außen gewölbte Gesicht.

Interessante Fragestellung für ein Science-Fiction-Experiment: Verändert sich die Hohlmaskenillusion nach vier Wochen Urlaub auf dem Planeten der Schüsselgesichter, einem Planeten, dessen Bewohner genau wie Menschen aussehen, nur dass ihre Gesichter nach innen gewölbt sind statt nach außen? Nach der Predictive-Processing-Theorie wäre die Hypothese, dass Weltraumreisende von der Erde die Schüsselgesichter zunächst fälschlicherweise als nach außen gewölbt wahrnehmen. Nach einiger Zeit und unter Zuhilfenahme des Tastsinnes (die Schüsselgesichter lassen gegen ein geringes Entgelt ihr Gesicht gern von den ballongesichtigen Erdtouristen betasten) würde ihr Gehirn anhand von Vorhersagefehlern lernen, dass diese Gesichter tatsächlich nach innen gewölbt sind. Entsprechend der so geänderten Vorhersage würden sie also mit der Zeit die Schüsselgesichter als hohl wahrnehmen. Nach der Rückkehr auf die Erde wären sie nicht mehr so anfällig für die Hohlmaskenillusion, könnten also hohle Masken als nach innen gewölbt wahrnehmen. Möglicherweise würde ihr Gehirn dann sogar bei der Wahrnehmung normaler nach außen gewölbter Gesichter gelegentlich Fehler machen und sie fälschlicherweise als nach innen gewölbt konstruieren, zum Beispiel bei irreführender Beleuchtung von unten (Letzteres wird Ihnen sofort einleuchten, wenn Sie den nächsten Absatz gelesen haben).

Wir müssen für solche Erkenntnisse aber nicht in die Zukunft reisen, wie Experimente des in Ulm arbeitenden Kognitionspsychologen Marc Ernst zeigen. Er hat Studien dazu durchgeführt, wie sich die visuelle Tiefenwahrnehmung von Objekten unter dem Einfluss des Tastsinnes verändert. Dazu hat er zweidimensionale visuelle Reize verwendet, die durch ihre Schattierung eine Tiefenwahrnehmung hervorrufen (Abbildung 5).

Ist zum Beispiel ein Kreis in der unteren Hälfte schattiert, so nehmen wir ihn als Erhebung aus einer Oberfläche wahr (linker Kreis in Abbildung 5); ist er dagegen in der oberen Hälfte schattiert, nehmen wir ihn als Vertiefung wahr (rechter Kreis in Abbildung 5). Dieses Phänomen ist als *Licht-von-oben-Heuristik* bekannt, wobei mit Heuristik wieder eine einfache Faustregel gemeint ist, die in den meisten Situationen zutrifft.[11] Da Licht in natürlichen Umgebungen in der Regel von oben kommt, hat unser visuelles System gelernt, dass sich Erhebungen und Vertiefungen durch die genannten Schattierungen auszeichnen. Daraus

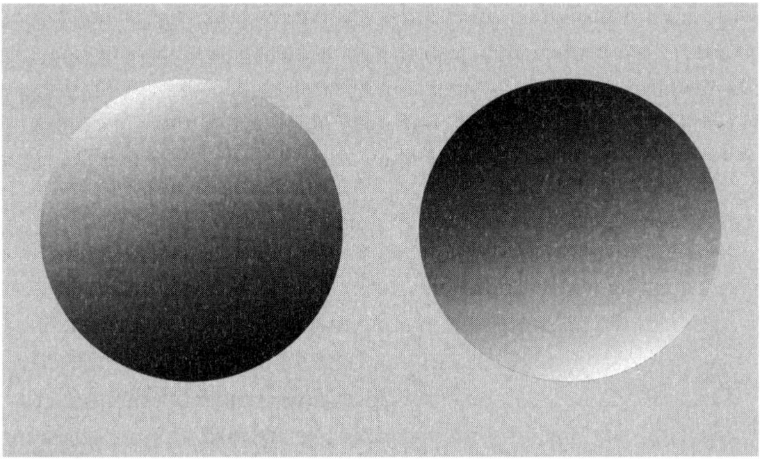

Abbildung 5: Licht-von-oben-Heuristik: Durch die Schattierung der dargestellten Kreise entsteht rechts die Wahrnehmung als Erhebung und links als Vertiefung.

konstruiert es heuristisch die entsprechende Tiefenwahrnehmung. Diese Heuristik würde übrigens auf dem Tennisplatz – selbst wenn ich nicht die leiseste Ahnung davon hätte, dass man Tennis mit Bällen spielt – verhindern, dass ich statt eines Balles fälschlicherweise ein gelbes Schüsselchen auf mich zufliegen sehe. Im Fall der in Abbildung 4 rechts dargestellten hohlen Maske würde die Licht-von-oben-Heuristik eigentlich die Wahrnehmung eines hohlen Gesichts nahelegen, aber offenbar ist unsere Vorhersage stärker, dass Gesichter immer nach außen gewölbt sind.

Marc Ernst und seine Kolleg:innen haben die Hypothese getestet, dass sich diese Licht-von-oben-Heuristik durch haptische Erfahrungen, also durch den Tastsinn, verändern lässt.[12] Sie zeigten ihren Versuchsteilnehmer:innen zweidimensionale visuelle Reize, die durch ihre Schattierung eine Tiefenwahrnehmung hervorriefen. Mittels einer eigens dafür konzipierten Vorrichtung boten sie ihnen gleichzeitig haptische Reize dar, die die Versuchspersonen mit ihren Fingern betasten durften. Diese wiesen eine Wölbung nach oben oder unten auf und konnten damit den visuellen Eindruck bestätigen oder ihm widersprechen. Tatsächlich konnten die Forscher:innen zeigen, dass die visuelle durch die haptische Wahrnehmung im Lauf des Experiments verändert wurde: Die Licht-von-oben-Heuristik wurde abgeschwächt und die visuelle Wahrnehmung stärker durch die haptischen Lernerfahrungen bestimmt. Dieser faszinierende Befund kann gut im Sinne von Predictive Processing erklärt werden, denn hier wurde den Vorhersagen des inneren Modells der Welt durch die neuen haptischen Sinnesdaten widersprochen. Das innere Modell wurde durch diese Vorhersagefehler korrigiert, woraus eine veränderte Wahrnehmung resultierte. Ein gutes Beispiel also für Wahrnehmung als »kontrollierte Halluzination«: Unser Gehirn konstruiert unsere Wahrnehmung, wird aber dabei von den verfügbaren Sinnesdaten kontrolliert.

Mit einem weiteren Beispiel aus der Welt der visuellen Illusionen wollen wir schließlich noch einen Blick in die Blackbox unseres Gehirns hineinwerfen und die Vorhersagen der Predictive-Processing-Theorie (und die des Gehirns) durch die Messung neuronaler Aktivität überprüfen. Eine Illusion, die sich dafür sehr gut eignet, ist die sogenannte *Scheinbewegung*. Wir erleben sie, wenn wir Filme ansehen, im Kino, auf dem Fernseher oder auf dem Smartphone. Von Scheinbewegung spricht man dann, wenn aus unbewegten Bildern, die in schneller Folge gezeigt werden, die Wahrnehmung von Bewegung entsteht. Man kann dieses Phänomen auf die Spitze treiben, indem man zum Beispiel zwei Punkte an zwei verschiedenen Stellen eines Bildschirms abwechselnd in schneller Folge aufblinken lässt. Die *zwei* abwechselnd blinkenden Punkte werden recht zuverlässig als *ein* Punkt wahrgenommen, der sich scheinbar auf dem Bildschirm hin und her bewegt. Überzeugen Sie sich selbst anhand eines der zahlreichen im Internet verfügbaren Demos.[13]

Nach der Theorie des Predictive Processing hat das Gehirn offenbar durch Erfahrung gelernt, dass *zwei identische Reize*, die in kurzer Folge an den Orten A und B im Gesichtsfeld auftauchen, in aller Regel durch *ein Objekt* hervorgerufen werden, das sich von A nach B bewegt. Aus Erfahrung konstruiert das Gehirn hier also eine Bewegung, wo in Wirklichkeit keine ist – eine Illusion. Daraus ergibt sich aber auch die Vorhersage, dass dieses Objekt ja *unterwegs* sichtbar sein müsste, also auf dem Weg von A nach B. Und tatsächlich ist es das auch, zumindest in unserer selbst gebauten Wahrnehmung. Entsprechend der Vorhersage unseres Gehirns nehmen wir nämlich recht deutlich eine Bewegungsspur zwischen den beiden blinkenden Punkten wahr. Das ist wieder ein treffliches Beispiel für eine »kontrollierte Halluzination«, wobei die Betonung hier auf *Halluzination* liegt. Die Vorhersage unseres Gehirns bewirkt, dass wir einen bewegten Reiz an einer Stelle des Gesichtsfeldes »halluzinieren« (zwischen den Orten A und B), an der sich in Wirklichkeit zu keinem Zeitpunkt ein Reiz befindet.

Wir verfügen heute über Methoden, die uns die Messung von Hirnaktivität auf nichtinvasive Weise ermöglichen, also ohne dazu Elektroden oder andere Vorrichtungen in das Gehirn einbringen zu müssen. Eine dieser Methoden ist die funktionelle Magnetresonanztomografie (fMRT).[14] Sie erlaubt es uns, die Zu- oder Abnahme von Hirnaktivität im Zusammenhang mit der Verarbeitung bestimmter Reize oder der Durchführung bestimmter Aufgaben mit einer millimetergenauen Auflösung zu bestimmen. So kann man zum Beispiel Aktivität in der Sehrinde, also dem Teil des Gehirns, der für die Verarbeitung von visuellen Reizen verantwortlich ist (siehe Abbildung 3), regelrecht *kartieren*, also Karten darüber erstellen, welcher Ort in unserem Gesichtsfeld welcher Region in der Sehrinde entspricht. Anhand dieser Methode können wir genau die Regionen im Gehirn identifizieren, die aktiv werden, wenn die Punkte an den Orten A oder B in unserem Gesichtsfeld aufblinken. Somit ist es uns aber auch möglich – und das ist entscheidend für unsere Fragestellung –, die Region festzulegen, die im Gehirn *zwischen* den Repräsentationen der Orte A und B liegt. Kurzum, wir können die Hirnaktivität messen, die der wahrgenommenen (aber nicht existenten) Bewegungsspur zwischen A und B entspricht. Wir können dem Gehirn also bei der Arbeit zusehen, wenn es aus den verfügbaren Sinnesdaten unsere Wahrnehmung konstruiert, in diesem Fall eine »halluzinierte« Wahrnehmung.

Genau das haben meine Kollegen Geraint Rees, John-Dylan Haynes und ich vor ein paar Jahren gemacht.[15] Dabei fanden wir heraus, dass mit der »Halluzination« der Bewegungsspur zwischen den Punkten A und B eine Zunahme der Hirnaktivität an genau der Stelle der Sehrinde einherging, die zwischen den Repräsentationen der Punkte A und B liegt. Zusätzlich stellten wir fest, dass diese verstärkte Aktivität von einer hierarchisch übergeordneten Verarbeitungsebene im Gehirn vermittelt wurde: nämlich der Region, die auf die Verarbeitung von Bewegungsreizen spezialisiert ist. Im Sinne eines hierarchischen Predictive-Processing-Modells deuten unsere Ergebnisse darauf hin, dass diese Bewegungsregion das abwechselnde Aufblinken der beiden Punkte als Bewegung »interpretiert« hat; und dass die daraus resultierende Vorhersage einer Bewegungsspur zwischen A und B top-down an die untere hierarchische Verarbeitungsebene in der Sehrinde weitergegeben wurde. Dort wurden aufgrund der Vorhersage von höherer Stelle die neuronalen Daten für die Wahrnehmung der Bewegungsspur generiert. Dieser Befund bestätigt die Annahme der Predictive-Processing-Theorie, dass unser Gehirn mit einem *generativen Modell* arbeitet, also auf der Grundlage eines hypothetischen Modells der Welt die Daten generiert, die seinen Vorhersagen entsprechen.

Mein Kollege und Hirnforscher Lars Muckli und seine Arbeitsgruppe in Glasgow führten unabhängig von uns ganz ähnliche Experimente durch und kamen beruhigenderweise zu genau derselben Schlussfolgerung: »Halluzinierte« Bewegungswahrnehmung kann durch Aktivität in der Sehrinde erklärt werden.[16] Sie gingen aber noch einen Schritt weiter und überlegten sich ein raffiniertes Experiment, mit dem sie eine ganz zentrale Idee der Predictive-Processing-Theorie untersuchten. Die Idee nämlich, dass Fehlersignale entstehen (die bereits erwähnten Vorhersagefehler), wenn die Sinnesdaten von den Vorhersagen unseres inneren Modells abweichen.[17] Wir erinnern uns an das Unternehmen PREDICT, in dem vorhersagbare Daten bereits auf der Ebene der Sachbearbeiter:innen verworfen werden und nur diejenigen Daten, die den Vorhersagen widersprechen, als Fehlermeldungen an das mittlere Management weitergegeben werden. Wenn das Gehirn wirklich so funktioniert, dann müssten Daten, die in der Sehrinde (der Sachbearbeiter:innenebene) eingehen, stärkere Aktivität (Fehlermeldungen) hervorrufen, wenn sie nicht vorhersagbar sind.

Um genau diese Hypothese zu testen, bedienten sich Lars Muckli und seine Arbeitsgruppe des Phänomens der Scheinbewegung.[18] Wenn das Gehirn die »halluzinierte« Bewegungsspur zwischen den Punkten A und B durch seine eigenen Vorhersagen konstruiert, dann müsste es eigentlich eine Vorhersage darüber treffen – so die Logik des Experiments –, zu welchem Zeitpunkt sich das bewegte Objekt an welchem Punkt auf der Strecke AB befindet. So müsste das Objekt zum Beispiel bei annähernd konstanter Geschwindigkeit nach der Hälfte des kurzen Zeitintervalls zwischen dem Aufblinken der beiden Punkte etwa in der Mitte der Strecke AB anzutreffen sein. In dem Experiment wurde nun zusätzlich zu den beiden bei A und B blinkenden Punkten ein dritter Punkt als »Testreiz« eingeführt. Dieser Testreiz wurde auf der Strecke zwischen A und B entweder zu einem Zeitpunkt präsentiert, an dem das Gehirn aufgrund seiner Vorhersage genau an dieser Stelle einen Reiz erwarten würde; oder der Testreiz wurde etwas zu spät gezeigt, also zu einem Zeitpunkt, an dem er gemäß der Vorhersage des Gehirns dort nicht zu erwarten war. Die Forscher verwendeten fMRT, um die Aktivität zu messen, die der Testreiz in der Sehrinde auslöste. Sie stellten fest, dass der Testreiz eine stärkere Aktivität auslöste, wenn er zum »falschen« (also nicht vorhergesagten) Zeitpunkt präsentiert wurde. Reize, die von der Vorhersage des inneren Modells abweichen, lösen also stärkere Aktivität im Sinne eines Vorhersagefehlers aus – eine elegante und eindrucksvolle Bestätigung der Predictive-Processing-Theorie.

Unsicherheit und das Jonglieren mit Präzisionen

Vielleicht fragen Sie sich jetzt, wie wir ausgehend von der Frage, wie Überzeugungen im Gehirn entstehen, bei irgendwelchen Fehlersignalen in der Sehrinde landen konnten. Aber keine Sorge, der Kreis wird sich in Kürze schließen. Zuvor müssen wir uns aber noch einem fundamentalen Aspekt der Predictive-Processing-Theorie widmen, der schon einige Male kurz aufleuchtete, dem wir aber bisher kaum Aufmerksamkeit geschenkt haben: Es geht um *Unsicherheit*. Andy Clark spricht in dem Surf-Zitat von einer »unsicheren Welt«, und wir haben auch schon im Zusammenhang mit dem umgekehrten Blackbox-Problem die Unsicherheit bezüglich der Daten angesprochen, die unsere Sinnesorgane dem Gehirn liefern. Zusätzlich zu der Unsicherheit, durch welche Ereignisse in der Welt da draußen diese Sinnesdaten verursacht werden, gibt es natürlich auch eine Unsicherheit hinsichtlich unserer eigenen Vorhersagen. Wie sicher kann ich mir eigentlich sein, dass Gesichter immer nach außen gewölbt sind? Für das Gehirn geht es also um die

Frage, wie sehr es den verfügbaren Sinnesdaten trauen kann und wie sehr den eigenen Vorhersagen.

Gehen wir noch mal kurz zurück auf den Tennisplatz. Unser Match hat sich etwas länger hingezogen, und die Sichtverhältnisse sind durch die einsetzende Dämmerung jetzt deutlich eingeschränkt. Zusätzlich sind frühherbstliche Nebelschwaden aufgezogen, sodass der Ball nur noch als vager Schatten über den Platz huscht. Ich kann mich also jetzt auf die visuellen Sinnesdaten noch schlechter verlassen, als das aufgrund der anatomisch-physiologischen Limitationen meines Sehapparates ohnehin schon der Fall war. In dieser Situation wäre es ratsam, sich noch stärker auf meine Vorhersagen zu verlassen, zum Beispiel mein Wissen darüber, wo mein Gegenspieler normalerweise den Ball hinschlägt.

Stellen wir uns umgekehrt ein Match vor, in dem zwar optimale Sichtverhältnisse herrschen, ich meinem Gegenspieler aber das erste Mal gegenüberstehe. Ich weiß nichts über den Variantenreichtum seines Spiels, auch seine Bewegungsabläufe kann ich noch nicht gut lesen, daraus also keine präzise Vorhersage darüber ableiten, wie er den Ball treffen wird. Kurz, im Gegensatz zu meinem altbekannten Tennispartner kann ich hier zu dem Zeitpunkt, an dem der Ball auf den Schläger trifft, erheblich weniger präzise Vorhersagen über Flugbahn und Geschwindigkeit des Balls machen. Ich werde folgerichtig meinen Vorhersagen deutlich weniger Gewicht beimessen und mich viel stärker auf meine Sinnesdaten verlassen.

Man kann also sagen, dass wir (oder besser: unsere Gehirne) unsere Vorhersagen und die verfügbaren Sinnesdaten unterschiedlich stark gewichten werden, je nachdem, für wie verlässlich wir diese jeweils halten. Man spricht in diesem Zusammenhang auch von Präzision: Bei großer Unsicherheit ist meine Vorhersage weniger präzise, wohingegen sie sehr präzise ist, wenn ich mir sehr sicher bin. Genauso verhält es sich bei den Sinnesdaten: Große Unsicherheit entspricht geringer Präzision und umgekehrt. Das passiert nicht einfach so, sondern das Gehirn muss entscheiden, wie sehr es den Vorhersagen und den Sinnesdaten jeweils trauen kann. Das Gehirn muss die Präzision von Vorhersagen und Sinnesdaten schätzen.

Teil von Predictive Processing ist es also, die Präzision der eigenen Vorhersagen und der aktuell eingehenden Sinnesdaten zu schätzen und sie damit mehr oder weniger stark zu gewichten. Wichtig ist, dass Präzision kein Maß für Wahrheitsgehalt ist. Eine Vorhersage kann völlig falsch sein und trotzdem eine hohe Präzision haben, was bedeutet, dass ich ihr (fälschlicherweise) stark vertraue. Wird den Vorhersagen mehr Präzision beigemessen, so wird die Wahrnehmung stärker von diesen bestimmt und weniger von den Sinnesdaten. Wird den Sinnesdaten mehr Präzision beigemessen, verhält es sich umgekehrt. Mathematisch lassen sich diese Zusammenhänge mithilfe des Satzes von Bayes beschreiben, einem zentralen Satz der Wahrscheinlichkeitstheorie. Das Prinzip, dem zufolge aus der Kombination von Vorwissen und verfügbaren Daten unter Einbeziehung der jeweiligen Unsicherheiten Schlüsse abgeleitet werden, wird daher auch als *Bayesianische Inferenz* bezeichnet.[19]

Beim Jonglieren mit der Präzision von Vorhersagen und Sinnesdaten bewegt sich unser Gehirn auf einem schmalen Grat. Denn die fein abgestimmte Balance in der Gewichtung von Vorhersagen und Sinnesdaten bestimmt Wahrnehmung und Lernen und in direkter Konsequenz daraus auch unser Verhalten. Schätzt mein Gehirn die Präzision seiner Vorhersagen relativ zu den Sinnesdaten beim Tennis als zu hoch ein, kann das meine Wahrnehmung so stark verzerren, dass ich nicht rechtzeitig zur Stelle bin, wenn der Ball eintrifft. Zusätzlich kann dadurch Lernen erschwert werden. Denn wenn die Vorhersage eine zu hohe Präzision hat, lässt sie sich nicht so leicht durch abweichende Sinnesdaten, also Vorhersagefehler, korrigieren.

Wenn mein Gehirn umgekehrt seinen Vorhersagen zu geringe und den Sinnesdaten zu hohe Präzision beimisst, wird es immer wieder aufs Neue von diesen Daten »überrascht« sein. Ich muss dann mein Verhalten immer wieder aufs Neue an diese Überraschungen anpassen und werde so manchen Ball nicht erreichen, der unter Verwendung von Vorhersagen ohne Probleme hätte pariert werden können. Mit einer geringen Präzision von Vorhersagen werde ich vor allem dann in Schwierigkeiten geraten, wenn ich meine Vorhersagen besonders dringend brauche, nämlich wenn die Sinnesdaten wenig verlässlich werden (zum Beispiel in der Dämmerung).

Der Vorhersage, dass Gesichter nach außen gewölbt sind, misst unser Gehirn aufgrund der jahrelangen Erfahrung mit Gesichtern eine extrem hohe Präzision bei. Es »vertraut« so stark auf diese Vorhersage, dass die

Sinnesdaten, die durch ein hohles Gesicht ausgelöst werden (zum Beispiel die Schattierung), dagegen keine Chance haben. Das könnte sich nach einer Reise zum Planeten der Schüsselgesichter ändern: Aufgrund der wiederholten Erfahrungen mit Schüsselgesichtern werden wir der Vorhersage, dass Gesichter nach außen gewölbt sind, weniger Präzision und den Sinnesdaten mehr Präzision beimessen, letztere also stärker gewichten. Streng genommen ist das Gehirn nach der Predictive-Processing-Theorie nicht nur eine Vorhersagemaschine, sondern auch eine *Präzisionsgewichtungsmaschine*.[20]

Überzeugungen – die Spitze der Vorhersagenhierarchie?

Was hat das nun alles mit Überzeugungen zu tun? Und wie könnten uns die Erkenntnisse der Predictive-Processing-Theorie bei der Beantwortung der Fragen helfen, wie Überzeugungen im Gehirn entstehen, welche Funktion sie haben, und warum wir uns nur so schwer von ihnen abbringen lassen? Meine zentrale These ist, dass Überzeugungen Teil jenes inneren Modells der Welt sind, das unser Gehirn für Vorhersagen nutzt.

Die Theorie des Predictive Processing geht davon aus, dass dem inneren Modell der Welt im Gehirn eine hierarchische Struktur zugrunde liegt, die wiederum die hierarchische Struktur in der Welt da draußen widerspiegelt. So setzen sich Objekte, die wir als Gesichter erkennen, aus Linien und Farbflecken zusammen. Erst die spezifische Kombination dieser einfachen Bestandteile ergibt ein Gesicht. Das Gesicht ist wiederum Teil einer größeren zusammenhängenden Struktur, eines menschlichen Körpers. Dieser Körper ist seinerseits in einen größeren Kontext eingebettet, in eine bestimmte Umgebung, vielleicht eine Straßenszene in einer Stadt, die wiederum den größeren sozialen Kontext für das Leben vieler Menschen darstellt. Aus dieser hierarchischen Struktur, die der Welt innewohnt, ergibt sich unmittelbar eine Hierarchie von Vorhersagen über die Welt. Aus dem Wissen darüber, wie Menschen auf der Welt leben, leiten sich Vorhersagen darüber ab, in welchen Situationen, an welchen Orten und zu welchen Zeiten Menschen anzutreffen sind. Wenn ich an einem Werktag um acht Uhr morgens am Berliner S-Bahnhof Friedrichstraße unterwegs bin, kann ich mit hoher Wahrscheinlichkeit erwarten, dort viele Menschen anzutreffen. Mein Gehirn kann also eine Vorhersage darüber machen, dass meine Umgebung gerade mit anderen Menschen bevölkert ist. Ich habe umfangreiche Erfahrungen damit gemacht, wie Menschen aussehen, wie ihr Körper üblicherweise aussieht, wie sie sich in der Regel bewegen, an welcher Stelle welche Körperteile zu erwarten sind, was meinem Gehirn Vorhersagen über das Aussehen der mich umgebenden menschlichen Gestalten erlaubt. Es macht eine Vorhersage darüber, dass der Kopf oben ist und sich unter den Haaren ein (nach außen gewölbtes) Gesicht mit einem Augenpaar über einer vertikal angeordneten Nase und einem horizontalen Mund befindet. Dies wiederum erlaubt meinem Gehirn eine Vorhersage über die Farben, Punkte und Linien, aus denen sich diese Strukturen in einem menschlichen Gesicht zusammensetzen.

Dieser Hierarchie von Vorhersagen vom Abstrakten (Menschen leben in Städten zusammen, und viele von ihnen fahren morgens mit der S-Bahn zur Arbeit) zum Konkreten (Farben, Punkte und Linien in unserem Blickfeld) lässt sich eine Hierarchie von Strukturen im Gehirn zuordnen. Auf jeder Ebene dieser Hierarchie im Gehirn werden Vorhersagen über die neuronale Aktivität in der nächsten Ebene darunter gebildet. So entsteht eine Top-down-Kaskade von Vorhersagen, die im ständigen Abgleich mit den eingehenden Sinnesdaten unsere Wahrnehmung der Welt generiert. Eine wichtige Funktion dieser hierarchischen Struktur besteht darin, durch Vorhersagen die Komplexität der eingehenden Datenflut zu reduzieren. So werden zum Beispiel durch Vorhersagen über die Konfiguration von Objekten wie Gesichtern komplexe visuelle Informationen zu kohärenten Einheiten zusammengeführt.

Im Gegensatz zu *perzeptuellen* Vorhersagen (also Vorhersagen, die die Wahrnehmung betreffen), wie die über die Konfiguration von Objekten, können Überzeugungen als *kognitive* Vorhersagen angesehen werden (also Vorhersagen, die das Denken betreffen). Solche kognitiven Vorhersagen sind auf den höchsten hierarchischen Stufen der Hierarchie repräsentiert[21] und beinhalten Hypothesen darüber, wie die beobachteten Ereignisse, Zusammenhänge zwischen Ereignissen und deren Ursa-

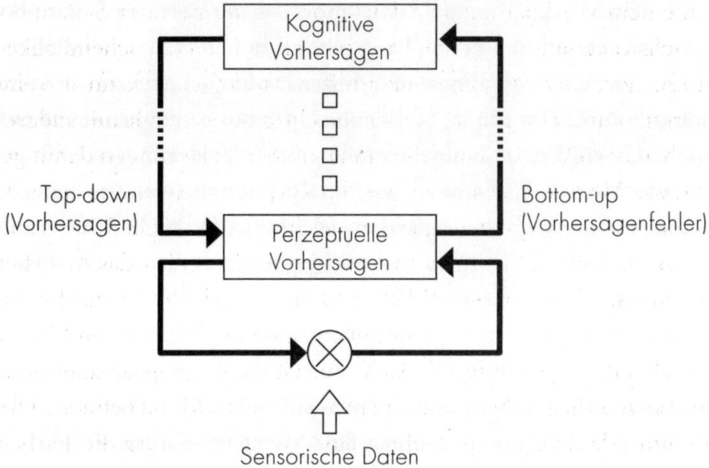

Abbildung 6: Schematische Darstellung der Vorhersagenhierarchie nach der Predictive-Processing-Theorie

chen erklärt werden können. Sie haben das »Big Picture«, das große Ganze im Blick. Auf unsere Überzeugungen haben wir oft bewussten Zugriff (aber keineswegs immer), wir können sie meist in Worten ausdrücken und uns über sie austauschen.[22] Überzeugungen haben also in der Regel einen hohen Abstraktionsgrad. Ähnlich wie für die konkreteren, perzeptuellen Vorhersagen auf unteren Ebenen der Hierarchie gilt aber auch für diese abstrakten Vorhersagen, dass sie Komplexität reduzieren. So, wie die Vorhersagen über die Konfiguration von Gesichtern die komplexen visuellen Daten zu einem kohärenten Objekt bündeln, so helfen uns Überzeugungen, die Vielzahl von Ereignissen, mit denen wir ständig konfrontiert sind, in einen übergeordneten Gesamtzusammenhang zu bringen.

Man könnte also sagen, Überzeugungen bilden den Teil unseres inneren Modells der Welt, der Hypothesen über allgemeine und zeitliche stabile Gesetzmäßigkeiten in der Welt beschreibt.[23] Damit sind sie so etwas wie die höchste Instanz in der Vorhersagenhierarchie. Innerhalb der hierarchischen Ebene der Überzeugungen gibt es sicher eine weitere Staffelung von spezifischen zu allgemeineren Überzeugungen. So kann ich etwa die recht spezifische Überzeugung haben, dass mein Tennispartner aus seiner rechten Spielfeldhälfte fast immer lange Diagonalbälle in meine rechte Spielfeldhälfte spielt; oder ich kann die allgemeine Überzeugung haben, dass die Erde (annähernd) eine Kugel ist, somit eine bestimmte Masse besitzt, und dass daraus entsprechend dem Newton'schen Gravitationsgesetz die Erdanziehungskraft resultiert (woraus wiederum sich eine konkrete Vorhersage über die Flugbahn des Balles ableiten lässt). So oder so geht es um Gesetzmäßigkeiten, aus denen sich Vorhersagen über die Ereignisse in der Welt um uns herum ableiten lassen. Aus dieser Funktion von Überzeugungen ergibt sich fast zwangsläufig der hohe Grad an Gewissheit und die Beharrlichkeit, mit der wir an ihnen festhalten. Gesetzmäßigkeiten zeichnen sich nun mal dadurch aus, dass sie über die Zeit stabil sind, sonst wären sie keine Gesetzmäßigkeiten. Wenn Überzeugungen also mit solchen Gesetzmäßigkeiten zu tun haben, dann sollten sie auch einigermaßen stabil sein – sonst wären sie ja keine Überzeugungen, sondern nur Meinungen oder Ahnungen. Umgekehrt wären Überzeugungen auch wenig hilfreich, wenn wir sie ständig wie ein Fähnchen im Wind ändern würden.

Überzeugungen – Vorhersagen mit hoher Präzision

An dieser Stelle kommt wieder die Präzision ins Spiel. Denn man könnte Überzeugungen als Vorhersagen beschreiben, die nicht nur auf einer hohen hierarchischen Stufe angesiedelt sind, sondern sich entsprechend ihrer Funktion in der Vorhersagenhierarchie auch durch eine hohe Präzision auszeichnen. Wie bereits erwähnt, sagt der Begriff Präzision nichts über den Wahrheitsgehalt einer Vorhersage aus, sondern nur über die Sicherheit, mit der sie vertreten, und das Gewicht, das ihr beigemessen wird. Bei Anhängern der »Flat Earth Society« mag die Überzeugung, dass die Erde flach ist, eine hohe Präzision haben. Das macht diese Überzeugung aber nicht mehr oder weniger wahr, sondern bedeutet nur, dass ihr im Vergleich zu den verfügbaren Daten ein hohes Gewicht beigemessen wird. Die »Flacherdler« halten gegen jede wissenschaftliche Evidenz an ihrer Überzeugung fest, dass die Erde eine Scheibe sei. Diese

Überzeugung ist somit gegenüber Vorhersagefehlern hochgradig resistent und lässt sich nicht leicht korrigieren.

Kommen wir noch einmal auf die neue Kollegin vom Anfang dieses Kapitels zurück, von der ich zunächst glaubte, dass sie mich ganz in Ordnung fände, weil sie freundlich zu mir war und nette Dinge sagte. Drehen wir das Rad der Zeit um zwei oder drei Jahre nach vorne und nehmen wir an, der erste Eindruck hätte sich über die Zeit bestätigt. Sie war weiterhin freundlich, hat sich wertschätzend über meine Arbeit geäußert, meinen Rat gesucht, mir ihren gegeben, sich auch in kritischen Situationen kollegial verhalten, und sogar privat verstehen wir uns ganz gut. Ich bin inzwischen zu der festen Überzeugung gelangt, dass sie mich wirklich in Ordnung findet und schätzt. Auf der Weihnachtsfeier sagt mir nun aber ein anderer Kollege ganz nebenbei, jene Kollegin habe sich abfällig über mich geäußert, man könne sich auf mich »echt nicht verlassen«. Ups! Klassischer Fall eines Vorhersagefehlers. Aber eben auch ein klassischer Fall für Präzisionsgewichtung. Entscheidend für die Frage, wie sich dieser Vorhersagefehler auf mein inneres Modell der Welt auswirkt – den Teil des Modells, der diese Kollegin betrifft –, ist doch: Welche Präzision messe ich meiner Vorhersage bei (Kollegin findet mich in Ordnung) und welche im Vergleich dazu der neuen Information (Kollege behauptet, sie halte mich für unzuverlässig)?

Schon auf den untersten Ebenen der Hierarchie, in der Hörrinde, sind die Daten mit einiger Unsicherheit behaftet: Laute Musik, Stimmengewirr, der Kollege ist angetrunken und lallt ein wenig. Hat er statt »echt NICHT verlassen« vielleicht gesagt: »echt RICHTIG verlassen«? Unsicherheit besteht auch bezüglich der Zuverlässigkeit der inhaltlichen Aussage: Handelt es sich um einen schlechten Scherz, intrigiert er, ist er einfach nur betrunken? Von der Einschätzung dieser Unsicherheiten hängt unmittelbar die Präzision ab, mit der mein Gehirn den entstandenen Vorhersagefehler gewichtet. Ob es sein inneres Modell der Welt entsprechend dem Vorhersagefehler korrigiert, hängt aber zusätzlich auch davon ab, welche Präzision mein Gehirn der Überzeugung beimisst, dass mich die Kollegin in Ordnung findet. Da ist er, der schmale Grat des Jonglierens von Präzisionen! Wenn ich wirklich fest überzeugt bin, die entsprechende Vorhersage meines Gehirns also eine hohe Präzision hat, dann wird der Vorhersagefehler nicht dagegen ankommen, das innere Modell bleibt stabil (»Sie findet mich in Ordnung!«). Wenn ich hingegen nur *glaube*, dass die Kollegin mich ganz in Ordnung findet, wie am Anfang, als sie noch neu war, dann wäre die entsprechende Vorhersage vergleichsweise unpräzise. Die Aussage meines betrunkenen Kollegen (und somit der Vorhersagefehler) bekäme deutlich mehr Gewicht, sodass sich das innere Modell der Welt entsprechend ändern würde (»Sie findet mich nicht in Ordnung und ist eine Heuchlerin!«).

Es gibt gute Gründe dafür, dass wir von unseren Überzeugungen so überzeugt sind – oder anders gesagt: dass die Vorhersagemaschine Gehirn ihren Vorhersagen auf der höchsten Ebene der Hierarchie hohe Präzision beimisst. Ob es sinnvoll wäre, meine Überzeugung bezüglich einer geschätzten Kollegin zu ändern, nur weil ein anderer Kollege im Suff irgendetwas Unverständliches über sie daherlallt, ist zumindest fraglich. Überzeugungen müssen stabil sein, damit sie etwas taugen. Denn sie betreffen das »Big Picture«, die größeren Zusammenhänge.

Es geht um die Gesetzmäßigkeiten, die die Vorhersagemaschine in seiner Blackbox der Welt da draußen zuschreibt. Auch wenn vieles im Fluss ist, im Großen und Ganzen ist die Welt doch relativ stabil, und die Gesetzmäßigkeiten ändern sich nicht von einem Tag auf den anderen. Unter der Annahme einer alles in allem recht stabilen Welt wäre es also adaptiv, an seinen Überzeugungen mit hoher Gewissheit festzuhalten – von den kommunikativen Aspekten fester Überzeugungen, die uns als soziale Wesen einen Selektionsvorteil bringen können, mal ganz abgesehen. Überzeugungen (beziehungsweise die ihnen zugrunde liegenden Vorhersagen) sind der Trick, mit dem das Gehirn eine stabile Ordnung und Struktur in die unzuverlässigen Daten bringt, die ihm von den Sinnesorganen zur Verfügung gestellt werden.

Außerdem dürfen wir auch nicht vergessen, wozu diese ganze Vorhersagerei eigentlich gut ist. Es geht ja letztlich darum, dass unser Gehirn uns möglichst sicher durch eine Welt voller Unwägbarkeiten navigiert, um unsere Überlebens- und Reproduktionswahrscheinlichkeit zu maximieren. Das bringt mit sich, dass klare Handlungsentscheidungen getroffen werden müssen. Okay, beim Tennis geht es vielleicht nicht ums nackte Überleben (und meine Überzeugungen bezüglich der Spielweise meines Gegners sind zugegebenermaßen auch nur ein sehr kleiner Teil des »Big Picture«). Aber es geht ums Gewinnen, und damit ist Tennis vielleicht keine ganz schlechte Metapher für den echten Kampf ums Überleben. Meine Überzeugungen helfen mir hier, schnelle, eindeutige und pragmatische Entscheidungen zu treffen. Wenn ich schon weiß, dass er fast immer diesen langen Diagonalball nach rechts spielt (und zwar auch gern mal ordentlich scharf), dann bereite ich mich lieber gleich mal darauf vor und bewege mich in die entsprechende Richtung. Wenn ich so agiere, erhöhe ich die Chance, den Ball zu parieren – zumindest in den achtzig Prozent der Fälle, in denen er tatsächlich so geflogen kommt. Wenn ich aber anfange, die Unsicherheit meiner Vorhersage in Betracht zu ziehen, ist es wahrscheinlich schon zu spät, und ich habe keine Chance mehr, den Ball zu erreichen. Feste Überzeugungen begünstigen also entschlossenes Handeln.

Irrationales Predictive Processing

Am Anfang dieses Kapitels hatten wir festgestellt, dass unsere Überzeugungen so etwas sind wie ein *»best guess«*, also die bestmögliche Mutmaßung darüber, was in der Welt da draußen los ist. Wir hatten aber noch offengelassen, was die Kriterien für diesen *»best guess«* sind, was also gute und weniger gute Mutmaßungen ausmacht. Nach dem, was wir bisher über Predictive Processing gesagt haben, scheint klar auf der Hand zu liegen: Die besten Vorhersagen sind die, die mit der *größten Wahrscheinlichkeit* zutreffen. Hohe Wahrscheinlichkeit würde hohe Präzision bedeuten. Ich habe in meinem Leben Tausende nach außen gewölbte Gesichter gesehen; das macht es extrem wahrscheinlich, dass alle Objekte, die wie Gesichter konfiguriert sind, nach außen gewölbt sind; und die daraus resultierende hohe Präzision meiner entsprechenden Vorhersage bewirkt, dass ich auch hohle Gesichter fälschlicherweise als nach außen gewölbt wahrnehme. Für unsere Überzeugungen würde dies bedeuten: Je höher die Wahrscheinlichkeit ist, dass eine Aussage wahr ist, desto präziser ist die entsprechende Vorhersage unseres Gehirns und desto unerschütterlicher unsere Überzeugung.

Wenn es bei der Berechnung der Präzision von Vorhersagen immer nur um Wahrscheinlichkeiten ginge, dann gliche die Arbeitsweise unseres Gehirns der einer maximal epistemisch-rationalen Wissenschaftlerin: Nehmen wir an, diese Wissenschaftlerin hat eine Hypothese (Vorhersage) über einen bestimmten Sachverhalt. Die Hypothese beruht auf einer Theorie oder einem Modell, das sich aus früheren Beobachtungen speist, zum Beispiel aus früheren wissenschaftlichen Studien. Wenn sie diese Studien als qualitativ hochwertig und verlässlich einschätzt, dann wird sie großes Vertrauen in ihre Hypothese haben (entsprechend einer Vorhersage mit hoher Präzision). Führt sie nun ein neues Experiment durch, dessen Ergebnisse ihrer Hypothese widersprechen (Vorhersagefehler!), so wird sie aufgrund ihres empirisch begründeten Vertrauens in die Hypothese diese wahrscheinlich nicht sofort verwerfen, sondern zunächst die Ergebnisse des neuen Experiments hinterfragen. Sie wird beispielsweise die Methodik überprüfen und weitere Experimente planen, um zu untersuchen, ob die Hypothese tatsächlich verworfen werden muss. Wäre ihre Hypothese hingegen noch nicht gut mit früheren Studienergebnissen untermauert (entsprechend einer Vorhersage mit geringer Präzision), würde sie ihr weniger Gewicht beimessen. Im Falle neuer Ergebnisse, die der Hypothese widersprechen, wäre sie also eher geneigt, die Hypothese zu verwerfen und ihre Theorie entsprechend zu modifizieren.

Wie wir im ersten Teil dieses Buches gesehen haben, arbeitet unser Gehirn aber nicht so wie diese Wissenschaftlerin. Sollte unser Gehirn, wie die Predictive-Processing-Theorie behauptet, tatsächlich eine Vorhersagemaschine sein, dann macht es seine Vorhersagen nicht allein nach dem Kriterium der Wahrscheinlichkeit. Denn dann wären wir ja perfekt epistemisch-rationale Wesen. Die Arbeitsweise der Vorhersagemaschine in unserem Kopf scheint aber viel eher der einer Wissenschaftlerin zu gleichen, die sich lieber von ihrem Bauchgefühl leiten lässt als von einer genauen Kenntnis der wissenschaftlichen Literatur; die bei der Wahl ihrer Experimente mehr Wert darauf legt, potenziell karriereschädigende Misserfolge zu vermeiden, als der Wahrheit auf den Grund zu gehen; die nur denjenigen Daten Beachtung schenkt, die ihre Hypothesen bestätigen, während sie Daten, die ihrer Hypothese widersprechen, grundsätzlich für nicht valide erklärt oder dahinter sogar Manipulationen durch andere Wissenschaftler:innen vermutet; die Kaffeesatzleserei betreibt, indem sie in ihren Daten beliebige Muster erkennt; und die sich den meisten anderen Wissenschaftler:innen haushoch überlegen fühlt. Diese Wissenschaftlerin richtet sich nicht danach, was mit der größten Wahrscheinlichkeit wahr ist, sondern danach, was mit der größten Wahrscheinlichkeit ihrer Karriere dienlich ist.

Weil Wissenschaft nun einmal von Menschen betrieben wird, die eben nicht mit perfekt epistemisch-rational arbeitenden Vorhersagemaschinen ausgestattet sind, hat der Forschungsbetrieb »Sicherungsnetze« entwickelt. Diese Netze sollen der menschlichen Irrationalität entgegenwirken, indem sie deren Einfluss minimieren. Deshalb gibt es bestimmte Standards im Experimentaldesign (wie zum Beispiel doppelblind-randomisierte Studien im Bereich der Medizin[24]), allgemein gültige Vereinbarungen über die Regeln wissenschaftlicher Praxis[25] oder die Konvention, dass Forschungsergebnisse erst nach kritischer Begutachtung durch andere Expert:innen in Fachzeitschriften veröffentlicht werden (das sogenannte Peer-Review-Verfahren). Das System Wissenschaft hat all diese Strategien für sich entwickelt, weil sein oberstes Prinzip epistemische Rationalität ist. In der Wissenschaft geht es um Wahrheitsfindung, und wenn es um etwas anderes geht, dann ist es keine gute Wissenschaft.

Im Gegensatz dazu geht es dem System Gehirn offenbar nicht (allein) um Wahrheitsfindung. Oder, wie Stephen Stich das formuliert hatte, natürliche Selektion interessiert sich nicht für die Wahrheit.[26] Vorhersagemaschinen, die durch natürliche Selektion hervorgebracht wurden, geht es daher auch nicht darum, Vorhersagen zu treffen, die mit größter Wahrscheinlichkeit zutreffen; sondern darum, dass ihre Vorhersagen die Chancen für Reproduktion und Überleben maximieren.

Wir hatten am Ende des vierten Kapitels festgestellt, dass es durchaus auch einen Selektionsdruck für die Wahrhaftigkeit von Überzeugungen geben könnte. Gleichzeitig gibt es aber auch Selektionsdruck von anderen Seiten, zum Beispiel um potenziell kostspielige Fehler zu vermeiden. Übertragen auf Predictive Processing gilt das genauso für die Vorhersagen, die unser Gehirn macht: Wenn wahre Vorhersagen dem Überleben und der Reproduktion dienen, dann ist das schön und gut. Dann wird unser Gehirn ein inneres Modell der Welt unterhalten, das solche wahren Vorhersagen macht. Wenn es aber damit in puncto Überleben und Reproduktion langfristig nicht gut fährt, dann pfeift es auf die Wahrheit: »Wir nehmen die Welt […] nicht so wahr, wie sie ist, sondern so, wie es für uns nützlich ist. Das kann zu einer systematischen ›Fehlwahrnehmung‹ unserer Umgebung führen, zumindest nach dem Kriterium der Wahrheitstreue.«[27]

Jetzt könnten wir noch ein weiteres Mal das Tennisplatzszenario bemühen, aber ich will Sie nicht langweilen. Sie dürfen also dem Tennisplatz jetzt getrost den Rücken kehren und nach Hause gehen. Das Match hat sich ja auch lange genug hingezogen, die Dämmerung hat inzwischen eingesetzt, und es sind Nebelschwaden aufgezogen. Sie machen sich zu Fuß auf den Heimweg, auf dem Sie ein paar Kilometer durch den angrenzenden Wald gehen müssen, während zu Hause schon ein kühles Bier auf Sie wartet. Der Weg ist nach einem Herbststurm vor ein paar Tagen mit Laub und einigen herabgefallenen Ästen und Zweigen übersät. Sie grübeln gerade noch darüber nach, warum Sie diesen einen Diagonalball nicht erwischt haben, als Sie plötzlich wie in Schockstarre stehen bleiben. Einige Meter voraus sehen Sie eine schwärzlich schimmernde Schlange auf dem Weg liegen. Sie haben vor einigen Wochen in einem Zeitungsbericht gelesen, dass in Ihrer Gegend in letzter Zeit die seltene, aber nicht ungefährliche schwarze Kreuzotter gesichtet wurde. Einen Biss dieser Schlange wollen Sie nicht riskieren. Sie stehen da wie angewurzelt und lassen die Schlage nicht aus den Augen. Nach einigen Sekunden kommt Ihnen etwas komisch vor. Die Schlange bewegt sich nicht. Ungewöhnlich, aber möglich. Ist sie ihrerseits in Schockstarre? Ist sie tot? Sie stampfen vorsichtig auf den Boden – keine Reaktion. Da Sie einige Meter Sicherheitsabstand haben, heben Sie mutig einen kleinen Ast vom Boden auf und werfen ihn in Richtung Schlange – wieder keine Reaktion. Langsam verfestigt sich Ihr Verdacht, dass es sich entweder um eine tote Schlange handelt oder um etwas gänzlich anderes. Sie treten vorsichtig näher und sehen nun klar: Es ist keine Schlange, sondern ein schlangenartig gewundener Ast mit feucht glänzender Rinde.[28]

In diesem Fall hat die Vorhersagemaschine in Ihrem Kopf ganz klar einen Fehler gemacht. Sie hat eine Wirklichkeit konstruiert, die mit der Realität da draußen nicht übereinstimmte. Der Fehler bestand darin, dass sie bei der Gewichtung von Vorhersagen gegenüber den Sinnesdaten nicht nach Wahrscheinlichkeiten gegangen ist. Es war – trotz der Zeitungsmeldung über die schwarze Kreuzotter – extrem unwahrscheinlich, dass Sie in diesem Wald einer Schlange begegnen würden. Viel wahrscheinlicher war es, dass es sich bei dem länglichen Objekt um einen Ast handelte. Schließlich war hier nach dem Herbststurm alles voller Äste. Wenn die Vorhersagemaschine nach Wahrscheinlichkeiten gegangen wäre, dann hätte die Vorhersage, dass es sich bei dem Objekt um eine Schlange handelt, eine geringe Präzision haben müssen, während die Vorhersage, dass es sich um einen Ast handelt, eine hohe Präzision gehabt hätte. Mal angenommen, die Sinnesdaten wären völlig zweideutig gewesen, also gleichermaßen mit einer Schlange und einem Ast kompatibel, dann hätte daraus die Wahrnehmung eines Astes resultieren müssen.

Ganz offensichtlich aber hat die Vorhersagemaschine in Ihrem Kopf in diesem Fall auf Wahrscheinlichkeiten und damit auf die Wahrheit gepfiffen. Die naheliegende Erklärung dafür ist – Sie erinnern sich an das vierte Kapitel und ahnen es bereits –, dass sie nach dem Prinzip des *Fehlermanagements* vorgegangen ist. Bei der Schätzung der Präzision der Vorhersagen spielt anscheinend nicht nur eine Rolle, mit welcher Wahrscheinlichkeit sie richtig sind, sondern auch, wie groß der Schaden wäre, wenn sie falsch wären. Sie haben den Ast fälschlicherweise als eine Schlange wahrgenommen, das hat Ihnen einen Schreck eingejagt, aber nach kurzer Überprüfung und Neubewertung der Sachlage konnten Sie Ihren Spaziergang beruhigt fortsetzen. Hätten Sie umgekehrt eine Schlange fälschlicherweise für einen Ast gehalten, so hätten Sie vielleicht nicht Ihr Leben, auf jeden Fall aber Ihre Gesundheit aufs Spiel gesetzt – wer weiß schon, wie giftig genau diese schwarze Kreuzotter tatsächlich ist. Der mögliche Schaden wäre jedenfalls deutlich größer gewesen. Ihre Vorhersagemaschine hat den Fehler mit geringen Kosten dem Fehler mit den höheren Kosten vorgezogen und dabei in Kauf genommen, dass sie mit hoher Wahrscheinlichkeit falschliegt. Nach epistemischen Gesichtspunkten also ein klar irrationales Vorgehen.

Ich mach mir die Welt, wie sie mir gefällt

Unsere Predictive-Processing-Theorie muss also berücksichtigen, dass für den Abgleich von Vorhersagen mit Sinnesdaten nicht nur die *Wahrscheinlichkeit* relevant ist, mit der ein bestimmtes Muster sensorischer

Daten einen bestimmten Reiz als Ursache hat; vielmehr scheint dabei auch die *Bedeutung* ins Gewicht zu fallen, die dieser Reiz für das Individuum hat. Diese Bedeutung kann in einer potenziellen Gefahr liegen, wie in unserem (vermeintlichen) Schlangenszenario, aber auch in einem möglichen Nutzen. Die Bedeutung eines Reizes wird individuell und abhängig vom situativen Kontext sehr unterschiedlich sein. Sie kann mit genetischen Faktoren zusammenhängen, mit früheren Lernerfahrungen, mit den äußeren Gegebenheiten der jeweiligen Umgebung oder mit inneren Faktoren wie individuellen Bedürfnissen, Wünschen oder Befürchtungen.

Diese individuelle Bedeutung, sei es in Form potenziell negativer oder positiver Konsequenzen, fließt insofern in die Konstruktion unserer Realität mit ein, als sie die Schätzung der Präzision von Vorhersagen beeinflusst.[29] So würde Ihr Gehirn auf dem Weg durch den herbstlichen Wald der Vorhersage, dass es sich bei einem länglich gewundenen, schwärzlich schimmernden Objekt um eine giftige Schlange handelt, eine hohe Präzision beimessen; und zwar eine deutlich höhere Präzision, als dies aufgrund der reinen Wahrscheinlichkeit der Fall wäre. Die Schätzung der Präzision dieser Vorhersage hängt also nicht nur von der Wahrscheinlichkeit ihres Zutreffens ab, sondern auch von den möglichen Folgen, die ein Wahrnehmungsfehler für Sie hätte.

Welche Welt sich unser Gehirn baut, wird also vorrangig durch den Nutzen bestimmt, den diese Welt für uns hat. Das gilt für Überzeugungen genauso wie für die Wahrnehmung. Wie unser Gehirn letztlich diesen Nutzen berechnet, hängt davon ab, was für uns als Spezies adaptiv ist. Für unsere Überzeugungen bedeutet das: Der erwartete Nutzen, den sie für uns haben, wird durch ihre Präzision (beziehungsweise die Präzision der entsprechenden Vorhersagen im Gehirn) kodiert. Wie wir bereits weiter oben herausgearbeitet haben, betreffen Überzeugungen die größeren Zusammenhänge, die allgemeinen Gesetzmäßigkeiten, welche die Vorhersagemaschine in seiner Blackbox der Welt da draußen zuschreibt. Solche Vorhersagen sollten besser stabil sein, also präzise, und das sind sie auch dann, wenn sie falsch sind.

Wenn diese Geschichte stimmt, dann sind Überzeugungen ein hilfreiches Instrument, um, mit den Worten von Andy Clark, *»in the pocket«* zu surfen. Überzeugungen helfen uns also dabei, den Unsicherheiten der Welt da draußen so zu begegnen, dass wir vorausschauend handeln können. Vorausschauend heißt in diesem Fall nicht nur, dass möglichst akkurat vorhergesagt wird, was passiert, sondern dass auch mögliche Konsequenzen in Form von Gefahren und potenziellem Nutzen mit einberechnet werden.

Wir sollten uns aber auch hier wieder hüten, uns vorschnell zu einer Wertung hinreißen zu lassen, in dem Sinne etwa, dass unser hartnäckiges Festhalten an Überzeugungen in irgendeinem normativen Sinne etwas Gutes ist. Beschränken wir uns stattdessen auf die folgenden nüchternen Feststellungen: Es gibt gute Gründe dafür, dass sich unser Gehirn zu einer Vorhersagemaschine entwickelt hat, für deren Vorhersagen nicht Wahrhaftigkeit das wichtigste Kriterium ist, sondern Nützlichkeit im Sinne der Maximierung unserer Überlebens- und Reproduktionschancen; und die ihren Vorhersagen auf den höchsten hierarchischen Stufen eine hohe Präzision beimisst – nach den Maßstäben epistemischer Rationalität betrachtet: *zu* hohe Präzision. Wir sollten daher auch nicht vergessen, dass unsere Überzeugungen trotz subjektiver Gewissheit bei objektiver Betrachtung eine unsichere Angelegenheit bleiben. Präzision hin oder her – Überzeugungen stellen sich doch immer wieder als falsch heraus. So funktional es für unser Gehirn als Vorhersagemaschine auch sein mag, Überzeugungen auszubilden, an denen wir unbeirrbar festhalten: Überzeugungen sind eben doch immer nur Hypothesen, und zwar Hypothesen, die sich nicht nur nach Wahrscheinlichkeiten richten, sondern auch nach dem Nutzen, den sie uns voraussichtlich bringen. Was da draußen wirklich los ist, das können wir nie mit Sicherheit wissen.

6
Verrückte Welten

Von Menschen, die hohle Gesichter sehen können

Finden Sie es nicht auch verunsichernd, dass wir nie hundertprozentig wissen können, was da draußen wirklich los ist? Dass das alles, was wir so eindeutig wahrnehmen und wovon wir so fest überzeugt sind, zum Teil sogar aus eigener Anschauung, nur *Hypothesen* sein sollen, die sich jederzeit als falsch herausstellen können?

Wir müssen es uns noch einmal vergegenwärtigen: Unser Gehirn sitzt in seiner dunklen Knochenhöhle, hat erst mal keine Ahnung von der Welt da draußen, muss sich seine Vorstellung von dieser Welt aus unzuverlässigen Sinnesdaten erschließen und dabei auch noch mit Unsicherheiten jonglieren. Unsicherheiten, mit denen sowohl die verfügbaren Sinnesdaten als auch die eigenen Vorhersagen behaftet sind. Wir haben bereits festgestellt, dass unser Gehirn dabei auf einem schmalen Grat wandert. Das bedeutet Fehleranfälligkeit, das bedeutet im schlimmsten Fall Absturz, wenn die Balance nicht stimmt. Die Balance, auf die es bei dieser Gratwanderung ankommt, ist die zwischen Vorhersagen und Sinnesdaten. Um uns vor Augen zu führen, wie diese Balance mit der Entstehung unserer Überzeugungen zusammenhängt und vor allem wie eine Veränderung der Balance zur Ausprägung epistemisch irrationaler oder sogar wahnhafter Überzeugungen führen kann, wollen wir uns ein weiteres Mal mit der psychiatrischen Diagnose beschäftigen, deren zentrales Symptom Wahn ist: mit der Schizophrenie.

Unser Gehirn baut sich Welten – und als Teil davon unsere Überzeugungen –, indem es sein inneres Modell der Welt mit den Daten abgleicht, die unsere Sinnesorgane liefern. Im letzten Kapitel haben wir gesehen, dass *Präzision* das entscheidende Stichwort ist, wenn es um die Gewichtung von Vorhersagen und Sinnesdaten bei diesem Abgleich geht. Schon auf den untersten Stufen der Vorhersagenhierarchie findet ständig ein solcher Abgleich statt und bestimmt, wie wir die Welt wahrnehmen. Die Hohlmaskenillusion und andere visuelle Illusionen zeigen eindrucksvoll, wie sich eine hohe Präzision von Vorhersagen auf unsere Wahrnehmung auswirkt. Aber ist es nicht ein Problem, dass die Vorhersagen unseres Gehirns solche Fehlwahrnehmungen verursachen? Zeigt nicht auch unsere Neigung zu irrationalen Überzeugungen, dass das Geschäft mit den Vorhersagen eine ziemlich unzuverlässige Angelegenheit ist? Wäre es nicht doch besser, ohne Vorhersagen zu arbeiten? Dann würden wir einfach immer das wahrnehmen, was wirklich da ist, ohne uns von überpräzisen Vorhersagen in die Irre führen zu lassen!

Auf den ersten Blick scheint diese Argumentation einleuchtend. Allerdings wird die Sache ohne Vorhersagen nicht funktionieren, weil unser Gehirn sonst das umgekehrte Blackbox-Problem nicht gelöst bekommt. Ich habe zumindest keine gute Idee, wie. Erinnern wir uns an Jakob Hohwy: Er hat die Situation unseres Gehirns mit der eines Menschen in einem Haus ohne Türen und Fenster verglichen, der sich aus einem Klopfen an der Wand einen Reim darauf machen muss, was in der Welt da draußen los ist. Die Lösung unseres Gehirns für dieses Problem: Es arbeitet mit einem inneren Modell der Welt, das ihm Vorhersagen über die Ursachen der Sinnesdaten erlaubt und das ständig mit diesen Daten abgeglichen wird. Nur so entsteht überhaupt unsere Wahrnehmung. Ohne Vorhersagen zu arbeiten, ist also keine Option!

Wir dürfen die Fehler, die unser Gehirn bei der Hohlmaskenillusion und anderen visuellen Illusionen macht, nicht dahingehend fehlinterpretieren, dass mit den Vorhersagemechanismen unseres Gehirns ständig etwas schiefläuft. Solche Illusionen sind Ausnahmefälle. Die Bilder, die sie hervorrufen, sind mit Absicht so konstruiert, dass unser Gehirn hinters Licht geführt wird. In unserer Welt sind nun einmal nach außen gewölbte Gesichter deutlich in der Überzahl (oder ist Ihnen in der

Realität schon mal ein Mensch mit hohlem Gesicht begegnet?), sodass unser Gehirn mit seiner dementsprechend hochgradig präzisen Vorhersage fast immer richtigliegt. Aber eben nur *fast* immer, wie Andy Clark feststellt: »Angesichts der Struktur und der statistischen Gegebenheiten der Welt, die wir bewohnen, werden die optimalen Annahmen über den Zustand der Welt [...] solche sein, die in manchen Situationen auch danebenliegen.«[1]

So weit, so gut. Allerdings scheint die Vorhersage über die Form von Gesichtern nicht bei allen Menschen gleichermaßen präzise zu sein. Im Jahr 1996 machten der deutsche Psychiater Hinderk Emrich und seine Kolleg:innen eine kuriose Beobachtung. In einer Versuchsreihe stellen sie fest, dass Menschen mit der Diagnose Schizophrenie besser als Gesunde darin sind, ein hohles Gesicht als hohl zu erkennen. Die Proband:innen bekamen Bilder von Gesichtern und anderen Objekten mit 3-D-Technik präsentiert. Über Brillen mit polarisierenden Filtergläsern, wie sie auch in 3-D-Kinos verwendet werden, wurden leicht versetzt fotografierte Versionen desselben Objekts gezeigt, sodass ein klarer Eindruck von räumlicher Tiefe entstand. Um diesen Eindruck umzukehren, also aus nach außen gewölbten Gesichtern nach innen gewölbte zu machen, wurden die beiden Bilder einfach vertauscht. Dieser sogenannte *Tiefeninversionseffekt* wird bei unbekannten Objekten recht zuverlässig herbeigeführt; also immer dann, wenn wir keine Vorhersage über die Form eines Objekts treffen können. Bei sehr vertrauten Objektkategorien wie Gesichtern aber funktioniert dieser Effekt nicht – es kommt zur Hohlmaskenillusion.[2]

Bei den Versuchspersonen mit der Diagnose Schizophrenie war diese Hohlmaskenillusion allerdings deutlich schwächer ausgeprägt. Sie gaben viel häufiger als gesunde Kontrollpersonen an, hohle Gesichter zu sehen. Man könnte also sagen, dass Menschen mit der Diagnose Schizophrenie *besser* darin sind, die vorhandenen visuellen Informationen für ihre Wahrnehmung zu nutzen. Denn ihre Wahrnehmung ist in diesem Fall eher realitätskonform als die der gesunden Versuchspersonen. Man könnte aber auch umgekehrt sagen, dass sie *schlechter* darin sind, Vorhersagen für ihre Wahrnehmung zu nutzen.

Interessanterweise war dieser Unterschied zwischen Menschen mit Schizophrenie und Gesunden deutlich größer, wenn es sich um vertraute

Objekte wie Gesichter oder Häuser handelte. Das deutet darauf hin, dass die Präzision der Vorhersage eine wichtige Rolle spielt; zumindest, wenn wir nach der Predictive-Processing-Theorie davon ausgehen, dass das Gehirn umso präzisere Vorhersagen über die Form von Objekten machen kann, je öfter es mit solchen Objekten schon zu tun hatte. Bei Gesunden war die Illusion für vertraute Objekte deutlich stärker ausgeprägt, sie nutzten also die präzisen Vorhersagen, die sie über vertraute Objekte hatten, sodass ihre Wahrnehmung meist ihren Vorhersagen entsprach. Bei Menschen mit Schizophrenie hingegen machte das keinen Unterschied, sie waren unabhängig von der Vertrautheit der Objekte weniger anfällig für die Illusion. Ihre Wahrnehmung war also generell stärker von den verfügbaren Sinnesdaten geprägt als von den eigenen Vorhersagen.

Als ich das erste Mal von diesen Befunden las, stutzte ich. Sie zeigten ja, dass die Wahrnehmung von Menschen mit Schizophrenie *besser* mit der Realität übereinstimmt als die von Gesunden! Würde man bei einer Störung, die typischerweise mit falschen Überzeugungen (Wahn) und Trugwahrnehmungen (Halluzinationen) einhergeht, nicht genau das Gegenteil erwarten? Dass nämlich ihre Wahrnehmung *schlechter* mit der Realität übereinstimmt? Das könnte man denken, doch so einfach ist die Sache nicht.

Wenn die Predictive-Processing-Theorie stimmt, dann kann man die »Anfälligkeit« eines Menschen für die Hohlmaskenillusion gut mit der Balance zwischen Vorhersagen und Sinnesdaten erklären, die unsere Wahrnehmung bestimmt. Sind beim Abgleich die Vorhersagen meines Gehirns sehr präzise und damit im Übergewicht, dann habe ich eine hohe Anfälligkeit für die Illusion: Ich nehme die Maske als nach außen gewölbt wahr, obwohl die verfügbaren Sinnesdaten etwas anderes sagen. Haben dagegen die Sinnesdaten eine relativ hohe Präzision und sind somit im Übergewicht, dann habe ich eine geringe Anfälligkeit für die Illusion: Ich nehme die Maske entsprechend der Sinnesdaten als nach innen gewölbt wahr.

Nach dieser Logik können wir zu dem Schluss kommen, dass das Gleichgewicht bei Menschen mit der Diagnose Schizophrenie zugunsten der Sinnesdaten verschoben sein muss. Wenn wir für die Gewichtung von Vorhersagen und Sinnesdaten wieder deren Präzision heranziehen, dann bedeutet das: Bei Menschen mit Schizophrenie ist entweder die Präzision der Vorhersagen vermindert (weshalb die Vorhersagen weniger Gewicht bekommen), oder die Präzision der Sinnesdaten ist zu hoch (weshalb die Vorhersagefehler dadurch mehr Gewicht haben); oder beides ist der Fall.[3]

Wir wollen uns gleich ansehen, wie eine solche Verschiebung des Gleichgewichts zwischen Vorhersagen und Sinnesdaten (scheinbar paradoxerweise) zu Überzeugungen führen kann, die nicht mit der Realität übereinstimmen. Vorher wollen wir uns aber noch davon überzeugen, dass an dieser Theorie wirklich etwas dran ist.

In der Wissenschaft ist es grundsätzlich eine schlechte Idee, seine Theorien auf ein einzelnes Experiment oder einen Befund zu stützen, selbst wenn dieser Befund mehrmals repliziert wurde. Zu groß ist die Gefahr, dass man eine ganz spezielle und vielleicht völlig unbedeutende Randerscheinung beobachtet, ein Epiphänomen, für das es vielleicht eine viel banalere Erklärung gibt als die Theorie, die man beweisen möchte. So könnte es sein, dass es bei Menschen mit Schizophrenie aus irgendeinem Grund eine ganz spezielle Veränderung der 3-D-Wahrnehmung gibt, die zur geringeren Anfälligkeit für die Hohlmaskenillusion führt, die aber mit der Balance von Vorhersagen und Sinnesdaten nicht das Geringste zu tun hat. Gibt es also andere Befunde, die in eine ähnliche Richtung weisen?

Es gibt tatsächlich eine ganze Reihe von empirischen Daten, die das gerade beschriebene Ungleichgewicht zwischen Vorhersagen und Sinnesdaten nahelegen. Viele davon kommen aus der visuellen Wahrnehmungsforschung, aber wir wollen uns Studien aus unterschiedlichen Bereichen ansehen, um sicherzugehen, dass die beobachteten Veränderungen nicht ausschließlich einen Bereich betreffen. Ich möchte von zwei aus meiner Sicht sehr aufschlussreichen Befunden erzählen, die beide – wie die Resistenz gegen die Hohlmaskenillusion – gut etabliert sind, also nicht nur ein Mal beobachtet und auch von verschiedenen Forschungsgruppen bestätigt wurden: Bei dem einen Befund geht es darum, wie das Gehirn unsere Augenbewegungen steuert, bei dem anderen darum, wie es Ausnahmen von Regeln registriert.

Augenbewegungen auf Ballhöhe

Wir hatten den Tennisplatz ja am Ende des letzten Kapitels verlassen, aber ich möchte Sie trotzdem noch einmal dorthin mitnehmen, diesmal allerdings nur auf die Tribüne. In unserem Tennisszenario hatten wir die Rolle von Augenbewegungen bislang ganz bewusst ausgespart, um die Sache nicht zu kompliziert zu machen. Jetzt wollen wir uns auf die Augenbewegungen konzentrieren und den ganzen Rest aussparen.

Stellen Sie sich vor, Sie säßen irgendwo in der Mitte der Seitentribüne, ungefähr auf Höhe des Netzes. Blöderweise haben Sie in der letzten Nacht irgendwie schlecht gelegen und haben jetzt einen steifen Hals, sodass Sie Ihren Kopf überhaupt nicht hin und her bewegen können. Aber um das Spiel aufmerksam zu verfolgen, sind Sie nicht unbedingt auf die Beweglichkeit Ihres Kopfes angewiesen, denn auch Ihre Augen können sich ja hin und her bewegen. Sie verfolgen also die Ballwechsel auf dem Platz allein mit den Bewegungen Ihrer Augen: von links nach rechts, von rechts nach links, wieder von links nach rechts und so weiter. *Glatte Augenfolgebewegungen*, das ist der Fachbegriff für das, was Sie da machen. Ihre Augen folgen einem bewegten Objekt, dem Tennisball, und die Bewegung Ihrer Augen ist nicht ruckelig oder stotternd, sondern gleichmäßig, also »glatt«.

Das ist deshalb bemerkenswert, weil die Bewegungen unserer Augen sonst meist recht zackig sind. Sie machen etwa dreimal pro Sekunde kleinere oder größere ruckartige Bewegungen, sogenannte Sakkaden (das Wort klingt schon so zackig), um das visuelle Feld abzuscannen. Aber bei der Verfolgung von Objekten, die sich mit gleichmäßiger Geschwindigkeit durch unser Gesichtsfeld bewegen, werden diese Sakkaden unterbunden. In unserem Beispiel folgen die Augen in einer glatten Bewegung der Flugbahn des Tennisballs; wobei die Augen dabei permanent auf Ballhöhe sind (bei unserem Tennisplatzszenario sogar im wortwörtlichen Sinne). Das ermöglicht es Ihnen, den Ball ständig zu fixieren, also in der Mitte Ihres Gesichtsfeldes zu behalten. Da gibt es zwar hin und wieder Grenzen, was die Geschwindigkeit betrifft, bei schnellen Schmetterbällen werden Ihre Augen tatsächlich etwas in Verzug geraten. Aber bequemes Grundlinienspiel – kein Problem.

Die Frage, wie das Gehirn es schafft, unsere Augenbewegungen immer und scheinbar mühelos auf Ballhöhe zu halten, können Sie mittlerweile sicher selbst beantworten. Richtig, es macht Vorhersagen. Unser Gehirn berechnet aus der bisherigen gleichmäßigen Bewegung des Balles seine zu erwartende Flugbahn und nutzt diese Vorhersage, um *»in the pocket«* zu surfen.[4]

Das ist ein perfektes Beispiel für eine Situation, in der die Firma PREDICT gegenüber der Konkurrenz von REACT deutlich im Vorteil wäre (siehe Kapitel 5 – *Eine alternative neurowissenschaftliche Perspektive*). Würde unser Gehirn nach den REACT-Prinzipien funktionieren, so würde es ständig nur auf die Daten reagieren, die über die Netzhaut unserer Augen eingesammelt werden. Bis wir unseren Blick auf die eben noch aktuelle, aber im nächsten Moment schon wieder überholte Position des Balles justiert hätten, wäre dieser schon wieder ein Stück weitergeflogen. Unsere Augenbewegungen würden mit vielen kleinen Sakkaden dem Ball hinterherstolpern. Der Vorhersagemechanismus hingegen erlaubt es uns, den Ort des Geschehens immer fest im Blick zu behalten. Das zahlt sich vor allem dann richtig aus, wenn die Bewegungsbahn des verfolgten Objekts mal zwischendurch kurz verdeckt ist, was in natürlichen Umgebungen ständig vorkommt. Wenn der Herr auf der Tribüne vor Ihnen plötzlich aufsteht und der Ball auf seiner Reise von Grundlinie zu Grundlinie kurz hinter dessen Körper verschwindet, wird das Ihren glatten Augenfolgebewegungen keinen Abbruch tun. Aufgrund der Vorhersagen, die Ihr Gehirn aus der bisherigen Flugbahn des Balles abgeleitet hat, kann es ohne Probleme die mutmaßliche Flugbahn und Geschwindigkeit des verdeckten Balles bestimmen. Ihre Augen können, dieser Berechnung folgend, kurz blind weitersurfen und beim erneuten Auftauchen des Balles mühelos wieder auf die Welle aufspringen.

Diese Tennisplatzsituation kann man problemlos im Labor nachbauen, um damit die Funktionsfähigkeit des Vorhersagemechanismus zu untersuchen. Auf dem Bildschirm wird ein Punkt gezeigt, der sich regelmäßig hin und her bewegt. Die Versuchsperson sitzt vor dem Bildschirm und hat die Aufgabe, den Punkt mit den Augen zu verfolgen. Statt des steifen Halses wird der Kopf mittels einer Kinnstütze in einer Position gehalten. Gleichzeitig werden mit einem *Eyetracker*, einer Kamera, die die Augenposition mit hoher zeitlicher und räumlicher Genauigkeit registriert, die Augenbewegungen aufgezeichnet. Was man dann beobachtet, ist, dass die Blickposition der Position des Punktes auf dem Bildschirm anfangs kurz hinterherhinkt, aber binnen weniger Hundert Millisekunden aufschließt, um dann mit einer glatten, gleichförmigen Bewegung auf Punkthöhe zu bleiben. Verschwindet der Punkt für kurze Zeit, so, als wäre er durch ein anderes Objekt verdeckt, gleitet der Blick unverdrossen weiter, sodass er sich mit großer Treffsicherheit wieder in die Bewegung einklinken kann, wenn der Punkt wieder auftaucht. Ändert sich hingegen unerwartet die Bewegungsrichtung des Punktes, geraten unsere Augen kurz ins Stolpern. Sie bewegen sich zunächst in die erwartete Richtung weiter und schwenken erst nach einer kurzen Reorientierungsphase auf die neue Bewegungsrichtung ein.

Diese drei Aspekte – (1) die Glätte der Augenfolgebewegung, (2) die unveränderte Fortsetzung der Augenfolgebewegung bei kurzfristigem Verschwinden des Punktes und (3) die Dauer der Reorientierungsphase bei Richtungsänderungen – können als Maße für das Funktionieren der Vorhersagemechanismen bei Augenfolgebewegungen herangezogen werden. Je glatter die Bewegung, je genauer die Fortsetzung der Bewegung und je länger die Reorientierung, desto stärker verlässt sich unser Gehirn bei der Planung und Durchführung der Augenfolgebewegungen auf seine Vorhersagen. Genau diese drei Maße sind es auch, die bei Menschen mit der Diagnose Schizophrenie verändert sind.[5]

Es ist natürlich nicht so, dass Menschen mit Schizophrenie einen bewegten Punkt überhaupt nicht mit den Augen verfolgen können. Es gelingt ihnen sogar ziemlich gut, so gut, dass das für die Funktionsfähigkeit im Alltag völlig reicht. Aber die Bewegungen sind etwas ruckeliger, sie hinken immer wieder etwas hinterher und müssen dann wieder aufholen. Man könnte einwenden, dass das vielleicht auch eine Frage von Konzentration und Aufmerksamkeit ist. Man weiß, dass es damit gerade in akuten Erkrankungsphasen Probleme geben kann, das muss also nicht unbedingt mit Vorhersagemechanismen zu tun haben.

Deswegen ist aber der Test mit dem kurzen Verschwinden des Punktes so aufschlussreich. Tatsächlich zeigt sich dabei, dass bei Menschen mit Schizophrenie die Geschwindigkeit der Augenbewegung bei kurzfristigem Verschwinden des Punktes schneller nachlässt als bei Gesunden.[6] Sie nutzen also die bisherige sichtbare Bewegung weniger für die Vorhersage der unsichtbaren Bewegung.

Auch hier könnte man wieder ein Aufmerksamkeitsproblem als Erklärung bemühen, denn wenn ich mich nicht gut auf die Bewegung des sichtbaren Punktes konzentrieren kann, dann werde ich auch Schwierigkeiten bei der Vorhersage seiner unsichtbaren Bewegung haben. Die Probe aufs Exempel aber ist der Trick mit der plötzlichen und unerwarteten Richtungsänderung. Je stärker meine Augenbewegungen durch die Vorhersage der Bewegung bestimmt sind, desto länger werde ich brauchen, um mich auf die plötzliche Richtungsänderung einzustellen. In der Tat können Menschen mit Schizophrenie ihre Augenfolgebewegungen *schneller* auf die geänderte Bewegungsrichtung einstellen als gesunde Kontrollpersonen.[7] Sie sind also *besser* in dieser Aufgabe, und das lässt sich kaum durch eine Konzentrationsstörung erklären, denn ist man unkonzentriert, so braucht man eher noch länger, um die Richtungsänderung überhaupt zu bemerken.

Eine naheliegende Erklärung für diesen Befund ist, dass die Balance zwischen Vorhersagen und Sinnesdaten tatsächlich verändert ist: Menschen mit Schizophrenie (beziehungsweise ihre Gehirne) legen bei der Planung und Durchführung von Augenfolgebewegungen weniger Gewicht auf ihre Vorhersagen und verlassen sich stärker auf die verfügbaren Sinnesdaten, was sie schneller auf unerwartete Änderungen der Bewegung reagieren lässt.[8]

Regelmäßigkeit ist die Mutter aller Vorhersagen

Kommen wir zum Thema Ausnahmen von der Regel und damit zu einem weiteren wichtigen Befund, der auf eine veränderte Balance zwischen Vorhersagen und Sinnesdaten bei Menschen mit Schizophrenie hinweist. Als Vorhersagemaschine ist unser Gehirn darauf spezialisiert, wiederkehrende Muster zu erkennen, um aus diesen Vorhersagen für die Zukunft abzuleiten. Wir hatten das Thema der Mustererkennung schon im ersten Teil des Buches, als es um die Clustering Illusion ging, die uns zum Beispiel vermeintliche Glückssträhnen erkennen lässt, wo nur der Zufall herrscht (»Hot-Hand«-Phänomen beim Basketball). Eine solche Mustererkennung spielt auch bei sensorischen Reizen eine Rolle. Ein gleichförmiges Bewegungsmuster, wie wir es gerade im Zusammenhang mit den glatten Augenfolgebewegungen gesehen haben, kann als ein solches Muster verstanden werden, das unser Gehirn nutzt, um Vorhersagen abzuleiten und dadurch mit den Augen auf Ballhöhe zu bleiben. Je größer die Regelmäßigkeit von Bewegungen und Ereignissen ist, desto leichter tut sich unser Gehirn damit, sie vorauszusagen.

Das vielleicht denkbar einfachste Muster wäre ein Reiz, der in kurzen und regelmäßigen Abständen immer wiederkommt, wie zum Beispiel das Ticken einer Uhr. In meinem Kinderzimmer hing eine Uhr an der Wand, die ziemlich laut tickte. Ich erinnere mich an eine Situation mit meiner Oma, die weit weg wohnte und nur selten zu Besuch kam. Als sie einmal in mein Zimmer kam, bemerkte sie sofort das laute Ticken der Uhr und fragte mich, wie ich das aushalten könne. Meiner Erinnerung nach war das überhaupt das erste Mal, dass ich das Ticken der Uhr bewusst wahrnahm. Ich war irritiert von ihrer Frage. Wieso sollte mich dieses gleichmäßige Ticken stören? Man könnte sagen, ich hätte mich einfach an das Ticken gewöhnt. Nach der Predictive-Processing-Theorie aber könnte man spekulieren, dass mein Gehirn aus dem ständigen Ticken der Uhr eine Vorhersage abgeleitet hat, die dazu führt, dass es diese Sinnesdaten vernachlässigt. Das wiederholte Ticken ist komplett vorhersagbar, es beinhaltet keine neue und damit auch keine relevante Information und wird daher von den unteren Ebenen der Hierarchie nicht bis nach oben durchgereicht, sodass ich es nicht bewusst wahrnehme.

Stellen wir uns nun vor, die Uhr hätte einen technischen Defekt, der dazu führt, dass in völlig unregelmäßigen Abständen ein einzelnes Ticken anders klingt, zum Beispiel etwas heller. Wenn ich mich in die Filzpantoffeln des siebenjährigen Jungen zurückversetze, der, in die Konstruktion eines Helikopters vertieft, auf dem mit LEGO übersäten Fußboden seines Kinderzimmers sitzt, so kann ich mir gut vorstellen, dass ich eine solche plötzliche Veränderung des Tickens bemerkt hätte. Ich hätte zumindest kurz aufgehorcht. Die Grundlage für dieses Aufhorchen wäre ein Vorhersagefehler gewesen, durch den in meinem Gehirn die Abweichung von der Vorhersage des gleichförmigen Tickens signalisiert worden wäre.

Das ist keine Spekulation, sondern beruht auf einem der bekanntesten

Effekte aus der Kognitionsforschung, der sogenannten *Mismatch Negativity*, auf Deutsch »Nichtübereinstimmungsnegativität« (ich glaube, wir bleiben auch diesmal besser beim englischen Begriff). Sie kann mit elektrophysiologischen Methoden gemessen werden, wie zum Beispiel dem Elektroenzephalogramm, kurz EEG genannt.[9] Die Mismatch Negativity ist ein EEG-Signal, das recht zuverlässig nach 150 bis 200 Millisekunden auftritt, wenn ein Reiz aus der Reihe tanzt. Es handelt sich also um ein elektrophysiologisch messbares Korrelat eines Vorhersagefehlers.[10]

Die klassische Versuchsanordnung für die Messung der Mismatch Negativity funktioniert ähnlich wie das Beispiel mit der Uhr. So wird den Versuchspersonen eine Serie von immer gleichen Tönen, sogenannte *Standardreize*, mit regelmäßigen Abständen vorgespielt (zum Beispiel Kammerton A = 440 Hz), die gelegentlich von einem anderen Ton unterbrochen wird (zum Beispiel C = 523 Hz). Unser Gehirn lernt das Muster der gleichförmigen Wiederholung von A sehr schnell, es macht – im Sinne von Predictive Processing – schon nach wenigen Wiederholungen die Vorhersage, dass gleich wieder ein A kommen wird. Kommt dann aber ein C, wird das Vorhersagefehlersignal ausgelöst, das wir als Mismatch Negativity messen können.[11] Im EEG sehen wir, dass die Spannungsänderung nach etwa 150 Millisekunden infolge des abweichenden Reizes größer ist als nach den Standardreizen. Es ist dabei relativ egal, um welche Art der Regelabweichung es sich handelt, der Ton kann höher oder tiefer, lauter oder leiser, länger oder kürzer sein als die Standardtöne – Hauptsache, es wird der gerade gelernten Vorhersage widersprochen.

Bei der Mismatch Negativity geht es also um den Unterschied zwischen vorhersagbaren und nicht vorhersagbaren Reizen. Entspricht ein Reiz meiner Vorhersage, so, wie das bei den wiederkehrenden Standardtönen der Fall ist, dann bietet er keine neue Information, und die neuronale Antwort darauf wird unterdrückt. Weicht der Reiz aber von meiner Vorhersage ab, wird die Unterdrückung aufgehoben, und die neuronale Antwort ist stärker – entsprechend dem Vorhersagefehler. Dieses sogenannte *Differenzsignal* wird von unserem Gehirn ganz automatisch generiert, also auch dann, wenn wir gerade unsere ganze Aufmerksamkeit auf etwas anderes richten, zum Beispiel auf die Konstruktion eines LEGO-Helikopters.

Nach dem, was Sie bisher über die veränderten Vorhersagemechanismen bei Menschen mit Schizophrenie gehört haben, wird es Ihnen nicht schwerfallen, eine Hypothese über die Veränderung der Mismatch Negativity aufzustellen: Wir gehen aufgrund der oben beschriebenen Befunde davon aus, dass bei Menschen mit Schizophrenie die Balance zwischen Vorhersagen und Sinnesdaten zugunsten einer schwächeren Gewichtung der Vorhersagen verschoben ist. Schwächere Vorhersagen würden bedeuten, dass nicht so deutlich zwischen vorhersagbaren Standardreizen und nicht vorhersagbaren abweichenden Reizen unterschieden wird. Das neuronale Differenzsignal, die Mismatch Negativity, müsste somit kleiner sein. Genau das ist bei Menschen mit Schizophrenie der Fall: Die Stärke ihrer neuronalen Antworten auf nicht vorhersagbare Reize ist reduziert.

Das ist vermutlich einer der verlässlichsten neurobiologischen Befunde zur Schizophrenie überhaupt. Mehr als hundert Studien haben die Mismatch Negativity im Zusammenhang mit der Diagnose Schizophrenie untersucht. Nimmt man die Ergebnisse all dieser Studien zusammen, so kommt man zu dem klaren Ergebnis, dass die Mismatch Negativity bei Menschen mit der Diagnose Schizophrenie im Schnitt abgeschwächt ist.[12]

Zwei Punkte sind dabei besonders bemerkenswert. Zum einen ist diese Abschwächung schon früh im Verlauf der Erkrankung vorhanden und scheint bei chronischen Verläufen nicht zu-, sondern eher abzunehmen. Zum anderen ist kein statistischer Zusammenhang zwischen dem Grad der Abschwächung und der psychotischen Symptomatik, also zum Beispiel dem Vorhandensein von Wahn, zum Zeitpunkt der Messung nachweisbar.[13] Diese Befunde weisen darauf hin, dass die Abschwächung der Mismatch Negativity nicht eine akute krankhafte Veränderung der Hirnfunktion widerspiegelt, sondern eher die grundsätzliche Anfälligkeit dafür, an einer Psychose zu erkranken.

Für unser Verständnis der Entstehung von Wahn bedeutet dies, dass eine veränderte Balance in der Gewichtung von Vorhersagen und Sinnesdaten nicht die unmittelbare Ursache für das Auftreten von Wahnsymptomen ist. Vielmehr könnten individuelle Unterschiede dieser Balance die hirnfunktionelle Grundlage dafür bilden, dass manche Menschen mehr und andere weniger zu wahnhaftem Denken neigen.

Die Erklärungslücke zwischen Neurobiologie und subjektivem Erleben

Wenn Sie sich mit Biologie und Neurobiologie auskennen oder zumindest ein Interesse daran haben, fragen Sie sich vielleicht schon die ganze Zeit, wie das Gehirn Predictive Processing eigentlich bewerkstelligt. Welche physiologischen Vorgänge liegen diesen Vorhersagealgorithmen tatsächlich im Gehirn zugrunde? Und welche Veränderungen dieser Mechanismen tragen zur Entstehung von Wahn und schizophrenen Erkrankungen bei? Welche Rolle spielen dabei Botenstoffe im Gehirn, sogenannte *Neurotransmitter* und *Neuromodulatoren*, die für die Übertragung und Modulation von Signalen im Gehirn von Bedeutung sind?

Im Zentrum der bekanntesten und bisher erfolgreichsten neurobiologischen Hypothese zur Entstehung von Psychosen steht der Hirnbotenstoff Dopamin.[14] Die sogenannte *Dopaminhypothese* begegnete mir das erste Mal, als ich in den 1990er-Jahren als Medizinstudent im Rahmen einer Famulatur in der traditionsreichen psychiatrischen Uniklinik in der Nußbaumstraße in München meine erste direkte Begegnung mit der Psychiatrie hatte. Ich kam auf einer psychiatrischen Akutstation zum Einsatz, in der vor allem Menschen mit der Diagnose Schizophrenie behandelt wurden. Ein Arzt leitete dort eine Psychoedukationsgruppe, die das Ziel hatte, den Patient:innen verständlich zu machen, was es mit ihrer Diagnose auf sich hatte. Den Betroffenen wurde unter anderem beigebracht, dass es sich bei der Schizophrenie um eine Art Stoffwechselstörung im Gehirn handle, und zwar um eine überschießende Produktion des Botenstoffs Dopamin. Das Zuviel an Dopamin im Gehirn sei die Ursache für Symptome wie Wahn und Halluzinationen. Eine Korrektur dieses Überschusses durch Neuroleptika, also Medikamente, die dem Dopaminüberschuss entgegenwirken, könne diese Symptome lindern.

Ich fand diese Erklärung damals sehr überzeugend, geradezu elegant, und war fasziniert davon, dass man eine so komplex anmutende psychische Erkrankung wie Schizophrenie so einfach erklären konnte. Ich war auch überzeugt davon, dass diese Erklärung für die Betroffenen ungeheuer hilfreich und entlastend sein müsse – nach dem Motto: »Diabetiker haben ihre Stoffwechselstörung in der Bauchspeicheldrüse, ich habe sie eben im Gehirn.« Erst viel später machte ich die Erfahrung, dass Betroffene mit solchen Erklärungen oft wenig anfangen können und sie erst recht nicht entlastend finden. Häufig führen solche biologischen Erklärungsansätze nämlich zu einer Art Resignation und sogar zur Selbststigmatisierung – eher nach dem Motto: »Mein Gehirn funktioniert nicht richtig, also stimmt auch mit mir als Mensch grundsätzlich etwas nicht, da kann man nichts machen.«[15]

Eine Schwierigkeit solcher biologischer Erklärungsansätze scheint zu sein, dass sie das, was ein Mensch in einer Psychose erlebt, nicht ausreichend plausibel machen können. Kann die Veränderung des eigenen Erlebens mit seiner Fremdheit und Bedrohlichkeit wirklich durch die Veränderung eines Hirnbotenstoffs bedingt sein? Dopaminüberschuss schön und gut, aber wieso sollte man sich deswegen verfolgt fühlen und Stimmen hören? Es bleibt eine Erklärungslücke zwischen Neurobiologie und subjektivem Erleben.

Die Frage, ob der ganze Reichtum, die Buntheit und Vielfalt meines Erlebens auf Stoffwechselprozesse im Gehirn reduziert werden können, stellt sich ganz grundsätzlich. Wissenschaftstheoretisch betrachtet, geht es dabei um das Problem unterschiedlicher Beobachtungsebenen, die nicht ohne Weiteres gleichgesetzt oder aufeinander reduziert werden können. Die Beobachtungsebene mentaler Phänomene ist eine andere als die neurophysiologischer Messungen; und mentale Phänomene können nicht auf neurophysiologisch gemessene Signale reduziert werden, ohne dass dabei wesentliche Aspekte verloren gehen – nämlich die des subjektiven Erlebens. Dieses theoretische Problem wird ganz schnell praktisch relevant, wenn ich einer Person weiszumachen versuche, dass ihr subjektives Erleben auf die Veränderung eines Stoffwechselprozesses im Gehirn zurückzuführen sei. Aus Sicht dieser Person wird eine solche Erklärung immer zu kurz greifen, wenn sie versucht, mentale Phänomene auf neurobiologische Vorgänge zu reduzieren.

Trotzdem können wir versuchen, eine Verbindung zwischen Hirnfunktion und subjektivem Erleben herzustellen. Denn so abwegig ist dieser Zusammenhang nun auch wieder nicht, wir alle kennen ihn. Nehmen wir das Beispiel Alkohol. Die Wirkungen von Alkohol, die meisten von Ihnen werden damit aus eigener Erfahrung vertraut sein, erklären sich überwiegend aus seiner Bindung an einen bestimmten Rezeptor im Gehirn. Es handelt sich um den $GABA_A$-Rezeptor, der einen hemmenden Effekt auf die Aktivität von Nervenzellen vermittelt. Die Folgen dieses vermeintlich geringfügigen Eingriffs in die Neurobiologie auf das subjektive Erleben und das Verhalten sind beeindruckend vielfältig und in ihrer Ausprägung abhängig von der Dosierung, sprich: dem Grad der Trunkenheit. Von der leichten Stimmungsaufhellung bis zur überbordenden Euphorie, von der geringfügigen Enthemmung bis zur ungebremsten Aggression und Gewalttätigkeit, von der angenehmen Entspannung bis zum Koma. Diese Wirkungen von Alkohol sind kein Hokuspokus, wir müssen für ihre Erklärung keine Dämonen bemühen, sie sind schlicht und einfach die Folge der Manipulation eines Botenstoffsystems in unserem Gehirn.

Was ich damit sagen möchte, ist nicht, dass das Erleben in einer Psychose vollständig durch die Veränderung eines Hirnbotenstoffs erklärt werden kann und dass die Korrektur dieser Veränderung, zum Beispiel durch ein Medikament, alles wieder in Ordnung bringt. Die Sache ist viel komplexer, denn es gibt unzählige Faktoren, die bei der Entstehung einer Psychose eine Rolle spielen und die für die Erklärung dessen, was ein Mensch in einer Psychose erlebt, von großer Bedeutung sind. Dazu gehören eigene frühere Erfahrungen (häufig Traumatisierungen), die aktuelle Lebenssituation, Beziehungen, das soziale Netzwerk, gesamtgesellschaftliche Faktoren und vieles mehr.

Es ist also unmöglich, das gesamte Erleben in der Psychose auf *einen* neurobiologischen Faktor zu reduzieren. Und doch lässt sich ein Zusammenhang herstellen, im besten Falle ein kausaler. Wenn wir nämlich davon ausgehen, dass neurobiologische Prozesse, wie zum Beispiel die Aktivität eines Hirnbotenstoffs, bestimmte Funktionen haben, und wenn wir verstehen, wie diese Funktionen mit unserem Erleben zusammenhängen – Phänomene wie der Alkoholrausch machen einen solchen Zusammenhang grundsätzlich plausibel –, dann können wir bestimmte Aspekte unseres subjektiven Erlebens besser verstehen. Theorien wie die des Predictive Processing können einen Rahmen bieten, innerhalb dessen die Funktion neurobiologischer Prozesse beim Zustandekommen mentaler Phänomene erklärt werden kann.

Die empirischen Befunde (also die Wahrnehmung hohler Gesichter, die Veränderungen glatter Augenbewegungen und die Abschwächung der Mismatch Negativity) sprechen für ein Ungleichgewicht zwischen Vorhersagen und Sinnesdaten als Grundlage für die Entstehung von Psychosen. Vorhersagen werden demnach zu schwach gewichtet und Sinnesdaten zu stark. Auf der neuronalen Ebene wird diese Gewichtung von einem komplexen Zusammenspiel erregender und hemmender Nervenzellen im Gehirn reguliert. Dabei spielen neben Dopamin vor allem der erregende Neurotransmitter Glutamat und das hemmende GABA zentrale Rollen.[16] Damit wir uns aber nicht in den unendlichen Tiefen der Neurobiologie verirren, möchte ich mich hier beispielhaft auf die Dopaminhypothese konzentrieren.

Ein Lautstärkeregler im Gehirn

Vergessen Sie jetzt bitte alles, was Sie über Dopamin mal irgendwo in der Zeitung oder im Internet gelesen haben, Dopamin als »Glückshormon« und so weiter. Das ist zwar alles nicht falsch, trifft aber nicht den Kern der Sache. Dopamin ist ein *Neuromodulator*. Das bedeutet, dass es von sich aus nicht direkt erregend oder hemmend auf die Aktivität von Nervenzellen wirkt, so wie die *Neurotransmitter* Glutamat oder GABA, sondern dass es deren Wirkung moduliert. Wenn zum Beispiel eine Nervenzelle durch die Ausschüttung von Glutamat an einer Synapse aktiviert wird, dann kann diese Aktivierung durch Dopamin wie durch einen Lautstärkeregler verändert werden. Nach der Predictive-Processing-Theorie ist Dopamin als ein solcher Lautstärkeregler kritisch für das Jonglieren mit Präzisionen.[17]

Wie wir im fünften Kapitel erläutert haben, hängt die Frage, ob unser inneres Modell der Welt durch neue, unerwartete Informationen aktualisiert wird, von der jeweiligen Präzision der Vorhersagen einerseits und der neu registrierten Sinnesdaten andererseits ab. Ist eine Vorhersage mit geringer Unsicherheit behaftet (und hat somit eine hohe Präzision), dann werden relativ unsichere Sinnesdaten (also solche mit geringer Präzision) keinen starken Vorhersagefehler auslösen und somit nicht wesentlich ins Gewicht fallen. Man könnte sagen: Die Sinnesdaten sind dann zu schwach, um gegen eine starke Vorhersage anzukommen.

Umgekehrt werden bei eher unpräzisen Vorhersagen neue Sinnesdaten, die eine hohe Präzision haben, einen starken Vorhersagefehler auslösen und dadurch zur Aktualisierung des inneren Modells und zur Anpassung der entsprechenden Vorhersagen führen. Es ist diese *Präzisionsgewichtung* des Vorhersagefehlers, bei der Dopamin nach der Predictive-Processing-Theorie eine entscheidende Rolle spielt.[18] Dopamin ist also so etwas wie der Lautstärkeregler für Vorhersagefehlersignale und damit ein wichtiger Faktor in der Feinjustierung der delikaten Balance im Abgleich von Vorhersagen und Sinnesdaten.

Wenn nun zu viel Dopamin ausgeschüttet wird – und die empirische Evidenz dafür, dass dies bei Psychosen der Fall ist, ist insgesamt recht überzeugend[19] –, dann ist das so, als wäre der Lautstärkeregler für Vorhersagefehlersignale zu weit aufgedreht. Das wiederum bedeutet, dass der Abgleich von Vorhersagen und Sinnesdaten aus dem Gleichgewicht gerät. Sinnesdaten mit geringer Präzision, die normalerweise nur ein schwaches Vorhersagefehlersignal auslösen würden, werden durch den aufgedrehten Lautstärkeregler stärker gewichtet. Für die Vorhersagemaschine heißt ein »lauter« Vorhersagefehler immer, dass eine Vorhersage falsch war und das innere Modell der Welt entsprechend angepasst werden muss. Sinnesdaten, die solche starken Vorhersagefehler auslösen, müssen also bedeutsam sein. Die Folge des Dopaminüberschusses ist somit, dass Sinnesreize, die sonst keine Beachtung fänden, als bedeutsam registriert werden. Man spricht von *aberranter Salienz*, was so viel heißt wie fehlgeleitete Auffälligkeit.[20]

Die Folgen des Ungleichgewichts – aberrante Salienz und die Entstehung von Wahn

Was aber bedeutet diese fehlgeleitete Auffälligkeit für das subjektive Erleben einer Person? Denken wir zurück an Helen S. aus dem ersten Kapitel, die sich nach ihrer Chemotherapie in der New Yorker Subway plötzlich in einem Weltuntergangsszenario wähnte. Sie bemerkte zunächst, dass sich die Welt um sie herum veränderte, dass das Licht im Zug anders war als sonst und die Menschen um sie herum seltsam aussahen, irgendwie auffällig. Genau das ist mit aberranter Salienz gemeint: Alltägliche Dinge, von denen man normalerweise nicht weiter Notiz nehmen würde, fühlen sich ungewohnt an und wirken auffällig. Das sind Wahrnehmungen, die Betroffene zu Beginn einer Psychose häufig beschreiben und die von einem Gefühl begleitet werden, das als Wahnstimmung bezeichnet wird: Es liegt etwas in der Luft, irgendetwas scheint im Busch zu sein.[21]

Aberrante Salienz hat zwei unmittelbare Konsequenzen. Zum einen ist sie bedrohlich. Helen S. hatte in der Subway ein massives Bedrohungsgefühl, vermutete gar ein zweites 9/11. Die (über)starken Vorhersagefehler, die der fehlgeleiteten Auffälligkeit zugrunde liegen, signalisieren, dass das innere Modell der Welt nicht mehr stimmt. Das muss ja heißen, dass sich die Welt verändert hat, und was gibt es Bedrohlicheres als eine veränderte Welt, in der nichts mehr vorhersagbar ist? Wie der deutsche Psychiater Friedrich Wilhelm Hagen (der übrigens vor 150 Jahren den heute noch gebräuchlichen Begriff der »fixen Idee« geprägt hat) feststellte, ist »kein Grauen größer als das einer unbestimmten Gefahr«[22].

Die andere Konsequenz der aberranten Salienz ist die Suche nach Erklärungen. Wenn meine Vorhersagen falsch sind und somit mit meinem inneren Modell der Welt etwas nicht stimmt, dann werde ich mein Modell der Welt wohl ändern müssen. Und zwar dahingehend, dass es plausible Erklärungen für das Erlebte bietet.

Der deutsche Psychiater Klaus Conrad hat in seinem Buch »Die beginnende Schizophrenie«[23], das Ende der 1950er-Jahre erschienen ist, zahlreiche Schilderungen des Erlebens in der frühen Phase von Psychosen aufgearbeitet. Es handelt sich um Schilderungen von Soldaten, die er in seiner Funktion als Truppenarzt in den Jahren 1941 und 1942 in einem Heimlazarett untersucht und bei denen er eine Schizophrenie diagnostiziert hatte.[24] Conrad unterteilte seinen »Versuch einer Gestaltanalyse des Wahns« in verschiedene Phasen. Zu Beginn der Erkrankung stehen Unruhe, Angst und Anspannung als Resultat einer veränderten Wahrnehmung der Umwelt im Vordergrund. Diese Phase bezeichnet Conrad als *Trema*, ein Begriff, der früher in der Bühnensprache gebräuchlich war und die Anspannung des Schauspielers vor dem Auftritt bezeichnet. Aus diesem veränderten Erleben, so Conrad, entwickelt sich ein »abnormes Bedeutungserleben«, das er *Apophänie* (altgriechisch für *Offenbarwerden*) nennt.

Aus zahlreichen Zitaten seiner Patienten geht eindrucksvoll hervor, dass sich aus einer veränderten Wahrnehmung der Umwelt ein »unmittelbar sich aufzwingendes Wissen von Bedeutungen« ergibt, wie es der deutsche Psychiater und spätere Philosoph Karl Jaspers in seinem erstmals 1913 erschienenen Buch »Allgemeine Psychopathologie« ausgedrückt hat.[25] So beschreibt Conrad den Fall eines Soldaten, der zu Beginn eines psychotischen Schubes das nächtliche Schnarchen seiner Stubenkameraden auf sich bezog und sicher war, sie wollten ihn damit ärgern: »Das Schnarchgeräusch [...] hob sich heraus, es störte. Dieses Auffallende [...] bekommt auf einmal eine auffallende Tönung. Es fällt nicht nur auf, sondern es fällt als ›unecht‹ auf, es hat die Nuance des ›Markierten‹. Damit tritt es in eine ganz deutliche Beziehung zum Erlebenden, der ja der Beziehungspunkt ist, für den es ›markiert‹ ist, auf den es sich also ›bezieht‹.«[26]

In einer anderen Fallbeschreibung erzählt Conrad vom Erleben eines Soldaten, der sich schon über mehrere Monate in einem Zustand von Unruhe und Anspannung befunden hat (den Conrad als Trema einordnet) und dem während der Fahrt mit seiner Truppe plötzlich alles klar wird: »Am Morgen war der Aufbruch. Da fing es nun erst richtig an. Schon als der Unteroffizier kam und ihn nach dem Schlüssel des Quartiers fragte, war ihm sofort klar, dies sei abgekartet, um ihn zu prüfen. Auch auf der Fahrt im Omnibus merkte er an dem Benehmen der Kameraden, sie wüssten etwas, das er nicht wissen sollte. [...] Ein Feldwebel und ein Unteroffizier brachten ihn im Auto nach V. zurück. Auf der Fahrt bemerkte er die erstaunlichsten Dinge. Alles an der Straße war eigens seinetwegen aufgebaut worden. Eine Unmenge Sachen waren aufgestellt nur zu dem Zwecke zu prüfen, ob er sie bemerkte, z.B. ein ganzer Berg von Stroh, der dort gar nichts zu tun hatte; Steine in großen Haufen zur Reparatur der Straße, die aber in gutem Zustand war; am Straßenrand, sodass man es kaum sehen konnte, ging ein Schaf; Menschen mit Fahrrädern kamen entgegen; ja es war so viel, er könne es gar nicht mehr sagen. Alles war nur seinetwegen vorbereitet, fast alle hundert Meter war irgendetwas, eigentlich war *buchstäblich alles, was ihm begegnete*, auffällig.«[27]

Aus dieser Beschreibung geht zum einen sehr deutlich das Erleben der aberranten Salienz hervor. Ganz alltägliche Dinge, wie das Schaf am

Straßenrand oder die Passanten mit Fahrrädern, werden plötzlich als auffällig wahrgenommen. Zum anderen zeigt sich hier aber auch, wie aus dieser Wahrnehmung von Auffälligkeit sofort ein Bedeutungserleben entsteht. All diese Auffälligkeiten schreien förmlich nach einer Erklärung. Der Betroffene findet sie darin, dass dies alles für ihn inszeniert sei, dass alle anderen Bescheid wüssten und es eine Art Verschwörung gegen ihn gebe. Was Conrad als *Apophänie*, als Offenbarwerden bezeichnet, kommt einem Aha-Erlebnis gleich. Unsicherheit und Anspannung, die sich aus dem ständigen Erleben von aberranter Salienz ergeben, werden durch eine wahnhafte Erklärung aufgelöst.

Man kann gut nachvollziehen, dass mit solchen Erklärungen ein Gefühl der Entlastung einhergehen muss. Um es mit Karl Jaspers zu formulieren: »Diese allgemeine Wahnstimmung ohne bestimmte Inhalte muss ganz unerträglich sein. Die Kranken leiden entsetzlich, und schon der Gewinn einer bestimmten Vorstellung ist wie eine Erleichterung.«[28] Wenn mein Erleben von auffälligen, nicht vorhersagbaren Ereignissen geprägt ist, dann werden mich Überzeugungen (als Teil des inneren Modells der Welt) entlasten, die diese Auffälligkeiten erklären können. Die Auffälligkeiten erlangen eine Bedeutung und können so eingeordnet werden. Durch solche wahnhaften Erklärungen kann die Diskrepanz zwischen Sinnesdaten und Vorhersagen, zwischen Wahrnehmungen und Überzeugungen aufgelöst werden. So paradox das klingen mag, der Wahn stellt wieder Ordnung her in einer chaotisch erscheinenden Welt.

Können wir mit der Theorie des Predictive Processing und der daraus abgeleiteten Idee der aberranten Salienz die Erklärungslücke zwischen Neurobiologie und subjektivem Erleben schließen? Natürlich haben wir nur einen Teil eines deutlich komplexeren Modells beleuchtet. Wir haben zum Beispiel die Neurotransmitter Glutamat und GABA, denen auch eine wichtige Rolle bei der Entstehung von Psychosen zugeschrieben wird, nicht weiter beleuchtet. Und klar, auch in seiner Gesamtheit bliebe jedes neurobiologische Modell reduktionistisch und könnte wahnhaftes Erleben ganz sicher nicht in seiner ganzen Vielfalt und subjektiven Qualität erklären. Viele Fragen blieben offen. Dennoch scheint mir eine solche schrittweise Herleitung der Entstehung von Wahn einigermaßen plausibel; von der veränderten Verfügbarkeit eines Hirnbotenstoffes über dessen mögliche Funktion innerhalb des Predictive Processing bis hin zu den Folgen, welche die so veränderten Prozesse dafür haben, wie sich Gehirne ihre Welten bauen. Eine solche Herleitung scheint mir durch die Verbindung verschiedener Beobachtungsebenen zumindest besser nachvollziehbar als der direkte Sprung von der Hirnstoffwechselstörung zum veränderten Erleben.

Aber natürlich ist mein Urteil darüber, ob diese Geschichte nachvollziehbar ist, relativ unerheblich. Worauf es ankommt, ist vielmehr, ob eine solche Herleitung für diejenigen hilfreich ist, die an einer Psychose erkranken. Kann ein neurobiologisch fundiertes Erklärungsmodell das eigene psychotische Erleben auch nur ansatzweise verstehbar machen? Wäre ein solches Verständnis überhaupt hilfreich? Wäre es *ent*lastend oder eher *be*lastend?

Meine eigenen Erfahrungen mit Betroffenen, mit denen ich über solche Erklärungsmodelle gesprochen habe, stimmen mich zumindest optimistisch. Und schon ertappe ich mich selbst dabei, wie ich dazu neige, meine optimistische Stimmung zu einer Überzeugung werden zu lassen. Achtung Irrationalitätsalarm! Meine optimistische Stimmung zählt daher genauso wenig wie mein Urteil über die Nachvollziehbarkeit des dargestellten Erklärungsmodells. Zu groß ist das Risiko, dass ich hier einer positiven Illusion in Form einer optimistischen Verzerrung unterliege. Um wirklich herauszufinden, ob diese Geschichte für Betroffene nachvollziehbar oder sogar hilfreich ist, bedürfte es der Überprüfung dieser Hypothese mit sauberer wissenschaftlicher Methodik. Es gibt noch viel zu tun.

Von der »Unkorrigierbarkeit« des Wahns

Was es hier für uns noch zu tun gibt, bevor wir ein wenigstens halbwegs überzeugendes Bild der Entstehung von Wahn gezeichnet haben werden, ist die Beantwortung (mindestens) einer wichtigen Frage: Warum halten Menschen an wahnhaften Überzeugungen fest, obwohl diese – zumindest aus Sicht der anderen – doch eindeutig falsch sind?

Wie wir bereits ausführlich diskutiert haben, ist ein zentrales Kriterium für Wahn die Unkorrigierbarkeit einer Überzeugung durch widersprechende Evidenz oder vernünftige Argumente. Wir haben auch festgestellt, dass das starre Festhalten an Überzeugungen keineswegs ein Alleinstellungsmerkmal von Wahn ist, sondern ganz allgemein zum Wesen von Überzeugungen gehört. Es mag sein, dass wahnhafte Überzeugungen noch schwerer zu korrigieren sind als nicht wahnhafte (dazu gleich mehr), aber einen klaren kategorischen Unterschied zwischen Wahn und »normalen« Überzeugungen konnten wir diesbezüglich nicht feststellen. Die Unkorrigierbarkeit des Wahns ist »psychologisch nicht zu unterscheiden von der Unbeirrbarkeit wahrer Einsicht«, das hat auch Karl Jaspers schon beobachtet.[29]

Wenn man sich das dargestellte Erklärungsmodell für Wahn vor Augen führt, könnte man sogar zu dem Schluss kommen, dass fehlgeleitete Auffälligkeit die Korrigierbarkeit von Überzeugungen sogar eher begünstigen sollte. Nach unserer Theorie ist aberrante Salienz die Folge einer gestörten Balance im Abgleich von Vorhersagen mit Sinnesdaten; Letztere werden im Vergleich zu den Vorhersagen zu stark gewichtet. Nachdem wir im fünften Kapitel festgestellt haben, dass Überzeugungen als eine Form von Vorhersagen verstanden werden können, läge doch die Vermutung nahe, dass die gestörte Balance in der Vorhersagemaschinerie zu einer *schwächeren* Gewichtung von Überzeugungen führen müsste. Sinnesdaten, die Überzeugungen widersprechen, müssten demnach *stärker* ins Gewicht fallen und dazu führen, dass Überzeugungen *leichter* korrigiert werden, statt unkorrigierbar zu sein. Man könnte also durchaus zu dem Schluss kommen, dass aberrante Salienz nicht zu besonders starren, sondern zu viel flexibleren Überzeugungen führen müsste.

Genau das Gegenteil scheint aber bei wahnhaften Überzeugungen der Fall zu sein – zumindest, wenn man den Beobachtungen vieler Generationen von Psychiater:innen und den daraus resultierenden gängigen Definitionen von Wahn Glauben schenken will. Nun gibt es mindestens drei Möglichkeiten: Erstens, die Psychiater:innen irren, und Wahn ist in Wirklichkeit gar nicht schwerer (sondern vielleicht sogar leichter) korrigierbar als »normale« Überzeugungen. Zweitens, das Predictive-Processing-Modell, das ein Ungleichgewicht zwischen Vorhersagen und Sinnesdaten postuliert, ist schlichtweg falsch. Und drittens könnte es sein, dass weder die Psychiater:innen danebenliegen noch das Predictive-Processing-Modell falsch ist. Sondern dass das Modell zwar grundsätzlich richtig ist, nicht aber die Schlussfolgerung, dass aberrante Salienz zu flexibleren Überzeugungen führen müsste.

Die Widerlegung der ersten Möglichkeit ist gar nicht so einfach, wie man denken möchte. Mir sind keine überzeugenden wissenschaftlichen Untersuchungen zu der Frage bekannt, ob wahnhafte Überzeugungen tatsächlich schwerer korrigierbar sind als »normale« Überzeugungen. Was mehrere Studien zeigten, ist, dass wahnhafte Überzeugungen jedenfalls nicht absolut unkorrigierbar sind.[30] Eine Studie aber, die die Korrigierbarkeit von wahnhaften und nicht wahnhaften Überzeugungen direkt vergleicht, wäre äußerst schwierig durchzuführen, vielleicht sogar unmöglich. Denn dazu müsste man erst einmal entscheiden können, welche Überzeugungen wahnhaft sind und welche nicht, ohne dafür das Kriterium der Unkorrigierbarkeit heranzuziehen (denn genau das ist es ja, was untersucht werden soll). Hinzu käme noch das Problem, dass wir Überzeugungen vor allem deswegen als wahnhaft einordnen, weil die Fakten (aus unserer Sicht) gegen diese Überzeugungen sprechen. Nun gibt es aber in der Regel viel weniger Fakten, die gegen »normale« Überzeugungen sprechen, sonst würden wir sie ja nicht als »normal« bezeichnen. Wie aber sollen wir dann wahnhafte mit »normalen« Überzeugungen hinsichtlich ihrer Korrigierbarkeit durch Fakten vergleichen, wenn sie sich von vornherein genau durch die Verfügbarkeit von Fakten unterscheiden, die für oder gegen sie sprechen?

Sie sehen schon, die Katze beißt sich hier ständig in den eigenen Schwanz, und es wird keine einfache Lösung geben. Aufgrund meiner – natürlich rein subjektiven – Beobachtungen, die ich in der Behandlung von Menschen mit Psychosen gemacht habe, scheint es zumindest nicht so zu sein, dass wahnhafte Überzeugungen *leichter* korrigierbar sind als »normale«. Ich konnte bisher nicht beobachten, dass Menschen mit psychotischen Erkrankungen ihre Überzeugungen angesichts neuer Informationen ständig wie ein Fähnchen im Wind ändern würden, wie einen die Theorie der aberranten Salienz vermuten lassen könnte. Eher im Gegenteil – aber das ist wie gesagt nur mein subjektiver Eindruck.

Die zweite Möglichkeit lässt sich deutlich leichter widerlegen, und zwar auf der Grundlage wissenschaftlicher Evidenz. Die Befunde zur Hohlmaskenillusion, zu den glatten Augenbewegungen und zur Mismatch Negativity sind gut etabliert, und es gibt eine Vielzahl anderer

Befunde, die ebenfalls in dieselbe Richtung eines Ungleichgewichts zwischen Vorhersagen und Sinnesdaten weisen. Bleibt uns also noch die dritte Möglichkeit, nämlich dass die Idee der fehlgeleiteten Aufmerksamkeit nicht mit der Unkorrigierbarkeit von Wahn im Widerspruch steht, sondern diese möglicherweise sogar erklären kann. Nur wie?

Entlastende Erklärungen

Wir hatten festgestellt, dass wahnhafte Erklärungen für die erlebte aberrante Salienz von Sinnesreizen oft einem Aha-Erlebnis gleichkommen und zu einer großen Entlastung führen können. All das, was davor unerklärlich war, kann jetzt in einen größeren Zusammenhang eingeordnet werden, erscheint dadurch besser kontrollierbar und wird so weniger bedrohlich.

Dass die unerklärlichen Auffälligkeiten im Erleben für die Betroffenen so bedrohlich wirken müssen, erklärt auch den häufig paranoiden Charakter wahnhafter Überzeugungen. Dazu muss man keine Störung des logischen Denkens oder irgendwelche anderen kognitiven Defizite haben,[31] denn hier tun die ganz »normalen« kognitiven Verzerrungen, zu denen wir alle neigen, das Übrige: Die Clustering Illusion lässt uns in der Vielzahl auffälliger Sinnesreize Muster erkennen, und das übersensitive Agentendetektionssystem bewirkt, dass wir dahinter die Machenschaften anderer vermuten – bis hin zu groß angelegten Verschwörungen.

Hinzu kommt die inzwischen bestens bekannte Bestätigungstendenz, die wir schon als einen wichtigen Faktor für die Unbeirrbarkeit identifiziert hatten, mit der wir an »normalen« Überzeugungen festhalten. Und natürlich trägt die Bestätigungstendenz auch zur Unkorrigierbarkeit wahnhafter Überzeugungen bei. Das führt zu der paradoxen Situation, dass sich Betroffene zwar im Rahmen ihres Wahnsystems durch Verfolger oder höhere Mächte bedroht fühlen, aber gleichzeitig unbeirrbar an der wahnhaften Überzeugung festhalten – einfach, weil sie ohne diese Überzeugung noch schlimmer dran wären. Der Wahn erklärt wenigstens das Unerklärliche, und eine solche Überzeugung wieder aufzugeben, wäre wahrscheinlich noch bedrohlicher.

Claus Konrad schildert in seinem Buch auch den Fall eines Soldaten, der in seiner Psychose zu der Überzeugung gelangt war, dass seine Vorgesetzten ihn für eine Beförderung vorgesehen hätten. Daher stehe er ständig unter Beobachtung, ihm würden allerlei Fallen gestellt, um ihn zu prüfen oder bloßzustellen, außerdem werde er von seinen Kameraden aus Neid angefeindet. Als Conrad ihn mit Zweifeln an der Realität seiner Erlebnisse konfrontiert und ihm erklärt, es könne sich dabei um Symptome einer Krankheit handeln, reagiert der Soldat ablehnend. Er sagt: »Das ist meine Überzeugung, da kann man eben nichts dagegen machen. Ich will diesen Gedanken [an eine bevorstehende Beförderung] gar nicht aufgeben. Ich will mich nicht wieder in diese furchtbaren Zweifel stürzen.«[32] Er leidet zwar sehr unter den Bloßstellungen und Anfeindungen, aber seine wahnhaften Überzeugungen aufzugeben, wäre offenbar noch schlimmer.

Die in Birmingham forschende italienische Philosophin Lisa Bortolotti hat in ihren Arbeiten über Wahn und irrationale Überzeugungen herausgearbeitet, dass es in der Tat gute Gründe dafür geben kann, trotz seiner offensichtlichen negativen Konsequenzen an einem Wahn festzuhalten.[33] Durch das Erleben von aberranter Salienz und den damit verbundenen Stress werden Aufmerksamkeit und Konzentration beeinträchtigt, was zu Einschränkungen in der Bewältigung der Anforderungen des täglichen Lebens führen kann. Durch das Aha-Erlebnis wahnhafter Erklärungen kann dieser Stress reduziert und so das kognitive Funktionsniveau verbessert werden. Darüber hinaus stellt Bortolotti fest, dass Wahn angesichts eines als chaotisch wahrgenommenen Zustands der Welt ein Gefühl von Kohärenz erzeugen kann. So kann den erlebten Ereignissen wieder eine Sinnhaftigkeit zugeschrieben werden, es entsteht Ordnung im Chaos und damit das Gefühl von Kontrolle. Dazu passend ergab eine Studie den bemerkenswerten Befund, dass Menschen mit hoch entwickeltem Wahn ihrem Leben mehr Sinnhaftigkeit zuschrieben als solche, die nach einer Psychose wieder genesen waren; diese Sinnhaftigkeit war sogar höher ausgeprägt als bei Menschen, die in Pflegeberufen arbeiteten oder tiefreligiös waren.[34]

Dass ein wiedererlangtes Gefühl von Sinnhaftigkeit und Kontrolle etwas ist, das man nicht so leicht wieder aufgeben will, ist einleuchtend. So ist es denkbar, dass aberrante Salienz und die damit verbundene Verunsicherung dazu führen, dass man umso fester an jenen Überzeugungen festhält, die einem helfen, diese Verunsicherung in den Griff zu bekommen. Es gibt also – trotz des subjektiven Leidens, der Verzweiflung und der vielen anderen Probleme, die ein Wahn für die Betroffenen mit sich bringen kann – gute Gründe dafür, unbeirrbar an wahnhaften Überzeugungen festzuhalten. Wahnhafte Überzeugungen können somit zumindest im praktischen Sinne rational sein. In einer »verrückten« Welt, in der man ein Gefühl von Kontrolle hat, lebt es sich möglicherweise besser als in einer realistischen, die chaotisch und unkontrollierbar erscheint.

Von oben herab – hierarchisches Predictive Processing

Psychologisch lässt sich also die Unbeirrbarkeit erklären, mit der Menschen an wahnhaften Überzeugungen festhalten. Neurowissenschaftlich betrachtet – und übertragen auf die Theorie des Predictive Processing – würde dieses unbeirrbare Festhalten an Überzeugungen für eine starke Gewichtung (also eine hohe Präzision) von Vorhersagen sprechen, die auf den höchsten Ebenen der Vorhersagenhierarchie in unserem Gehirn entstehen. Für die Erklärung von Wahn bedeutet das, dass sich Vorhersagen auf unterschiedlichen Ebenen der Vorhersagenhierarchie offenbar nicht so leicht über einen Kamm scheren lassen. Denn wir hatten ja einigermaßen zweifelsfrei festgestellt: Vorhersagen, die auf den unteren Ebenen der Hierarchie implementiert sind, wird offenbar relativ zu den Sinnesdaten eine zu *geringe* Präzision beigemessen. Dazu gehören etwa Vorhersagen über Regelmäßigkeiten in unserer sensorischen Umgebung, zum Beispiel über die Konfiguration von Gesichtern und anderen Objekten. Für Vorhersagen auf den höchsten Ebenen der Hierarchie – Vorhersagen also, die unseren Überzeugungen entsprechen – scheint das hingegen nicht zuzutreffen. Sie zeichnen sich im Falle wahnhafter Überzeugungen offenbar nicht durch eine zu *geringe*, sondern möglicherweise sogar durch eine *erhöhte* Präzision aus und sind dadurch besonders schwer zu korrigieren.

Denkbar ist, dass eine solche stärkere Gewichtung von Vorhersagen auf hohen hierarchischen Ebenen eine Art Kompensationsmechanismus dafür darstellt, dass die Vorhersagen auf den unteren Ebenen im Verhältnis zu den Sinnesdaten zu schwach gewichtet werden. Mit anderen Worten: Damit das System funktionsfähig bleibt, muss das »Chaos«, das durch die Unsicherheit auf den unteren Ebenen der Vorhersagenhierarchie entsteht, durch eine übergroße Sicherheit auf höheren Ebenen in Ordnung gebracht werden. Mein Kollege Paul Fletcher von der Cambridge University hat das in einem Gespräch einmal so verbildlicht: Wenn die unteren Ebenen ihren Job nicht richtig machen, dann müssen eben die höheren Ebenen übernehmen. Dieses Bild erinnert an die hypothetische Firma PREDICT. Wenn die Sachbearbeiter:innen auf der unteren Ebene der Firmenhierarchie ihren Job nicht gut machen (zum Beispiel unwichtigen Informationen zu viel Bedeutung beimessen), dann wird die Führungsebene möglicherweise zu falschen Schlüssen kommen. Sie wird ihre Einschätzungen, und zwar auch solche, die falsch sind, aber umso entschiedener von oben herab durchsetzen, wenn sie merkt, dass sie sich auf die Einschätzungen der Sachbearbeiter:innenebene nicht verlassen kann. Eine solche Kompensation von oben herab mag zwar Ordnung und Kohärenz im inneren Modell der Welt herstellen und dadurch Unsicherheit reduzieren. Sie führt aber auch dazu, dass das innere Modell der Welt schwerer korrigierbar wird und so den Kontakt zur Realität zu verlieren droht.

Die Idee, dass Unsicherheit auf niedrigen hierarchischen Ebenen durch übergroße Sicherheit auf höheren Ebenen kompensiert wird, ist zunächst einmal nicht mehr als eine Hypothese. Eine Hypothese, die sowohl die Entstehung als auch die Unkorrigierbarkeit von Wahn als Folge eines gestörten Abgleichs von Vorhersagen und Sinnesdaten und der daraus entstehenden aberranten Salienz erklären könnte. Eine plausible Hypothese ist schön und gut, doch ohne empirische Überprüfung bleibt sie eben nur eine Hypothese. Wie wir bereits festgestellt haben, ist zumindest die direkte empirische Überprüfung der Hypothese, dass Wahn noch schwerer korrigierbar ist als »normale« Überzeugungen, mindestens problematisch, vielleicht sogar unmöglich. Was wir aber versuchen können, ist zumindest eine Annäherung durch die Hintertür. Eine in der Wissenschaft gern genutzte Hintertür ist das Experiment. Statt direkt, also quasi durch die Vordertür, die Korrigierbarkeit wahnhafter und »normaler« Überzeugungen miteinander zu vergleichen (bei der sich die Katze immer wieder in den Schwanz beißt), können wir anhand des experimentellen Ansatzes versuchen, ein unabhängiges und objektives Maß dafür zu finden, wie stark eine Person dazu neigt, an ihren Überzeugungen festzuhalten.

Ein neuer Blick auf die Bestätigungstendenz

Ein psychologisches Konstrukt, das sich hier förmlich aufdrängt, ist die Bestätigungstendenz, die kognitive Verzerrung, vor der wir alle nicht gefeit sind. Unsere Tendenz, neue Evidenz immer im Lichte unserer bestehenden Überzeugungen zu sehen, leistet zweifelsohne einen wesentlichen Beitrag dazu, dass wir in unseren Überzeugungen so unbeirrbar sind, egal, ob sie nun wahnhaft oder »normal« sein mögen. Eine naheliegende Hypothese wäre, dass die Unkorrigierbarkeit von Wahn mit einer besonders stark ausgeprägten Bestätigungstendenz zusammenhängt. Die umfangreichen Untersuchungen, die das Feld der kognitiven Psychologie zur Bestätigungstendenz angestellt hat,[35] bieten experimentelle Maße für die individuelle Ausprägung dieser kognitiven Verzerrung. Die Frage in unserem Zusammenhang ist nun: Haben Menschen mit wahnhaften Überzeugungen (oder einer Neigung dazu) eine stärker ausgeprägte Bestätigungstendenz?

Als wir uns im vierten Kapitel mit dem möglichen adaptiven Wert kognitiver Verzerrungen beschäftigt haben, lag unser Fokus auf der kommunikativen Funktion der Bestätigungstendenz. Wir sind der Argumentation von Mercier und Sperber gefolgt, dass uns die Bestätigungstendenz dabei hilft, uns selbst und andere von unseren Überzeugungen zu überzeugen, und dass sie dadurch adaptiv sein könnte.[36] Hier aber möchte ich argumentieren, dass der adaptive Wert der Bestätigungstendenz nicht allein in ihrer kommunikativen Funktion liegt, sondern Ausdruck eines viel allgemeineren Funktionsprinzips unseres Gehirns ist; und zwar (Sie ahnen es bereits) des Prinzips des Predictive Processing.

Unser Gehirn ist als Vorhersagemaschine ja nur deshalb einigermaßen erfolgreich, weil die Welt, die es vorherzusagen versucht, in vielerlei Hinsicht recht stabil ist. Die Vorhersagen in Form von Überzeugungen haben deswegen eine hohe Präzision, weil sie allgemeine Gesetzmäßigkeiten betreffen, ihnen also die Annahme zugrunde liegt, dass diese Gesetzmäßigkeiten ziemlich stabil sind. Deshalb fahren wir in den allermeisten Fällen auch gut damit, unsere Überzeugungen nicht allzu schnell über den Haufen zu werfen.

Wenn die Bestätigungstendenz aber Ausdruck eines allgemeinen Funktionsprinzips der Vorhersagemaschine Gehirn ist, dann sollte sie nicht auf Überzeugungen, also auf Vorhersagen auf den höchsten Ebenen der Vorhersagenhierarchie, beschränkt sein. Tatsächlich lässt sich eine Bestätigungstendenz auch bei ganz grundlegenden Wahrnehmungsprozessen beobachten, die auf den untersten Ebenen der Vorhersagenhierarchie angesiedelt sind.[37] So sind etwa bei simplen Wahrnehmungsentscheidungen *serielle Abhängigkeiten* ein gut dokumentiertes Phänomen.[38] Damit ist gemeint, dass unsere Wahrnehmung nicht nur von den aktuell verfügbaren Informationen bestimmt wird, sondern häufig in die Richtung dessen verzerrt ist, was wir kurz zuvor wahrgenommen haben.

Erinnern Sie sich an die Szene auf der Tennisplatztribüne, als Sie wegen eines steifen Halses das Hin und Her des Balles auf dem Platz nur mithilfe von Augenbewegungen verfolgen konnten? Auch als der Herr vor Ihnen kurz aufstand und Ihnen die Sicht nahm, bereitete es Ihnen keine Mühe, die Flugbahn des Balles im Blick zu behalten. Was für die Steuerung von Augenbewegungen gilt, das trifft auch für die Konstruktion unserer Wahrnehmung im Allgemeinen zu: Unser Gehirn nutzt die Ereignisse der jüngsten Vergangenheit für Vorhersagen darüber, was in den nächsten Momenten passieren wird. Aus Erfahrung kann es nämlich von einer gewissen Stabilität in seiner sensorischen Umgebung ausgehen. Was gerade eben noch ein gelber Tennisball war, wird auch noch ein gelber Tennisball sein, wenn er zwischendurch kurz verdeckt war; und es wird sich mit hoher Wahrscheinlichkeit selbst dann noch um denselben gelben Tennisball handeln, wenn sich die Sicht- und Lichtverhältnisse auf dem Flug von der rechten zur linken Grundlinie plötzlich dramatisch verändert haben sollten (Schatten, Maschendrahtzaun etc.). Nach dem Prinzip des Predictive Processing konstruiert das Gehirn unsere Wirklichkeit von Augenblick zu Augenblick und nutzt dabei immer die Wahrnehmungen der gerade vergangenen Augenblicke als Vorhersagen.

Daraus resultiert eine Bestätigungstendenz in der Wahrnehmung, die sich experimentell in Form der genannten seriellen Abhängigkeiten nachweisen lässt. In einer typischen Versuchsanordnung werden Proband:innen Serien sehr schwacher oder »verrauschter« Reize präsentiert, bei denen eindeutige Wahrnehmungsentscheidungen schwer zu treffen sind. Das können zum Beispiel Bewegungsreize sein, deren genaue Bewegungsrichtung schwer auszumachen ist, oder Linien, deren Orientierung aufgrund eines schwachen Bildkontrastes kaum erkennbar ist. Die Versuchspersonen sollen bei jedem Reiz aufs Neue ihre Wahrnehmung mitteilen, also zum Beispiel, ob sie eher eine Bewegung nach links oder nach rechts sehen. Zugegebenermaßen eine wenig erbauliche Aufgabe, denn man führt in der Regel Hunderte solcher Versuchsdurchgänge durch und hat meist das Gefühl, sowieso nur zu raten. So gähnend langweilig solche Experimente auch für die Teilnehmenden sein mögen, so aufschlussreich sind sie für die Forschenden. Was sich dabei beobachten lässt, ist, dass die Entscheidungen der Versuchspersonen nicht nur vom aktuell präsentierten Signal abhängen, sondern auch von ihren jeweiligen Wahrnehmungsentscheidungen in den Durchgängen davor. Habe ich mich beispielsweise gerade darauf festgelegt, eine Bewegung nach rechts gesehen zu haben, so werde ich mich auch im nächsten Versuchsdurchgang eher wieder für rechts entscheiden. Und zwar in manchen Fällen sogar dann, wenn das schwache Signal eigentlich eine Bewegung nach links anzeigt.

Diese Form der Bestätigungstendenz spiegelt nach der Theorie des Predictive Processing den Einfluss von Vorhersagen wider, die unser Gehirn bei der Interpretation sensorischer Daten heranzieht.[39] Sie ist dadurch adaptiv, dass sie dem Gehirn bei der Konstruktion unserer Wahrnehmung hilft, vor allem dann, wenn die aktuell verfügbaren Informationen mit Unsicherheit behaftet sind. Hier gilt also im Prinzip dasselbe, was wir oben für Überzeugungen festgestellt hatten: Je größer die Unsicherheit der verfügbaren Daten, desto stärker verlasse ich mich auf meine Vorhersagen. Diese Bestätigungstendenz mag dazu führen, dass unser Gehirn in manchen Fällen eine Änderung in der sensorischen Umgebung »übersieht« und eine falsche Wahrnehmung konstruiert; unter dem Strich scheinen wir aber gut damit zu fahren, dass unser Gehirn von einer gewissen Stabilität in der Umwelt ausgeht und diese für eine vorhersagende Reizverarbeitung nutzt.

Vor diesem Hintergrund liegt die These nahe, dass die Bestätigungstendenz keine rein kommunikative Funktion hat. Sie mag bei abstrakten Überzeugungen eine Rolle spielen, die auf einer hohen Ebene unserer Vorhersagenhierarchie angesiedelt sind: Denn mithilfe der Bestätigungstendenz können wir besser im Sinne unserer Überzeugungen argumentieren, und das spielt im sozialen Kontext natürlich eine wichtige Rolle. Dass es eine ähnliche Bestätigungstendenz aber auch bei elementaren Wahrnehmungsvorgängen gibt, spricht dafür, dass sie Ausdruck der allgemeinen Funktionsweise unseres Gehirns als Vorhersagemaschine ist: Bei der Verarbeitung neuer Informationen greift unser Gehirn auf das bestehende innere Modell der Welt zurück und geht dabei von einer gewissen Stabilität dieser Welt aus. Ähnlich wie wir das für *Fast-and-Frugal*-Heuristiken festgestellt haben,[40] können dabei zwar manchmal Fehler passieren, aber meistens fahren wir gut mit solchen Faustregeln: Von der Vergangenheit auf die Gegenwart zu schließen, ist adaptiv.

Bestätigungstendenzen in der Wahrnehmung und im Denken

Wir können also erstens feststellen, dass im Rahmen der Predictive-Processing-Theorie das Phänomen der Bestätigungstendenz in dem Sinne verstanden werden kann, dass Vorhersagen bei der Verarbeitung neuer Informationen genutzt werden. Zweitens können wir festhalten, dass eine Bestätigungstendenz für Vorhersagen auf unterschiedlichen Ebenen der Vorhersagenhierarchie besteht: Auf den höchsten Ebenen der Hierarchie können wir *kognitive* Vorhersagen verorten, also Vorhersagen im abstrakten Denken, zu denen auch unsere Überzeugungen gehören. Auf den unteren Ebenen der Hierarchie sind dagegen *perzeptuelle* Vorhersagen angesiedelt, die unmittelbar unsere Wahrnehmung betreffen.

Natürlich ist die Zweiteilung in kognitive und perzeptuelle Vorhersagen eine grobe Vereinfachung, da die Vorhersagenhierarchie im Gehirn aus mehr als zwei Ebenen besteht. Aber diese vereinfachende Unterscheidung zwischen hohen und niedrigen Ebenen der Hierarchie hilft uns bei der Überprüfung der Hypothese, dass in Zusammenhang mit Wahn die Vorhersagemechanismen auf den verschiedenen Ebenen der Hierarchie in unterschiedlicher Weise verändert sind (siehe Abbildung 7).

Konkret lautet unsere (zweiteilige) Hypothese wie folgt:

1. Auf den unteren Ebenen der Hierarchie wird den Vorhersagen relativ zu den Sinnesdaten bei Menschen mit einer Neigung zu Wahn eine zu geringe Präzision beigemessen.[41] Dementsprechend würden wir bei diesen Menschen eine *abgeschwächte perzeptuelle Bestätigungstendenz* erwarten.
2. Auf den höchsten Ebenen der Hierarchie wird Vorhersagen bei Menschen mit einer Neigung zu Wahn eine zu hohe Präzision beigemessen. Dementsprechend würden wir bei diesen Menschen eine *verstärkte kognitive Bestätigungstendenz* erwarten.

Um Sie nicht unnötig auf die Folter zu spannen, verrate ich Ihnen schon jetzt, dass beide Hypothesen durch empirische Evidenz gestützt werden. Aber ich möchte Ihnen auch nicht vorenthalten, worin diese Evidenz besteht. Lassen Sie uns also im Folgenden einen Blick auf einige Studien werfen, die perzeptuelle und kognitive Bestätigungstendenzen in Zusammenhang mit Wahn untersucht haben.

Wie stark die perzeptuelle Bestätigungstendenz bei individuellen Personen ausgeprägt ist, kann, wie oben dargestellt, durch die Bestimmung serieller Abhängigkeiten in Wahrnehmungsexperimenten quantifiziert werden. Je stärker bei einer Person Wahrnehmungsentscheidungen in die Richtung vorausgehender Wahrnehmungen verzerrt sind, desto stärker ist die perzeptuelle Bestätigungstendenz dieser Person und umgekehrt.

In einer Studie, die meine Kollegin Anna-Lena Eckert im Rahmen ihrer Doktorarbeit an einer großen Gruppe gesunder Versuchspersonen durchgeführt hat, zeigte sich entsprechend unserer Hypothese 1 ein Zusammenhang zwischen der Neigung zu Wahn (und anderen psychotischen Erfahrungen) einerseits und der individuellen Stärke der perzeptuellen Bestätigungstendenz andererseits. Je stärker die Personen zu psychotischen Erfahrungen neigten, desto geringer waren die seriellen Abhängigkeiten in ihren Wahrnehmungsentscheidungen, desto schwä-

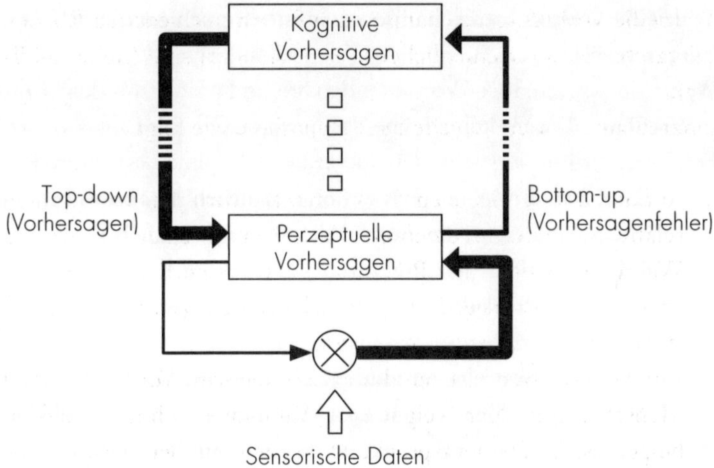

Abbildung 7: Veränderungen in der Vorhersagenhierarchie, die die Entstehung und die Aufrechterhaltung von Wahn erklären könnten

cher war also ihre perzeptuelle Bestätigungstendenz.[42] In dieselbe Richtung weist eine Studie, die auch bei Menschen mit manifesten psychotischen Erkrankungen schwächere serielle Abhängigkeiten zeigte.[43] Unserer Hypothese 1 entsprechend deuten diese Befunde darauf hin, dass eine Neigung zu Wahn mit einer schwächeren Gewichtung von perzeptuellen Vorhersagen gegenüber sensorischen Daten einhergeht (in Abbildung 7 illustriert dies der schmächtige Pfeil links unten). Wie Ihnen wahrscheinlich schon aufgefallen ist, passt das gut zu den weiter oben dargestellten Befunden zur Hohlmaskenillusion, zu glatten Augenbewegungen und zur Mismatch Negativity, die ja allesamt eine Verschiebung der Balance zwischen Vorhersagen und sensorischen Daten im Sinne einer schwächeren Gewichtung der Vorhersagen nahelegen.

Aber das war nur der erste Teil unserer zweiteiligen Hypothese. Der zweite Teil bezog sich auf die kognitive Bestätigungstendenz, von der wir annehmen, dass sie bei Menschen mit einer Neigung zu Wahn verstärkt ist. Eine Möglichkeit, die kognitive Bestätigungstendenz einer Person experimentell, also quasi durch die Hintertür, zu messen, ist die, zunächst eine Überzeugung hervorzurufen und dann zu überprüfen, inwieweit die Person im Lichte neuer Informationen an dieser Überzeugung festhält.

Wenn Sie, wie ich, Ihre Wochenenden hin und wieder mit dem »Tatort« ausklingen lassen, kennen Sie das bestens. Oft wird im »Tatort« und anderen Krimis versucht, den Tatverdacht auf eine bestimmte Person zu lenken, zum Beispiel durch ein offensichtliches Tatmotiv, durch das Erscheinen der Person am Tatort oder sonstiges auffälliges Verhalten. Wenn das geschickt genug gemacht ist (und Sie kein routinierter Krimiprofi sind), wird dadurch in Ihnen der Gedanke oder sogar die Überzeugung hervorgerufen, dass es sich bei dieser Person um den Täter handelt. Ihre Bestätigungstendenz wird ausgenutzt, um Sie möglichst lange auf der falschen Fährte zu halten, bevor dann am Ende klar wird, dass Sie den armen Kerl zu Unrecht verdächtigt haben (und wenn Ihre Bestätigungstendenz stark ausgeprägt ist, glauben Sie es selbst dann nicht).

Genau dieses Tricks bedient sich auch eine typische Versuchsanordnung zur experimentellen Messung der kognitiven Bestätigungstendenz.[44] Den Versuchspersonen wird eine Kriminalgeschichte erzählt, bei der alles klar zu sein scheint. Der Verdacht richtet sich schnell scheinbar eindeutig auf einen bestimmten Täter. Im weiteren Verlauf des Experiments werden den Versuchspersonen jedoch weitere Informationen vorgelegt, und zwar sowohl solche, die *gegen* den Anfangsverdacht sprechen, als auch solche, die *dafür* sprechen. Die Versuchspersonen werten in der Regel die Informationen, die mit ihrer anfangs gefassten Überzeugung übereinstimmen, als wichtiger und erinnern sich später auch besser an diese Informationen.

Die Arbeitsgruppe um den kanadischen Psychiater Todd Woodward hat diese Form der Bestätigungstendenz mit der Neigung zu Wahn in Verbindung gebracht. Die Ergebnisse einer Studie seiner Arbeitsgruppe, in der zum einen gesunde Personen mit einer mehr oder weniger stark ausgeprägten Wahnneigung untersucht wurden und zum anderen Personen mit der Diagnose Schizophrenie, bestätigen unsere Hypothese 2: Im Vergleich zu Personen mit geringer Wahnneigung zeigten sowohl Gesunde mit starker Wahnneigung als auch Menschen mit Schizophrenie eine stärkere kognitive Bestätigungstendenz.[45] Sie bewerteten Informationen, die mit ihrer eingangs gefassten Überzeugung übereinstimmten, als wichtiger und erinnerten sich später auch besser an diese Informationen. Selbst wenn am Ende ein eindeutiges Alibi für die anfangs verdächtigte Person geliefert wurde, hielten Gesunde mit starker Wahnneigung und Menschen mit Schizophrenie es immer noch für wahrscheinlicher, dass diese Person in Wirklichkeit der Täter war. Dieser Befund weist darauf hin, dass bei Menschen, die zu Wahn neigen, die kognitive Bestätigungstendenz besonders stark ausgeprägt ist, also kognitive Vorhersagen übermäßig stark gewichtet werden (in Abbildung 7 illustriert dies der dicke Pfeil links oben).[46]

Eine Punktwolke und zwei Fantasien

Lassen Sie uns kurz rekapitulieren. Wir haben die Bestätigungstendenz als Ausdruck eines allgemeinen Funktionsprinzips unseres Gehirns identifiziert: Unser Gehirn macht Vorhersagen, indem es von der Vergangenheit auf die Zukunft schließt. Dieses Funktionsprinzip bestimmt sowohl unser Denken als auch unsere Wahrnehmung. Wie empirische Studien zeigen, ist bei Menschen, die zu Wahn neigen, die perzeptuelle Bestätigungstendenz schwächer ausgeprägt. Das stützt die Theorie, dass Vorhersagen – relativ zu Sinnesdaten – auf den unteren Ebenen der Vorhersagenhierarchie zu schwach gewichtet werden, was aberrante Salienz mit sich bringt und die Entstehung von Wahn erklären kann. Im Gegensatz dazu ist die kognitive Bestätigungstendenz bei Menschen mit einer Neigung zu Wahn stärker ausgeprägt. Das wiederum stützt die Theorie, dass Vorhersagen auf höheren hierarchischen Ebenen stärker gewichtet werden, was die Unkorrigierbarkeit wahnhafter Überzeugungen erklären kann, weil dadurch neue Informationen stärker im Lichte bestehender Überzeugungen gesehen werden. Diese überstarke Gewichtung von Vorhersagen auf den höheren Ebenen könnte ein Kompensationsmechanismus für die Unsicherheit sein, die durch die gestörte Balance von Vorhersagen und Sinnesdaten auf den unteren Ebenen der Hierarchie entsteht.

Nun haben wir zwar empirische Evidenz für eine abgeschwächte perzeptuelle Bestätigungstendenz ebenso wie für eine verstärkte kognitive Bestätigungstendenz im Zusammenhang mit Wahn gesehen, nicht

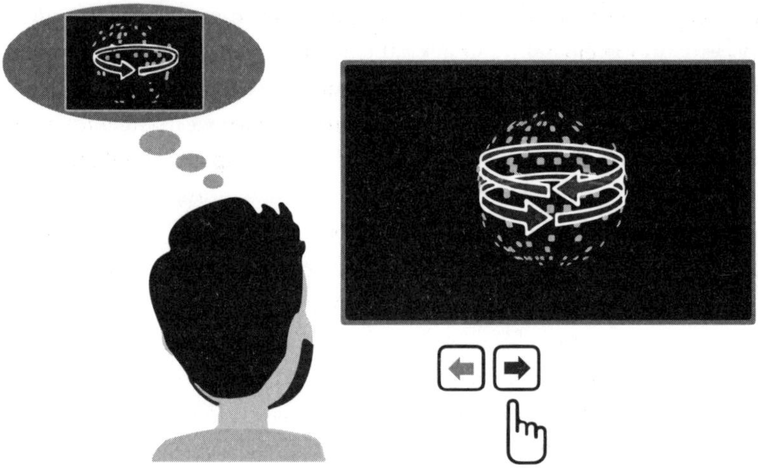

Abbildung 8: Bistabile Wahrnehmung bei der Betrachtung eines Punktekinematogramms

aber dafür, dass letztere in direktem Zusammenhang mit ersterer steht. Denn die Befunde wurden in unterschiedlichen Studien an unterschiedlichen Stichproben erhoben. Wenn aber die Idee eines Kompensationsmechanismus richtig ist, dann müsste man bei den Menschen, die eine abgeschwächte perzeptuelle Bestätigungstendenz aufweisen, auch eine verstärkte kognitive Bestätigungstendenz finden und umgekehrt.

Um genau das zu testen, haben meine Arbeitsgruppe und ich uns des faszinierenden Phänomens der *bistabilen Wahrnehmung* bedient. Sie erinnern sich: Bistabile Wahrnehmung kommt dann zustande, wenn wir Kippfiguren oder andere zweideutige Reize betrachten (siehe Prolog, Abbildung 1). Typischerweise wechselt unsere Wahrnehmung bei der Betrachtung dieser Reize alle paar Sekunden zwischen zwei stabilen Wahrnehmungszuständen hin und her. Für unsere Studien verwenden wir meist sogenannte *Punktekinematogramme* (Abbildung 8). Dabei handelt es sich um Punktwolken, die aus einer Vielzahl sich bewegender Punkte bestehen. Die Punkte sind so programmiert, dass sie in ihrer Gesamtheit den Eindruck erwecken, sich auf der Oberfläche einer rotierenden Kugel zu bewegen. Dabei ist die Richtung der Rotation zweideutig, die Kugel kann also entweder als links- oder rechtsdrehend wahrgenommen werden, sodass bei längerer Betrachtung bistabile Wahrnehmung entsteht. Diese Punktekinematogramme sind bei Wahrnehmungsforscher:innen sehr beliebt, nicht nur weil sie hübsch anzusehen sind (aber vielleicht auch deswegen), sondern vor allem auch, weil sich ihre Wahrnehmungseigenschaften sehr gut experimentell manipulieren lassen.

Bistabile Wahrnehmung ist wieder ein wunderbarer Fall für die Predictive-Processing-Theorie, denn sie führt uns deutlich vor Augen, dass unsere Wahrnehmung eine »Fantasie« ist, die »mit der Realität im Einklang steht«.[47] Nur ist in diesem Fall die Realität nicht eindeutig, sondern vielmehr mit zwei unterschiedlichen Fantasien kompatibel. Warum sich unser Gehirn in solchen Situationen nicht einfach für eine dieser beiden Fantasien entscheidet, sondern ständig zwischen zwei Wahrnehmungszuständen hin- und herspringt, damit hat sich meine Arbeitsgruppe, allen voran mein Kollege Veith Weilnhammer, in den letzten Jahren in einer Reihe von Studien beschäftigt.[48] In unserem Zusammenhang ist dabei vor allem die Erkenntnis wichtig, dass sowohl perzeptuelle als auch kognitive Vorhersagen in diesem Prozess eine Rolle spielen und somit Einfluss darauf haben, wie oft die Wahrnehmung sich ändert und welche der beiden möglichen »Fantasien« bevorzugt wahrgenommen wird.[49]

Der Einfluss perzeptueller Vorhersagen zeigt sich ganz einfach darin, dass es auch bei bistabiler Wahrnehmung die oben beschriebenen seriellen Abhängigkeiten gibt: Habe ich die zweideutige Kugel in Abbildung 8 zuletzt als linksdrehend wahrgenommen, so werde ich sie bei ihrem nächsten Erscheinen mit hoher Wahrscheinlichkeit wieder als linksdrehend wahrnehmen und umgekehrt.[50]

Aber auch kognitive Vorhersagen haben einen Einfluss darauf, wie wir solche zweideutigen Reize wahrnehmen. Das zeigte unter anderem eine Studie, die ich vor einigen Jahren zusammen mit dem schwedischen Psychiater Predrag Petrovic und dem britischen Hirnforscher Chris Frith durchführte (jenem Chris Frith, der Wahrnehmung als »Fantasie« bezeichnet hat)[51]. In einem zugegebenermaßen etwas hinterlistigen Experiment manipulierten wir die Überzeugungen der Versuchspersonen: Wir machten ihnen weis, dass eine rot-grüne 3-D-Brille die Wahrnehmung der zweideutigen Punktwolken verändern würde. Allein diese

Überzeugung hatte tatsächlich einen nachweisbaren Einfluss auf die Wahrnehmung der Versuchspersonen. Waren sie zum Beispiel davon überzeugt, dass die Punktwolke unter dem Einfluss der Brille häufiger nach links rotieren würde, so dominierte tatsächlich die Wahrnehmung der Linksdrehung und umgekehrt. Was dieser Befund zeigt, ist, dass kognitive Vorhersagen in Form von Überzeugungen tatsächlich unsere Wahrnehmung verändern können. Zumindest in Situationen, in denen die Realität zweideutig ist, steht also die »Fantasie« unserer Wahrnehmung mit unseren Überzeugungen im Einklang.[52]

Mit dem Phänomen der bistabilen Wahrnehmung hatten meine Arbeitsgruppe und ich nun also ein Werkzeug in der Hand, das es uns ermöglichte, den Einfluss sowohl perzeptueller als auch kognitiver Vorhersagen auf die Wahrnehmung zu messen. So konnten wir unsere Hypothese überprüfen, dass Menschen mit einer gering ausgeprägten perzeptuellen Bestätigungstendenz eine stärkere kognitive Bestätigungstendenz aufweisen. Unter der Federführung von Katharina Schmack untersuchten wir eine Gruppe von über hundert gesunden Versuchspersonen, deren Wahnneigung wir anhand des PDI (Peters et al. Delusion Inventory,[53] siehe Kapitel 3) abfragten.[54]

Wir führten zwei Experimente durch, in denen wir jeweils unsere zweideutige Punktwolke verwendeten, um zum einen die perzeptuelle und zum anderen die kognitive Bestätigungstendenz der Teilnehmenden zu messen. Die Ergebnisse ergaben ein klares Bild: In Übereinstimmung mit vielen anderen Studien fanden wir auch hier wieder, dass eine Neigung zu Wahn mit einer schwächeren perzeptuellen Bestätigungstendenz einherging. Umgekehrt verhielt es sich mit der kognitiven Bestätigungstendenz: Sie war umso deutlicher ausgeprägt, je stärker die Versuchspersonen zu wahnhaftem Denken neigten. Und tatsächlich konnten wir auch unsere Hypothese eines negativen Zusammenhangs zwischen kognitiver und perzeptueller Bestätigungstendenz bestätigen. Je *schwächer* bei einer Versuchsperson die *perzeptuelle* Bestätigungstendenz war, desto *stärker* war ihre *kognitive* Bestätigungstendenz und umgekehrt.

Dieser Befund weist also in die von uns vermutete Richtung: Eine stärkere Gewichtung von Vorhersagen auf höheren hierarchischen Ebenen könnte eine Art Kompensationsmechanismus dafür sein, dass durch das relative Ungleichgewicht von Vorhersagen und Sinnesdaten auf den unteren Ebenen der Hierarchie eine Unsicherheit in der Wahrnehmung entsteht. Demnach könnten also die höheren hierarchischen Ebenen tatsächlich das Kommando übernehmen, wenn die unteren Ebenen ihren Job nicht gut genug machen – und damit zum besonders beharrlichen Festhalten an wahnhaften Überzeugungen beitragen.

Den »Job nicht gut genug machen« sollte nicht in dem Sinne verstanden werden, dass hier etwas grob falsch läuft, denn diese Studie wurde an völlig gesunden Teilnehmer:innen durchgeführt. Wenn ich in diesem Zusammenhang von einem relativen Ungleichgewicht von Vorhersagen und Sinnesdaten spreche, dann bezieht sich das nicht auf pathologisch veränderte Prozesse. Und selbst wenn wir in einer anderen Studie mit derselben Versuchsanordnung auch bei Menschen mit der Diagnose Schizophrenie den Befund einer schwächeren perzeptuellen Bestätigungstendenz beobachten konnten,[55] dann heißt das noch lange nicht, dass diese Eigenschaft an sich als krankhaft zu werten ist. Es geht hier um die Variabilität bestimmter neuronaler Prozesse in der allgemeinen Bevölkerung, die statistisch mit einer mehr oder weniger stark ausgeprägten Wahnneigung in Zusammenhang stehen – und die dazu beitragen könnten, dass in den Köpfen mancher Menschen »verrückte« Welten entstehen.

7
Wer ist hier eigentlich krank?

Ist Wahn adaptiv? Paranoia als Rauchmelder und Scherbolzen

Wir haben nun also eine Idee von den Mechanismen, die unser Gehirn nutzt, um sich ein Bild der Welt zu bauen, und auch davon, wie schon ein subtiles Ungleichgewicht in diesen Mechanismen dazu beitragen könnte, dass dieses Bild sich von der Realität entkoppelt und Wahn entsteht. Wir haben zudem klare Hinweise darauf gesehen, dass nicht nur die Grenzen zwischen »normalem« und wahnhaftem Denken fließend sind, sondern dass es auch eine kontinuierliche Verteilung der zugrunde liegenden neuronalen Prozesse in der Bevölkerung gibt.

Wenn wir uns nun noch einmal die Brille der Evolutionstheorie aufsetzen, dann sehen wir, dass noch eine wichtige Frage unbeantwortet geblieben ist: Wenn es tatsächlich sowohl bezüglich des Phänomens Wahn als auch bezüglich der zugrunde liegenden Mechanismen in der Gesamtbevölkerung eine gewisse Schwankungsbreite gibt, könnte es dann nicht sein, dass eine Neigung zu Wahn oder sogar Wahn selbst adaptiv ist? Dass es für die Neigung zu Wahn eine Fitnesslandschaft gibt, ähnlich wie für die Länge von Vogelflügeln?

Wir hatten ja bereits festgestellt, dass eine genetisch bedingte Neigung zu Psychosen mit Eigenschaften assoziiert ist, die adaptiv sein könnten, zum Beispiel Kreativität. Diese Befunde lassen aber immer noch die Möglichkeit offen, dass Wahn so etwas wie eine unerwünschte Nebenwirkung ist – so, wie die Neigung zu Bandscheibenvorfällen und anderen Rückenproblemen als eine unerwünschte Nebenwirkung unseres aufrechten Gangs gesehen werden kann. Ist die Neigung zu Wahn der Preis, den wir Menschen für adaptive Merkmale wie effektives Fehlermanagement und kreatives Potenzial zahlen müssen? Oder ist eine Neigung zu wahnhaftem Denken vielleicht auch für sich genommen adaptiv? Mit diesen Fragen wollen wir uns im Folgenden beschäftigen.

Rufen wir uns zunächst noch einmal die drei Fallbeschreibungen aus dem ersten Kapitel ins Gedächtnis: die Geschichten von John M., der davon überzeugt war, dass die Russenmafia sein Smartphone gehackt hatte; von Helen S., die in der New Yorker Subway ein zweites 9/11 heraufziehen sah; und von Margarete G., die ihren Schwiegersohn des wiederholten Diebstahls bezichtigte. Alle drei Geschichten bewegen sich an der Grenze zwischen »normalen« und wahnhaften Überzeugungen, zwischen Gesundheit und Pathologie. Außerdem hegen alle drei Hauptpersonen die gleiche grundsätzliche Art der Befürchtung: John M., Helen S. und Margarete G. sind überzeugt davon, dass andere ihnen Schaden zufügen.

Das ist kein Zufall, denn der paranoide Wahn, oder kurz *Paranoia*, ist mit Abstand die häufigste Form des Wahns. Psychiater:innen bekommen es mit einer breiten Palette von Wahninhalten zu tun, vom Größenwahn über den Verarmungswahn oder Schuldwahn bis hin zum Eifersuchts- oder Liebeswahn. Sie treten teilweise nur im Rahmen bestimmter Störungsbilder auf. So ist der Größenwahn kennzeichnend für manische Störungen, während Verarmungs- und Schuldwahn eher bei Depressionen auftreten kann. Eifersuchtswahn, also die unbegründete Überzeugung, von seinem Partner oder seiner Partnerin betrogen zu werden, oder Liebeswahn, die falsche Überzeugung, von einer anderen Person geliebt zu werden, treten oft isoliert als wahnhafte Störungen auf. Der paranoide Wahn ist besonders charakteristisch für schizophrene Störungen, kann aber im Rahmen der verschiedensten psychischen Störungen auftreten.

Da Paranoia einerseits so häufig ist, andererseits aber auch teilweise mit schwerwiegenden Folgen für die Betroffenen und ihr soziales Umfeld einhergeht, möchte ich mich bei der Frage nach der evolutionären Adaptivität auf diese Wahnform konzentrieren. Unter Paranoia versteht man die falsche Überzeugung, dass (1) ein Schaden für die eigene Person eintreten wird und (2) dieser Schaden von anderen beabsichtigt ist.[1]

Daraus resultiert häufig ein ausgeprägtes Bedrohungsgefühl, Misstrauen gegenüber anderen und in der Konsequenz ein Rückzug aus zwischenmenschlichen Beziehungen. Die Folgen sind eine Beeinträchtigung der sozialen Funktionsfähigkeit, Einsamkeit und soziale Isolation.

Paranoia ist also insofern ein durch und durch soziales Symptom, als es dabei immer um Überzeugungen geht, die andere Menschen (oder sonstigen Wesen) und die Beziehungen einer Person zu anderen betreffen. Solche paranoid-wahnhaften Überzeugungen sind definitionsgemäß epistemisch irrational: Sie stimmen nicht mit der Realität überein und lassen sich durch Gegenevidenz nicht korrigieren. Paranoides Denken ist aber *per se* nicht pathologisch. Wie wir bereits aus den Studien zum Auftreten psychotischen Erlebens in der gesunden Bevölkerung wissen, ist paranoides Denken durchaus weit verbreitet, ohne dass dem ein Krankheitswert beigemessen werden sollte.[2] Da eine eindeutige kategorische Unterscheidung zwischen gesunder und pathologischer Paranoia nicht möglich ist, kann paranoides Denken unserem ganz »normalen« Repertoire epistemischer Irrationalität zugeordnet werden.

Woran liegt es eigentlich, dass sich die häufigste Form von Wahn auf soziale Beziehungen konzentriert? Eine naheliegende Annahme wäre, dass paranoider Wahn die Folge einer Störung des »Social Brain« ist, also jener neuronalen Mechanismen, die bei der Wahrnehmung sozialer Signale und der Steuerung von Sozialverhalten eine Rolle spielen.[3] Wie wir aber aus zahlreichen neurowissenschaftlichen Untersuchungen wissen, sind die neuronalen Funktionsstörungen, die Wahnsymptomen zugrunde liegen, viel grundsätzlicherer Natur. Eine Reihe von Studien mit ganz unterschiedlicher Methodik legt zudem den Schluss nahe, dass die Entstehung von Wahn mit einer Störung der Vorhersagemechanismen im Gehirn und der daraus resultierenden aberranten Salienz zusammenhängt: Um Erklärungen für das Unerklärliche zu finden, suchen wir nach Mustern und nach den Verursachern dieser Muster. Wir leben in sozialen Gefügen, sind umgeben von Menschen, und wenn wir in den Ereignissen um uns herum auffällige Muster entdecken, dann liegt es allein deswegen schon nahe, dahinter die Machenschaften anderer Menschen zu vermuten oder sonstiger Wesen, an deren Existenz wir glauben.

In scheinbar zufälligen Ereignissen Muster zu erkennen (Clustering

Illusion) und dahinter die Absicht anderer zu vermuten (übersensitives Agentendetektionssystem), das sind ganz »normale« menschliche Reaktionen. Man muss nicht allzu »verrückt« sein, um in schwer erklärbaren Ereignissen die Machenschaften anderer zu erkennen. Diese Tendenz wird der besonderen Rolle gerecht, die soziale Beziehungen in unserem Leben nun einmal einnehmen. Eine Neigung zu paranoidem Denken kann daher insofern als adaptiv angesehen werden, als sie uns ermöglicht, feindselige Absichten anderer zu erkennen und dadurch möglichen Schaden abzuwenden, den uns andere zufügen könnten.

Betrachten wir es einmal umgekehrt: Was würde die völlige Abwesenheit von Paranoia bedeuten? Man würde bei anderen Menschen niemals böse Absichten vermuten und gar nicht erst auf die Idee kommen, dass sie uns absichtlich Schaden zufügen wollten. Die Fähigkeit zu vertrauen ist als Grundlage für kooperatives Verhalten sicher adaptiv,[4] völlige Unbedarftheit und Naivität wäre es vermutlich eher nicht.

Paranoia kann also entsprechend der Fehlermanagementtheorie als eine Form irrationalen Denkens verstanden werden, die im Sinne eines Schutzmechanismus dem Rauchmelderprinzip folgt:[5] Würde ich völlig naiv eine Bedrohung durch Mitmenschen übersehen, wären die zu erwartenden Kosten deutlich höher, als wenn ich vorsichtshalber von feindseligen Absichten ausgehe. Ähnlich wie die Länge von Vogelflügeln oder die Ausprägung menschlicher Persönlichkeitsmerkmale wie Extraversion oder Gewissenhaftigkeit kann die Neigung zu paranoidem Wahn im Sinne einer Fitnesslandschaft interpretiert werden. Demnach wäre sie durchaus funktional, denn sie würde uns helfen, möglichen Schaden durch feindselige Absichten anderer abzuwenden. Bei starker Ausprägung allerdings kann die Neigung zu Wahn durchaus zu sozialen Funktionseinschränkungen führen.

Dass eine leichte Neigung zu paranoidem Denken adaptiv sein könnte, wird durch Befunde gestützt, die Paranoia als Reaktion auf bedrohliche Lebenssituationen nahelegen. So wurde etwa bei Menschen, die in materieller Armut leben, bei Mitgliedern von Straßengangs in Großbritannien und bei Veteranen des Jugoslawienkriegs Anfang der 1990er-Jahre ein vermehrtes Auftreten von Paranoia beobachtet.[6] Für Menschen, die schlimme Erfahrungen mit anderen gemacht haben oder anhaltend entsprechenden Lebensumständen ausgesetzt sind, kann paranoides Denken durchaus funktional sein – im Sinne eines Rauchmelders mit besonders hoher Empfindlichkeit.

Was ein Rauchmelder ist, wissen wir alle, spätestens seit es die gesetzliche Verpflichtung dazu gibt, die Dinger an jeder Zimmerdecke anzubringen. Aber wissen Sie auch, was ein *Scherbolzen* ist? Ich wusste es bis vor Kurzem nicht. Scherbolzen werden häufig in Maschinen als Überlastungsschutz eingesetzt, zum Beispiel in den Getrieben von landwirtschaftlichen Maschinen oder Propellermotoren. Die Funktion des Scherbolzens besteht darin, Maschinenteile vor Beschädigungen zu schützen, wenn es durch eine plötzliche Blockade zu einer starken Überlastung kommt. Der Scherbolzen besitzt eine Kerbe, die bei Überbelastung als Sollbruchstelle dient. Nach dem Bruch des Scherbolzens kann die Maschine weiterlaufen, allerdings mit eingeschränkter Funktion.

Was aber haben nun Scherbolzen mit Wahn zu tun? Die Idee, dass paranoider Wahn eine Art Scherbolzenfunktion haben könnte, wurde zuerst von dem australischen Psychologen Ryan McKay und dem US-amerikanischen Philosophen Daniel Dennett vorgeschlagen[7] und dann von anderen Autor:innen aufgegriffen und weiterentwickelt.[8] Dieser Idee zufolge könnte ein paranoider Wahn in Situationen extremer Belastung, etwa unter maximalem emotionalem Stress, das Zusammenbrechen der »Belief Formation Machinery« verhindern. Damit sind jene Mechanismen gemeint, die sonst der Ausbildung »normaler« Überzeugungen zugrunde liegen. Die Ausbildung wahnhafter Überzeugungen könnte so eine Art Schutzmechanismus im Sinne eines Scherbolzens darstellen und dadurch adaptiv sein.

Anders als das Rauchmelderprinzip, das vor allem den adaptiven Wert einer *Neigung* zu paranoiden Ideen gut erklären kann, bietet das Scherbolzenprinzip auch eine mögliche Erklärung für paranoiden Wahn als Symptom psychotischer Erkrankungen. So ist es denkbar, dass ein Scherbolzenmechanismus insbesondere zu Beginn einer Psychose greift, in einer Situation etwa, die durch ein starkes Erleben von aberranter Salienz und somit durch eine erhebliche Verunsicherung geprägt ist. Alles wirkt so bedeutsam, unerklärlich und bedrohlich, das bisherige innere Modell der Welt scheint nicht mehr zu funktionieren und droht zusammenzubrechen. Paranoide Ideen könnten dann insofern als Scherbolzen dienen, als sie das System vor dem drohenden Zusammenbruch schützen. Die Maschine läuft weiter, allerdings mit eingeschränkter Funktion, nämlich unter Zuhilfenahme von Überzeugungen, die mit der Realität nicht mehr übereinstimmen. In einer subjektiv als unsicher erlebten Welt sorgt die Ausbildung eines paranoiden Wahns dafür, dass der/die Betroffene zumindest eingeschränkt weiterfunktioniert. Wahn könnte also tatsächlich adaptiv sein: »Ein gebrochener Scherbolzen (d.h. die Ausbildung eines Wahns) macht es möglich, sich weiter auf die Welt einzulassen, statt überhaupt nicht mehr zu handeln.«[9]

Auch nach der Predictive-Processing-Theorie kann die Ausbildung wahnhafter Überzeugungen als »Scherbolzenbruch« verstanden werden: Durch das Ungleichgewicht zwischen Vorhersagen und Sinnesdaten entstehen auf den unteren Ebenen der Hierarchie zu viele Vorhersagefehler. Die Folge im subjektiven Erleben der Betroffenen ist eine unerträgliche Unsicherheit. Durch einen Scherbolzenbruch werden nun die Vorhersagen auf den höchsten Hierarchieebenen des inneren Modells so verändert, dass sie das Unerklärliche – das ständige Auftreten von Vorhersagefehlern – erklären können.[10]

Diese Überlegungen beziehen sich auf paranoiden Wahn als Symptom psychotischer Erkrankungen und damit eine extreme Form irrationaler Überzeugungen. Da aber Paranoia in mehr oder weniger stark ausgeprägter Form auch in der gesunden Bevölkerung weit verbreitet ist, kann sie als eine quasi »normale« Form epistemischer Irrationalität angesehen werden, zu der manche Menschen mehr und andere weniger neigen. So, wie paranoider Wahn im Rahmen von psychotischen Störungen als ein Mechanismus angesehen werden kann, der Unsicherheit reduziert, könnte dies für paranoides Denken bei Gesunden ebenfalls gelten. Denn unser inneres Modell der Welt ist nie ein getreues Abbild der Realität, sondern immer nur ein Modell. Und da gilt die alte Statistikweisheit: »Alle Modelle sind falsch, aber manche sind nützlich.«[11] In anderen Worten: Unser inneres Modell der Welt ist zwar meist nützlich, aber es wird nie perfekt sein, und es wird nie alle Ereignisse richtig vorhersagen können. Es wird also immer Ereignisse geben, die nicht mit unseren Vorhersagen zusammenpassen oder uns widersprüchlich erscheinen. Dann wird unser Gehirn Vorhersagefehlersignale generieren, und wir werden somit immer mit einem gewissen Maß an Unerklärlichkeit und Unsicherheit konfrontiert sein.

Auch wenn das System unter der Last dieser Unsicherheiten normalerweise nicht zusammenzubrechen droht, so ist es doch vorstellbar, dass paranoide Ideen auch bei Gesunden eine entlastende Funktion haben könnten. Mittels paranoider Ideen kann man sich einen Reim auf manche subjektiv erlebten Ungereimtheiten machen. Sie erklären unerklärliche Erlebnisse, indem diese der Absicht anderer zugeschrieben werden, sie können Ordnung schaffen und damit Unsicherheit reduzieren. Wenn ich mir XY nicht erklären kann, dann kann die Annahme eines übel gesinnten Nachbarn oder eines zornigen Gottes Entlastung schaffen. Entlastung dadurch, dass Unsicherheit reduziert wird, einfach, weil ich eine Erklärung für Unerklärliches gefunden habe; aber auch dadurch, dass ich wieder handlungsfähig werde. Ich kann den Nachbarn beobachten, ihn zur Rede stellen, Schutzmaßnahmen ergreifen etc.; oder ich kann versuchen, den zornigen Gott durch Gebete oder Opfergaben zu besänftigen.

Es geht darum, Angst zu reduzieren, die durch irritierende Informationen entsteht, durch Unsicherheit und Chaos in der Welt, durch scheinbar widersprüchliche Informationen. In dieser Hinsicht haben wahnhafte Überzeugungen dieselbe Funktion wie »normale« Überzeugungen. Je größer aber der Bedarf für die Reduktion von Unsicherheit ist, desto stärker wird an den Überzeugungen festgehalten, desto vehementer verteidigt man sie gegen Gegenargumente und widersprechende Evidenz.

Psychologisch betrachtet können wahnhafte Überzeugungen somit sicher eine entlastende Funktion für das Individuum haben, aber sind sie damit auch gleich adaptiv im Sinne einer erhöhten evolutionären Fitness?

Wenngleich sich diese Hypothese nicht mit Sicherheit beweisen lässt, sie ist zumindest plausibel. Die entlastende Wirkung wahnhafter Überzeugungen könnte dauerhaft zur Stressreduktion beitragen und es uns ermöglichen, uns auf die Aufgaben zu konzentrieren, die unmittelbar für Überleben und Reproduktion relevant sind, statt unsere begrenzten Energieressourcen ständig für die epistemisch rationale Erklärung von Ungereimtheiten zu verbrauchen.

Sind Verschwörungstheorien wahnhaft – oder wer ist hier eigentlich krank?

An dieser Stelle lohnt es sich, noch einmal auf Verschwörungstheorien zurückzukommen. Denn sie sind ein weitverbreitetes Beispiel für »normale« irrationale Überzeugungen. Das Phänomen, dass sich zu allen möglichen Ereignissen in der Welt Theorien verbreiten, die hinter diesen Ereignissen geheime Verschwörungen bestimmter Gruppen sehen – »die Mächtigen«, »die Presse«, »die Juden« etc. –, ist keineswegs neu. Aber es ist ein Phänomen, das in den letzten Jahren große Popularität erlangt hat und über das schon viel Aufschlussreiches geschrieben wurde.[12] Eine viel diskutierte Frage ist dabei, ob der Glaube an Verschwörungstheorien als etwas Pathologisches zu betrachten sei, eine Randerscheinung, die als Zeichen besonderer psychischer Instabilität, mangelnden logischen Denkvermögens oder sogar geringer Intelligenz zu verstehen ist.

Diese Idee machte der US-amerikanische Historiker Richard Hofstadter 1964 in seinem viel zitierten Essay »The Paranoid Style in American Politics«, erschienen im *Harper's Magazine*, populär.[13] Allerdings sprechen die Fakten klar gegen diese Auffassung. Verschwörungsglaube ist keineswegs ein Randphänomen, sondern tatsächlich ziemlich »normal«. Wie bereits erwähnt, glaubt etwa die Hälfte der US-amerikanischen Bevölkerung an mindestens eine Verschwörungstheorie (siehe Kapitel 2 – *Die Irrationalität »normaler« Überzeugungen*)[14] Aber denken Sie nun bitte nicht, dass es sich dabei um ein typisch amerikanisches Phänomen handelt. So glaubte 2019 einer Studie der Friedrich-Ebert-Stiftung zufolge über ein Drittel der deutschen Bevölkerung, dass »Politiker und andere Führungspersönlichkeiten nur Marionetten der dahinterstehenden Mächte« seien.[15]

Auch mangelnde Intelligenz kann Verschwörungsglauben nicht erklären. Zwar wurde in Studien gezeigt, dass Verschwörungsgläubige eine Tendenz haben, einfache Lösungen für komplexe Probleme zu bevorzugen und sich selbst im Durchschnitt als weniger intelligent einzuschätzen;[16] aber diese Zusammenhänge sind schwach, können zum Teil durch andere Faktoren besser erklärt werden und weisen keineswegs nach, dass Verschwörungsglaube eine Folge geringer Intelligenz ist. So sind sich heute die Expert:innen auf diesem Gebiet einig, dass der Glaube an Verschwörungstheorien nicht Ausdruck einer krankhaften Einschränkung der Urteilsbildung ist, sondern einfach ein recht »normales« Phänomen.[17]

Genau deshalb sind Verschwörungstheorien auch so interessant, wenn es um die Frage nach dem Unterschied zwischen »normal« und »verrückt« geht. Verschwörungstheoretische Überzeugungen werden einerseits von denjenigen, die nicht an Verschwörungen glauben (oder zumindest nicht an dieselben), für eindeutig »verrückt« gehalten. Gleichzeitig sind sie aber doch so »normal«, dass sie nicht als Zeichen einer psychischen Störung interpretiert werden können. Ist Verschwörungsglaube also eine Art abgeschwächter paranoider Wahn bei Gesunden oder Ausdruck einer Neigung zu wahnhaftem Denken? Um meine Antwort auf diese Frage vorwegzunehmen: Sie lautet »Jein«.

Zum einen lassen sich Gemeinsamkeiten bei der Entstehung von Verschwörungsglaube und Wahn feststellen, was für die Idee spricht, dass die Entstehung von Wahn nicht grundsätzlich und kategorisch anders ist als die Entstehung »normaler« Überzeugungen. Zum anderen aber gibt es auch klare Unterschiede zwischen Verschwörungsglaube und Wahn, die eine recht klare Abgrenzung dieser beiden Formen epistemischer Irrationalität voneinander erlauben.

Verschwörungsglaube und Wahn – Gemeinsamkeiten

Eine zentrale Gemeinsamkeit zwischen Verschwörungsglaube und Wahn scheint mir in ihrer entlastenden Wirkung zu liegen. Im Zusammenhang mit Wahn haben wir diese positiven Effekte bereits ausführlich diskutiert. Wir haben die positiven psychologischen Wirkungen der Stressreduktion beleuchtet, die eine wahnhafte Erklärung angesichts unerklärlicher aberranter Salienz entfalten kann; wir haben im Rahmen der Predictive-Processing-Theorie die Entstehung und das Festhalten an wahnhaften Überzeugungen als Kompensationsmechanismus für die aberrante Salienz diskutiert, die durch die veränderte Gewichtung von Vorhersagen und Sinnesdaten entsteht; und wir haben anhand des

Rauchmelder- und des Scherbolzenprinzips die adaptiven Vorteile einer Neigung zu Wahn hergeleitet. Dieses Grundprinzip der Entlastung lässt sich aus meiner Sicht auf das Phänomen des Verschwörungsglaubens und vermutlich auch auf andere epistemisch irrationale Überzeugungen übertragen.

Oberstes Gebot der Vorhersagemaschinen in unseren Köpfen ist es, auf lange Sicht Vorhersagefehler zu reduzieren, vor allem solche, die für uns als Individuen (oder für unsere nächsten Verwandten) besonders folgenschwer sind.[18] Denn Vorhersagefehler bedeuten immer, dass unser inneres Modell die Welt nicht richtig erklärt. Die fühlbare Konsequenz aus der dadurch entstehenden Unsicherheit ist immer Stress, und diese Art von Stress ist genau das, was wir nicht haben wollen. Wir wollen ihn nicht aushalten müssen, denn er signalisiert Unvorhersagbarkeit und damit potenzielle Gefahr.

Psychologisch betrachtet liegt es auf der Hand, dass wir alles tun, um diesen Stress zu reduzieren – was vermutlich für sich genommen adaptiv ist. Nun ist unser Modell im Kopf eben nur ein Modell und damit nie perfekt, und obendrein ist die Welt ein Ort, der sowieso nie hundertprozentig vorhersagbar ist. Die logische Konsequenz, die einem Naturgesetz gleichkommt, ist, dass es immer Vorhersagefehler geben wird; und dass somit immer vieles in der Welt unerklärlich erscheinen wird, chaotisch, zufällig und widersprüchlich. Eigentlich klar, dass wir da jedes Erklärungsmodell, das uns von diesem Stress befreit, quasi mit Handkuss annehmen.

Der britische Psychologe Bob Brotherton hat es in seinem aufschlussreichen Buch über Verschwörungstheorien treffend so formuliert: »Wenn uns Dinge aus reinem Zufall zustoßen, dann haben wir kaum Hoffnung darauf, unser Schicksal zu verstehen, vorherzusagen oder zu kontrollieren. Daran zu glauben, dass irgendjemand irgendwo die Kontrolle hat – selbst wenn dieser irgendjemand nicht unser Wohl im Sinn hat –, ist uns lieber, als zu denken, dass der Verlauf unseres Lebens allein vom Zufall diktiert wird. Im Gegensatz zu einer gesichtslosen Zufälligkeit kann man erkennbaren Feinden möglicherweise das Handwerk legen, kann mit ihnen zurechtkommen oder sie wenigstens verstehen.«[19]

Verschwörungserzählungen bieten in der Regel einfache Erklärungen für scheinbare Widersprüche und Ungereimtheiten. Wie jede Überzeugung reduzieren sie Komplexität, indem sie nachvollziehbare Zusammenhänge zwischen den beobachteten Ereignissen herstellen. Allerdings kommen Verschwörungserzählungen in einem pseudorationalen Gewand daher, indem sie sich auf Fakten berufen, die nicht widerlegt werden können, dabei aber die vorhandenen Fakten in verzerrter Weise darstellen und gewichten. Entscheidend für den Erfolg einer Verschwörungserzählung ist nicht ihr Wahrheitsgehalt, sondern ihr Potenzial, Widersprüche plausibel aufzulösen. Dadurch verringern sie Stress und geben Verschwörungsgläubigen das Gefühl von Kontrolle in einer chaotischen und bedrohlichen Welt: *»Better the devil you know than a world you don't.«*[20] Es ist daher nur zu verständlich, dass Verschwörungsgläubige an solchermaßen entlastenden Überzeugungen in ähnlicher Weise festhalten wie psychotisch Erkrankte an ihrem Wahn.

In ihrem an Denkanstößen reichen Buch »Fake Facts«[21] kommen die Bürgerrechtlerin und Netzaktivistin Katharina Nocun und die Psychologin Pia Lamberty zu dem Schluss, dass das irrationale Festhalten an Verschwörungstheorien ein naheliegender Weg ist, mit *kognitiver Dissonanz* umzugehen, jenem unangenehmen Gefühlszustand, der entsteht, wenn unsere Wahrnehmungen, Gedanken oder Gefühle im scheinbaren Widerspruch zueinander stehen. Wir haben eine starke Neigung, so die Autorinnen, Fakten zu ignorieren oder gar zu leugnen, die unser Weltbild in Gefahr bringen. Als Beispiel ziehen sie eine klassische Studie des US-amerikanischen Sozialpsychologen Leon Festinger heran, der den Begriff der kognitiven Dissonanz geprägt hat. In einem Experiment, das so hinterlistig wie aufschlussreich war, schleuste Festinger Beobachter:innen in die Anhängerschaft einer UFO-Sekte ein. Die Gruppe war fest davon überzeugt, in der Nacht vom 20. auf den 21. Dezember 1954 von Raumschiffen abgeholt zu werden, um als Auserwählte vor einer angeblich bevorstehenden Flutkatastrophe gerettet zu werden. Als das erwartete Ereignis jedoch nicht eintrat, fielen zwar einige Mitglieder der UFO-Sekte vom Glauben ab, bei anderen aber verfestigte sich die Überzeugung umso mehr, zu einer Gruppe Auserwählter zu gehören. Was im Verhalten und in den Aussagen der standhaften Sektenanhänger:innen vor allem deutlich wurde, sind die enormen Kosten, die mit dem Aufgeben einer festen Überzeugung verbunden sind, vor allem dann, wenn sie zum alles bestimmenden Lebensinhalt geworden sind. So wird ein Anhänger der Sekte mit den Worten zitiert: »Ich kann es mir nicht leisten zu zweifeln. Ich muss glauben.«[22]

Diese Aussage ähnelt in verblüffender Weise den Äußerungen des psychotisch erkrankten Soldaten, den der Psychiater Klaus Conrad mit der Möglichkeit konfrontiert hatte, dass seine Überzeugung, unter der besonderen Beobachtung seiner Vorgesetzten zu stehen, wahnhaft sein könnte: »Ich will diesen Gedanken gar nicht aufgeben. Ich will mich nicht wieder in diese furchtbaren Zweifel stürzen.«[23]

Es liegt auf der Hand, dass es umso schwerer ist, eine Überzeugung aufzugeben, je größer die Not ist, aus der diese Überzeugung geboren wurde, und je größer somit der intrapsychische Gewinn ist, den eine Person aus ihrer Überzeugung zieht. Bei psychotisch Erkrankten entsteht diese Not aus der Unerklärlichkeit des Erlebten, dem Gefühl von Kontrollverlust und dem damit verbundenen Stress. Aber auch für den Glauben an Verschwörungserzählungen kann ein solcher Zusammenhang hergestellt werden. Empirische Studien zeigen, dass subjektiv empfundene Unsicherheit und Kontrollverlust dazu beitragen, dass Verschwörungsideen angenommen werden.[24] Je mehr belastende Lebensereignisse – zum Beispiel Gewalterfahrungen, Jobverlust oder schwere Krankheiten – Menschen erlebt haben und je stärker sie sich subjektiv gestresst fühlen, desto stärker neigen sie zu Verschwörungsglauben.[25]

In dieselbe Richtung weisen auch Aussagen von sogenannten Reichsbürger:innen in Deutschland. Sie berichteten, dass sie in der Folge belastender Lebensereignisse, die mit einem Gefühl von Kontrollverlust einhergingen, begannen, sich mit Verschwörungstheorien zu befassen.[26] So können wir mit den Worten von Baruch de Spinoza festhalten: »Wenn die Menschen alle ihre Angelegenheiten nach bestimmtem Plan zu führen imstande wären oder wenn das Glück sich ihnen jederzeit günstig erwiese, so stünden sie nicht im Bann des Aberglaubens.«[27]

Verschwörungsglaube und Wahn – Unterschiede (und dann doch noch mal Gemeinsamkeiten)

Die Entstehung und das Festhalten sowohl an wahnhaften Überzeugungen als auch an Verschwörungstheorien können aus psychologischer Sicht eine Folge von Verunsicherung, Kontrollverlust und Stress sein. Und doch sind Wahn und Verschwörungsglaube offensichtlich nicht dasselbe. Ein grundsätzlicher Unterschied ist, dass der psychotische Wahn immer der Wahn einer einzelnen Person ist, während Verschwörungsgläubige ihre Überzeugung mit anderen teilen. So stellte Karl Jaspers in seiner Abhandlung über die Unterschiede zwischen Wahn und anderen Überzeugungen fest, dass das Irren der Gesunden ein »gemeinschaftliches Irren« sei.[28] Verschwörungstheorien liegt sogar eine positive soziale Motivation zugrunde. Einer Gruppe Erleuchteter anzugehören, die besondere Einsichten in die »wahren« Zusammenhänge in der Welt teilt, und sich dadurch von all den schafsblöden »Normalos« um einen herum abzuheben, ist doch eine tolle Sache! Pathologischer Wahn hingegen führt oft zu sozialer Isolation. Die damit einhergehenden Belastungen und Funktionseinschränkungen finden sich nicht ohne Grund auch in manchen Definitionen von Wahn wieder.[29]

Die bereits erwähnte Psychologin Pia Lamberty und ihr Kollege Roland Imhoff von der Universität Mainz haben sich eingehend mit den Gemeinsamkeiten und Unterschieden zwischen der Neigung zu paranoid-wahnhaften Überzeugungen und Verschwörungsglaube bei Gesunden beschäftigt. In einer systematischen Analyse der bestehenden Literatur und in zwei empirischen Online-Befragungen kamen sie zu dem Ergebnis, dass es eine klare Korrelation zwischen der Neigung zu Paranoia und Verschwörungsglaube gibt.[30] Menschen mit paranoiden Zügen haben demnach eine hohe Wahrscheinlichkeit, auch an Verschwörungstheorien zu glauben.

Die Studie förderte aber auch einige wichtige Unterschiede zutage. So beziehen sich paranoide Befürchtungen in der Regel eher auf »die anderen« im Allgemeinen, während Verschwörungstheorien einer bestimmten Gruppe üble Absichten unterstellen. Sie haben meistens Eliten im Visier, die über Macht und Einfluss verfügen, hegen Misstrauen etwa gegenüber den Regierenden oder den Medien. Ein weiterer Unterschied ist, dass paranoide Befürchtungen meist eine Bedrohung der Person selbst zum Inhalt haben (»die wollen *mir* an den Kragen«), während die Bedrohungsszenarien von Verschwörungstheorien in der Regel die Allgemeinheit betreffen (»die wollen *den kleinen Mann* für dumm verkaufen«).

Ähnlich verhält es sich mit dem Gefühl des Kontrollverlusts: Paranoide Befürchtungen sind durch ein Gefühl des Kontrollverlusts im Bereich der persönlichen Beziehungen in der eigenen Umgebung geprägt, während für Verschwörungstheorien eher das Gefühl typisch ist, dass Prozesse auf gesellschaftlicher Ebene nicht beeinflusst werden können. In den Worten von Imhoff und Lamberty lassen sich die Unterschiede zwischen Paranoia und Verschwörungsglaube wie folgt auf den Punkt bringen: »In der Weltsicht paranoider Menschen haben alle anderen es auf sie abgesehen, während in den Augen von Verschwörungsgläubigen wenige mächtige Menschen es auf alle abgesehen haben.«[31]

Dieser wichtige Unterschied lässt sich in ähnlicher Weise beobachten, wenn man die wahnhaften Überzeugungen schizophren Erkrankter mit den Überzeugungen Gesunder vergleicht, die eine ausgeprägte Wahnneigung haben. Die Hamburger Psychologin Tania Lincoln konnte in einer Studie zeigen, dass die größten Unterschiede in der *Selbstrelevanz* der Überzeugungsinhalte lagen: also darin, wie stark sich die Betroffenen persönlich durch andere bedroht fühlten.[32]

Wir können also festhalten, dass es grundlegende Unterschiede gibt, sowohl zwischen psychotischem Wahn und irrationalen Überzeugungen Gesunder als auch zwischen verschiedenen Formen irrationaler Überzeugungen bei Gesunden, die wir hier anhand von Paranoia und Verschwörungstheorien beleuchtet haben. Und natürlich geschieht es nicht ohne Grund, dass wir diese Phänomene unterschiedlich einordnen und benennen, und es hat auch Gründe, dass wir zwischen gesund und krank, zwischen »normal« und »verrückt« unterscheiden (was allerdings nichts daran ändert, dass diese vereinfachenden dichotomen Kategorisierungen große Probleme mit sich bringen). Wir dürfen also nicht alle Formen epistemischer Irrationalität über einen Kamm scheren, nicht so tun, als seien Gesunde genauso krank wie Menschen mit einer Psychose oder umgekehrt.

Darum geht es mir auch nicht. Wenn ich hier versucht habe, die Gemeinsamkeiten herauszuarbeiten, dann habe ich das mit dem Ziel getan, gerade diejenigen Überzeugungen, die wir für »verrückt« erklären, besser nachvollziehbar zu machen. Dass es Überschneidungen zwischen unterschiedlichen Formen irrationaler Überzeugungen gibt, lässt sich schon aus statistischen Befunden ableiten: Menschen, die zu wahnhaften Gedanken neigen, haben ein erhöhtes Risiko, an einer Schizophrenie zu erkranken;[33] und bei Menschen, die an Verschwörungstheorien glauben, sind gehäuft paranoide Züge zu beobachten.[34]

Gemeinsamkeiten können wir aber auch in der Entstehung unterschiedlicher Formen epistemischer Irrationalität feststellen – oder besser: in unseren Erklärungsmodellen für deren Entstehung. Die wesentliche Gemeinsamkeit liegt aus meiner Sicht darin, dass irrationale Überzeugungen aus einer Erklärungsnot heraus entstehen. Diese Erklärungsnot kommt aus unterschiedlichen Gründen zustande, aber sie besteht letztlich immer darin, dass wir uns auf die Dinge, die wir erleben, keinen Reim machen können. Je unerklärlicher unsere Erlebnisse, desto größer ist die Erklärungsnot und desto bereitwilliger nehmen wir plausibel erscheinende Erklärungen ohne weitere Überprüfung an; desto stärker ist aber auch die Entlastung, die eine Erklärung für das Unerklärliche mit sich bringt; und desto fester halten wir daher an der neu gewonnenen Einsicht fest, selbst dann, wenn die Fakten gegen sie sprechen.

Was uns empfänglich macht für epistemische Irrationalität – Trait- und State-Faktoren

Wir haben die Kontinuitätshypothese der Schizophrenie kennengelernt, nach der die Neigung zu Wahn (und anderen psychotischen Symptomen) in der Gesamtbevölkerung einer kontinuierlichen Verteilung folgt, es aber nur bei stark ausgeprägter Wahnneigung zu klinisch relevanten Psychosen kommt. Könnte man nicht dasselbe in allgemeinerer Form für die Neigung zu epistemischer Irrationalität postulieren?

Wir haben auch eine Reihe von Erklärungen dafür gefunden, warum epistemische Irrationalität adaptiv sein könnte. Wenn also eine Neigung zu epistemischer Irrationalität einen Fitnessvorteil mit sich bringt, dann könnte es ja auch eine Art Fitnesslandschaft für epistemische Irrationalität geben und somit auch Gene oder Genprofile, die diese begünstigen.

Das Problem an dieser Idee ist, dass es nicht *eine* Form von epistemischer Irrationalität gibt. Epistemische Irrationalität ist kein einheitliches psychologisches Konstrukt, sondern eine Eigenschaft, die ganz unterschiedlichen Denk- oder Handlungsweisen zugeschrieben werden kann, die wiederum aus ganz unterschiedlichen Gründen irrational sein können. Genauso wenig wird es *das* Irrationalitätsgen (oder -genprofil) geben. Dennoch könnte man angesichts der Gemeinsamkeiten, die wir zwischen unterschiedlichen Formen epistemischer Irrationalität gefunden haben, zumindest spekulieren, dass es gemeinsame Faktoren gibt, die eine Neigung zu irrationalen Überzeugungen begünstigen.

Grundsätzlich können das zwei Sorten von Eigenschaften sein: stabile Eigenschaften, die im Fachjargon als *Trait*-Faktoren bezeichnet werden (engl. *trait* = Merkmal, Wesenszug), also quasi das Holz, aus dem wir geschnitzt sind; oder veränderliche Zustände, in denen wir uns abhängig von Situation und Kontext befinden, auch *State*-Faktoren genannt (engl. *state* = Zustand). Und ein weiteres Mal muss ich mich bei Ihnen für die Verwendung englischer Begriffe entschuldigen. (Ich frage mich oft, warum es im Englischen so viel einfacher zu sein scheint, diese eleganten und griffigen Reime und Alliterationen zu bilden: *trait vs. state*, *nature vs. nurture*, *fast and frugal* und so weiter. Aber lassen Sie uns beim Thema blieben …)

Trait-Faktoren sind in der Regel Eigenschaften, die genetisch determiniert sind oder für die wir zumindest eine genetische Veranlagung haben. Auf der Ebene der Hirnfunktion sind beispielsweise genetisch bedingte Unterschiede im Bereich bestimmter Neurotransmittersysteme bekannt, von denen wir auch wissen, dass sie mit einer erhöhten Neigung zu psychotischen Erkrankungen einhergehen.[35] Im Rahmen der Predictive-Processing-Theorie wäre denkbar, dass auf der Grundlage genetisch bedingter Unterschiede in der Funktion von Hirnbotenstoffen wie Glutamat, GABA oder Dopamin individuelle Unterschiede darin entstehen, wie Vorhersagen gegenüber Sinnesdaten gewichtet werden.[36] Stärkere Verschiebungen in diesem Gleichgewicht können, wie wir gesehen haben, zu überschießenden Vorhersagefehlersignalen und damit zu aberranter Salienz führen. Aber schon kleine Unterschiede in der individuellen Gewichtung von Vorhersagen und Sinnesdaten könnten mit sich bringen, dass Menschen mehr oder weniger sensitiv für neue und gegebenenfalls widersprüchliche Informationen sind – und damit insgesamt empfänglicher für epistemische Irrationalität.

Psychologisch betrachtet könnten einer solchen individuellen Variabilität der Vorhersagemechanismen Unterschiede der sogenannten *Unsicherheitstoleranz* zugrunde liegen (auch *Ambiguitätstoleranz* genannt). Dieser Begriff aus der Persönlichkeitspsychologie beschreibt die Fähigkeit, »Vieldeutigkeit und Unsicherheit zur Kenntnis nehmen und ertragen zu können«.[37] Menschen mit einer gering ausgeprägten Unsicherheitstoleranz empfinden Widersprüchlichkeiten als eine Belastung und haben daher ein stärkeres Bedürfnis, Erklärungen zu finden, die geeignet sind, die bestehende Unsicherheit zu reduzieren.[38] Dass ein solches Bedürfnis dazu führen kann, irrationale Überzeugungen auszubilden, haben wir bereits ausführlich diskutiert. Tatsächlich zeigte eine kürzlich veröffentlichte Studie, dass eine gering ausgeprägte Unsicherheitstoleranz mit einer Neigung einhergeht, an Verschwörungstheorien über die Entstehung der COVID-19-Pandemie zu glauben.[39] Ob das psychologische Konstrukt der Unsicherheitstoleranz als Persönlichkeitseigenschaft auch etwas mit den hier vorgeschlagenen Vorhersagemechanismen im Gehirn zu tun hat, ist nicht bekannt, aber zumindest wäre das eine naheliegende Hypothese (deren empirische Überprüfung mich in den Fingern juckt).

Bei State-Faktoren handelt es sich dagegen nicht um stabile Eigenschaften. Sie sind veränderlich und haben mit der aktuellen Situation und den jeweiligen Reaktionen des Individuums darauf zu tun. Situativ ausgelöste Gefühle von Unsicherheit und Kontrollverlust, die irrationales Denken begünstigen können, sind Beispiele für solche State-Faktoren. Dazu gab es auch eine aufschlussreiche experimentelle Studie. Versuchspersonen sollten eine Aufgabe lösen und bekamen währenddessen verwirrendes Feedback – ganz absichtlich wurde in ihnen so ein Gefühl von Kontrollverlust hervorgerufen.[40] Im weiteren Verlauf war bei den Versuchspersonen eine starke Tendenz zu beobachten, in zufälligen Reizen bedeutsame Muster zu erkennen; sie zeigten also eine stärkere Neigung zur Clustering Illusion. Die Frage, welcher Mechanismus auf der Ebene der Hirnfunktion hinter einer solchen Veränderung der Wahrnehmung steckt, kann auf der Grundlage solcher Verhaltensexperimente nicht beantwortet werden. Eine Möglichkeit besteht aber darin, dass das Gefühl von Kontrollverlust eine Stressreaktion auslöst, die wiederum eine Veränderung in der Funktion unserer Vorhersagemaschinerie mit sich bringt.

Ein wichtiger Teil der Stressreaktion ist *Arousal*, ein Begriff der wörtlich übersetzt »Erregung« bedeutet, der sich aber eher auf eine allgemeine Aktivierung bezieht. Arousal beeinflusst ganz grundlegende Prozesse der sensorischen Informationsverarbeitung im Gehirn. So wird beispielsweise die Bestätigungstendenz in der Wahrnehmung durch Arousal moduliert, sie ist unter hohem Arousal geringer ausgeprägt.[41] Das heißt, wir verlassen uns im Zustand hohen Arousals in der Wahrnehmung weniger auf die Vorhersagen unseres inneren Modells und gewichten stattdessen die Sinnesdaten stärker. Und das ergibt durchaus Sinn: Stress und das damit verbundene Arousal stellen uns auf den Umgang mit potenziellen Bedrohungen ein und sollten uns daher »die Ohren spitzen« lassen, uns also empfänglicher für neue und potenziell relevante Informationen machen.

Die neurobiologischen Grundlagen der Effekte von Stress auf die Informationsverarbeitung in unserem Gehirn sind zu vielschichtig, als dass wir hier im Detail darauf eingehen könnten. So nimmt der Neurotransmitter *Noradrenalin* beim Zustandekommen von Arousal eine Schlüsselrolle ein, interagiert aber auch auf komplexe Weise mit anderen Hirnbotenstoffen, die wir hier bereits zum Teil kennengelernt haben (und vielleicht auch mit anderen, die noch kein Mensch kennt). Ein Mechanismus scheint aber im Hinblick auf eine mögliche stressbedingte Veränderung der Gewichtung von Sinnesdaten gegenüber Vorhersagen im Sinne des Predictive Processing besonders relevant zu sein: Stress führt zu einer verstärkten Verfügbarkeit des Neuromodulators *Dopamin*.

Im Rahmen der Dopaminhypothese der Schizophrenie[42] haben wir Dopamin als eine Art Lautstärkeregler für Vorhersagefehlersignale kennengelernt; als einen wichtigen Faktor in der Feinjustierung des Abgleichs von Vorhersagen und Sinnesdaten. Steigt die Dopaminaktivität unter Stress, wird die Lautstärke der Vorhersagefehlersignale hochgedreht, Sinnesdaten werden dadurch stärker gewichtet, und es entsteht aberrante Salienz. So lässt sich auch gut erklären, wie Helen S., die New Yorker Mikrobiologin, für kurze Zeit in einen wahnhaften Zustand geriet: Das Präparat Dexamethason hatte einen massiven Stresszustand ausgelöst und ihr Gehirn in Alarm versetzt; eine eigentlich ganz normale Situation in der Subway wurde mit einem Mal als bedrohlich wahrgenommen.

Dass es eine Verbindung zwischen dem State-Faktor Stress und dem Auftreten psychotischer Erkrankungen gibt, ist bestens bekannt.[43] Auf einen solchen Zusammenhang weist beispielsweise das erhöhte Risiko für psychotische Erkrankungen bei Menschen mit Migrationshintergrund hin (sowohl der ersten als auch der zweiten Generation), das durch zahlreiche Studien gut belegt ist.[44] Das Gefühl von Fremdheit in einer neuen Umgebung und sozialer Ausschluss sind offensichtliche psychosoziale Faktoren, die bei Migrant:innen zu erhöhtem Stress beitragen können. Im Hinblick auf die neurobiologischen Mechanismen, die diesem Zusammenhang zugrunde liegen könnten, sind die Ergebnisse einer kanadisch-britischen Studie aufschlussreich. Sie zeigte nicht nur den bekannten Effekt einer Überaktivität von Dopamin im Zusammenhang mit Psychosen; sondern darüber hinaus, dass die Dopaminaktivität im Gehirn von Migrant:innen der ersten und zweiten Generation erhöht war. Und zwar unabhängig davon, ob eine psychotische Erkrankung vorlag oder nicht.[45]

Wir dürfen natürlich nicht den Fehler machen, die Anfälligkeit für psychotische Erkrankungen bei Menschen mit Migrationshintergrund allein auf Dopamin zu reduzieren. Dopamin mag eine wichtige Rolle spielen, ist aber sicher nicht allein für die Entstehung von Psychosen verantwortlich.

Ob ein ähnlicher Mechanismus auch bei der Entstehung von Verschwörungsglaube und anderen nicht krankhaften irrationalen Überzeugungen am Werk ist, wissen wir nicht. Die bekannten Zusammenhänge zwischen Verunsicherung, Kontrollverlust und Stress auf der einen Seite und dem Glauben an Verschwörungstheorien auf der anderen Seite legen dies aber zumindest nahe. Auch wenn Stress die Balance in der Gewichtung von Vorhersagen und Sinnesdaten nur minimal verschiebt, könnte uns das sensitiver für Auffälligkeiten und Widersprüche in der Welt um uns herum machen; und dadurch auch empfänglicher für einfache Erklärungen, die diese Auffälligkeiten und Widersprüche beseitigen.

Was auf der Hand liegt und was wir wahrscheinlich sowohl für Wahn als auch für andere Formen epistemischer Irrationalität annehmen können, ist, dass die Wirkung von State-Faktoren durch individuelle Trait-Faktoren moduliert wird. Je stärker also bei einer Person die grundsätzliche Neigung zu epistemischer Irrationalität ist, desto stärker wird sie vermutlich auf Stress mit der Ausprägung irrationaler Überzeugungen reagieren.

Die hier dargestellten Mechanismen liefern natürlich keine *vollständige* Erklärung dafür, dass Menschen entweder grundsätzlich oder situationsabhängig mehr oder weniger stark zu epistemisch irrationalen Überzeugungen neigen. Zu unterschiedlich und vielfältig sind die Denk- und Handlungsweisen, die wir als irrational bezeichnen, zu komplex und vielschichtig ist die Entstehung der entsprechenden Überzeugungen, als dass wir sie auf einen einzelnen Faktor zurückführen könnten. Es wäre viel zu einfach, diese Komplexität auf einen einzelnen Mechanismus in der Funktionsweise des Gehirns zu reduzieren. Was ich aber dennoch vorschlagen möchte, ist, dass ein solcher Faktor die Entstehung irrationaler Überzeugungen *begünstigen* könnte. Individuelle Unterschiede in der Regulation der delikaten Balance zwischen Vorhersagen und Sinnesdaten – und situationsabhängige Veränderungen dieser Mechanismen – sind aus meiner Sicht ein vielversprechender Kandidat für einen solchen grundlegenden Faktor.[46]

Um es noch einmal deutlich hervorzuheben: Alle unsere Überzeugungen, ob rational oder irrational, dienen dazu, uns einen Reim auf die Dinge zu machen, die wir erleben, unsere Wahrnehmungen in einen größeren Zusammenhang einzuordnen und plausible Erklärungen für scheinbare Widersprüche zu finden. Dabei gehen wir alle oft genug irrational vor, worüber wir uns meistens selbst hinwegtäuschen, was aber offenbar adaptiv ist. Wie stark diese uns allen eigene Neigung zu epistemischer Irrationalität ausgeprägt ist, hängt damit zusammen, wie stark sich die Vorhersagemaschine in unserem Kopf auf ihre Vorhersagen verlässt und wie groß das Gewicht ist, das sie neuen Sinnesdaten beimisst.

Je stärker die Gewichtung der Sinnesdaten ausfällt – und das hängt sowohl von unserer Veranlagung (Trait-Faktoren) als auch von der jeweiligen Situation (State-Faktoren) ab –, desto leichter nehmen wir plausibel erscheinende Erklärungen ohne weitere Überprüfung an und desto schwerer fällt es uns, die entstandenen Überzeugungen wieder aufzugeben; mit einem Wort: desto stärker neigen wir zu epistemischer Irrationalität.

Im Hinblick auf die Unterscheidung zwischen »normal« und »verrückt« können wir also zu folgendem Schluss kommen: Wenn wir den Blick auf die Entstehung von Überzeugungen in unseren Köpfen richten, dann stellen wir fest, dass bei Wahn dieselben grundlegenden Mechanismen am Werk sind wie bei anderen Überzeugungen auch. Diese Mechanismen sind in unser aller Köpfen am Werk, denn sie sind adaptiv – trotz der epistemischen Irrationalität, die dabei oft herauskommt (denn die Evolution interessiert sich nun mal nicht für Wahrhaftigkeit). Dieselben grundlegenden Mechanismen können bei verschiedenen Menschen in verschiedenen Situationen allerdings unterschiedlich ausgeprägt sein. Und manchmal eben auch in einer so extremen Form, dass der Kontakt zur Realität noch stärker verloren geht, als das bei uns allen ohnehin häufig der Fall ist.

8

Chancen, Risiken und Nebenwirkungen

Versuch eines Resümees

All das, was wir zu wissen glauben, was wir als sicher annehmen, wovon wir überzeugt sind, aber auch, wie wir die Welt da draußen wahrnehmen und uns selbst in dieser Welt – all das ist das Werk unseres Gehirns. Es sitzt in seiner dunklen Knochenhöhle, empfängt Nervenimpulse von den Sinnesorganen und baut sich (oder besser: uns) daraus ein Bild der Welt. Dieses Bild der Welt ist keine reine Fantasie, ist nicht losgelöst von der Realität, sondern wird immer wieder durch die Ereignisse korrigiert, die in unseren Sinnesorganen Nervenimpulse auslösen. Was dabei herauskommt, ist eine »Fantasie, die mit der Realität im Einklang steht«.[1] Allerdings steht sie nur insoweit mit der Realität im Einklang, als das für uns auf lange Sicht hinsichtlich unserer Überlebens- und Reproduktionschancen von Nutzen ist. Der Imperativ der Evolution ist nicht »Bau dir deine Welt so, dass sie mit der Realität im Einklang steht!«, sondern: »Bau dir deine Welt so, dass du damit deine Überlebens- und Reproduktionschancen maximierst!«

Aber damit hier kein Missverständnis entsteht: Dieser Imperativ bedeutet nicht, dass es keinerlei Rolle spielt, wie gut unser inneres Modell der Welt mit der Realität übereinstimmt. Im Gegenteil, man kann davon ausgehen, dass es adaptiv ist, wenn wir möglichst gut und genau wissen, was da draußen los ist. Doch das ist eben nicht das *einzige* Kriterium, nach dem sich unser Gehirn seine Welt baut. Von den anderen relevanten Kriterien haben wir inzwischen einige kennengelernt. Etwa die Frage, wie Fehler vermieden werden können, die hohe Kosten mit sich bringen würden; oder die, ob der Aufwand, den ein sorgfältiger Realitätsabgleich erfordern würde, verhältnismäßig ist; und natürlich auch die Frage des Funktionierens im Kontext sozialer Gefüge. Unter Einbeziehung dieser und anderer Kriterien bauen sich unsere Gehirne ihre Welten nur insofern im Einklang mit der Realität, als sie damit dem Imperativ der Evolution gehorchen.

Unsere Gehirne haben sich so zu Vorhersagemaschinen entwickelt, die unser Bild der Welt durch den ständigen Abgleich eines inneren Modells dieser Welt mit den verfügbaren Sinnesdaten konstruieren. Da die erste Devise unseres Gehirns bei diesem Abgleich nicht größtmögliche Wahrheitstreue ist, sondern die Maximierung der Chancen auf Überleben und Reproduktion, entsteht das, was wir als epistemische Irrationalität bezeichnet haben. Unsere Überzeugungen – ein wichtiger Teil unseres inneren Modells der Welt – sind mal mehr und mal weniger irrational. Grundsätzlich jedoch ist unsere Neigung zu irrationalen Überzeugungen kein Fehler im System, kein Wurmfortsatz, kein Epiphänomen; sondern die Folge der ganz »normalen« Funktionsweise unseres Gehirns: *»It's not a bug, it's a feature!«*[2]

Auf der Ebene der Hirnfunktion haben wir als einen kritischen Mechanismus die delikate Balance beim Abgleich zwischen Vorhersagen und Sinnesdaten identifiziert. Tendiert dieser Abgleich zu einer stärkeren Gewichtung der Sinnesdaten, dann steigt der Erklärungsbedarf. Dieser Erklärungsbedarf begünstigt wiederum die Entstehung epistemisch irrationaler Überzeugungen. Denn Überzeugungen helfen uns dabei, uns einen Reim auf die Ereignisse da draußen in der Welt machen zu können. Sie sind notwendig, um unsere Wahrnehmungen und Erlebnisse in ein stimmiges großes Ganzes einzuordnen. Überzeugungen als quasi höchste Instanz unserer Vorhersagenhierarchie ermöglichen uns planvolles und vorausschauendes Handeln, sie helfen uns – trotz der inhärenten Unsicherheit, mit der die Konstruktion unserer Realität behaftet ist –, die Kontrolle zu behalten. Diese Unsicherheit wird umso größer, je stärker die Vorhersagemaschine in unserem Kopf die verfügbaren Sinnesdaten gewichtet; denn dadurch erlangen neu eingehende Daten mehr Bedeutung. Es entsteht ein Erklärungsbedarf, manchmal sogar Erklärungsnot. Denn können wir etwas nicht erklären, droht Kontrollverlust.

Je größer die Erklärungsnot, desto bereitwilliger verlassen wir uns auf *irgendwelche* Erklärungen. Wie gut diese Erklärungen mit der Realität übereinstimmen, ist dann zweitrangig. Hauptsache, sie sind einigermaßen plausibel, lösen Widersprüche auf und geben uns das Gefühl der Kontrolle zurück. So entstehen epistemisch irrationale Überzeugungen. Und weil sie so guttun, geben wir sie auch nur sehr ungern wieder her. Die Balance im Abgleich zwischen Vorhersagen und Sinnesdaten ist somit ein möglicher Mechanismus (vielleicht sogar ein kritischer, aber sicher nicht der einzige), der auf der Ebene der Hirnfunktion die Entstehung epistemischer Irrationalität erklären kann.

Wie irrational wir tatsächlich im Einzelfall vorgehen, hängt natürlich von der jeweiligen Situation ab. Je weniger wir das Gefühl haben, das Heft des Handelns fest in der Hand zu haben – in Situationen allgemeiner Unsicherheit, Bedrohung oder Stress –, desto stärker wird unsere Tendenz zu epistemischer Irrationalität ausgeprägt sein. Das ist, wie wir festgestellt haben, durchaus adaptiv (sonst wäre es auch nicht so). Und so wird auch die grundsätzliche individuelle Neigung zu epistemischer Irrationalität bei uns Menschen entsprechend einer Fitnesslandschaft verteilt sein. Unter manchen Lebensumständen wird eine geringere Neigung zu epistemischer Irrationalität adaptiv sein, unter anderen eine stärkere. So, wie wir weder lange noch kurze Vogelflügel als grundsätzlich mehr oder weniger adaptiv einordnen können, ist das im Falle einer mehr oder weniger ausgeprägten Neigung zu epistemischer Irrationalität gerechtfertigt oder sinnvoll. Beides hat seine Vor- und Nachteile, und sogar eine stark ausgeprägte irrationale Neigung kann im Kontext einer sozialen Gemeinschaft durchaus Vorteile mit sich bringen.

Wie bei allen Fitnesslandschaften sind aber die Extreme auch mit Risiken behaftet. So wird eine starke Tendenz zu epistemischer Irrationalität in Form einer Wahnneigung das Risiko für Psychosen erhöhen. Zu manifesten psychotischen Erkrankungen wird es vor allem dann kommen, wenn sich situative Faktoren wie Stress hinzugesellen oder wenn die Balance im Abgleich von Vorhersagen und Sinnesdaten auf anderem Wege verändert wird, zum Beispiel durch Drogen.

Wenn wir uns die Entstehung von Wahn als extreme Form epistemischer Irrationalität herleiten, die durch genetische Faktoren begünstigt und durch situative Einflüsse ausgelöst wird, dann wird abermals deutlich: Die Übergänge zwischen »normal« und »verrückt« sind fließend. Sie sind es auf phänomenologischer Ebene wie auch auf der Ebene der zugrunde liegenden Mechanismen. Es gibt keinen kategorischen Unterschied in der Entstehung von Wahn und »normalen« Überzeugungen. Der Graben, den wir zwischen »normal« und »verrückt« ziehen, ist somit ein künstlicher. Auch wenn mir die Überzeugungen, die eine andere Person äußert, noch so »verrückt« erscheinen, in den meisten Fällen sind diese »verrückten« Überzeugungen keineswegs Folge einer Störung der Auffassungsgabe oder des logischen Denkvermögens; sie erfüllen – genau wie meine eigenen Überzeugungen – den Zweck, Erklärungen für das Unerklärliche im eigenen subjektiven Erleben zu finden. Ob rational oder irrational, unsere Überzeugungen sind Hypothesen, die uns helfen, uns einen Reim auf die Ungereimtheiten in der Welt um uns herum zu machen.

Sein ist nicht Sollen

Irrationales Denken ist offenbar in vielen Situationen durchaus funktional. Es hilft uns, folgenschwere Fehler zu vermeiden und uns in Situationen, die schnelle Entscheidungen erfordern, nicht umständlich mit der Suche nach der Wahrheit zu verzetteln. Das ist ja eigentlich eine prima Sache. Und wenn es nicht so prima wäre, dann hätte die Evolution unsere Gehirne sicher auch nicht so geformt, dass sie irrationale Überzeugungen hervorbringen.

Ist also epistemische Irrationalität, entgegen dem negativen Beigeschmack des Wortes »irrational«, eigentlich etwas Gutes? So betrachtet könnte man auch wahnhafte Überzeugungen in einem viel positiveren Licht sehen. Auch wenn Wahn der Verlust des Kontakts zur Realität bedeutet und dadurch dysfunktional wird, wäre er letztlich nur Ausdruck einer starken Neigung zu epistemischer Irrationalität, die zumindest dann, wenn sie nicht völlig aus dem Ruder läuft, doch eine gute Sache für uns ist. Ist Wahn also, in Shakespeares Worten, *»too much of a good thing«*[3]?

Das ist ein verführerischer Gedanke, denn er hat scheinbar das Potenzial, ein schwerwiegendes psychisches Symptom als etwas im Grunde

Positives zu sehen. Einfach zu viel des Guten. Könnte das nicht der Schlüssel zur Entstigmatisierung von Psychosen sein? So sympathisch mir dieser Gedanke ist, so trügerisch ist er auch.

Ich habe diesen Punkt schon ein paarmal im Vorbeigehen erwähnt, aber ich möchte ihn hier noch einmal ganz deutlich machen: Wir sollten auf der Hut sein vor dem *Sein-Sollen-Fehlschluss*. Diesen Fehlschluss begehen wir nach dem englischen Philosophen David Hume dann, wenn wir von deskriptiven Aussagen direkt auf normative Aussagen schließen;[4] wenn wir also davon, wie eine Sache *ist*, darauf schließen, wie sie sein *soll*. Im spezifischen Kontext von naturwissenschaftlichen Erkenntnissen wird auch vom *naturalistischen Fehlschluss* gesprochen, der den Versuch bezeichnet, etwas als gut zu rechtfertigen, weil es natürlich ist.[5] Genau diesen Fehler würden wir begehen, wenn wir epistemische Irrationalität, die sich im deskriptiven Sinne aus Sicht der Evolutionstheorie als etwas ganz Natürliches darstellt, im normativen Sinne als etwas Gutes und Erstrebenswertes deklarieren würden.

Der britische Evolutionsbiologe Richard Dawkins äußert sich dazu im Vorwort zur dreißigjährigen Jubiläumsausgabe seines legendären Buchs »The Selfish Gene«, das oft im Sinne eines naturalistischen Fehlschlusses fehlinterpretiert wurde: »Unser Gehirn hat sich bis zu einem Punkt hin entwickelt, an dem wir in der Lage sind, gegen unsere egoistischen Gene zu rebellieren. Dass wir das können, wird etwa durch unseren Gebrauch von Kontrazeptiva deutlich. Dasselbe Prinzip kann und sollte auch in einem breiteren Rahmen angewendet werden.«[6]

Mit seiner Theorie der »egoistischen Gene« betont Dawkins, dass das Prinzip der natürlichen Selektion sich weder auf die Konkurrenz zwischen verschiedenen Spezies noch auf den Wettstreit zwischen den Individuen einer Spezies bezieht *(»survival of the fittest«)*, sondern dass es die Gene sind, die in Konkurrenz um ihre Weitergabe an nachfolgende Generationen stehen. Deswegen setzen sich zum Beispiel Gene durch, die reproduktives Verhalten begünstigen. Und ganz klar, deswegen haben Menschen (und andere Lebewesen, die sich sexuell reproduzieren) Lust auf Sex. Dass das adaptiv ist, steht außer Frage, aber damit darf eben keine Wertung in einem normativen Sinne verknüpft werden. Es mag adaptiv sein, viel Sex mit vielen Partner:innen haben zu wollen, jedoch müssen wir das deswegen weder gut noch schlecht finden. Wir sind mit Gehirnen ausgestattet, die uns die freie Entscheidung erlauben, ob wir überhaupt Sex haben wollen, und wenn ja, mit wie vielen Partner:innen, ob mit oder ohne Verhütungsmittel etc. Wir können aus privaten, weltanschaulichen, religiösen oder sonstigen Gründen heraus entscheiden, inwieweit wir dem biologischen Imperativ unserer Gene nachgeben wollen.

Natürlich steht es uns auch frei, normative Aussagen dazu zu machen, in welchem Maß und unter welchen Rahmenbedingungen wir Reproduktion in Ordnung finden oder nicht. Doch wir sollten solche normativen Aussagen nicht per direktem Schluss aus der Evolutionstheorie ableiten. Evolutionstheoretische Erkenntnisse mögen uns Erklärungsansätze für alle möglichen Lebensphänomene bieten, sie dürfen allerdings nicht für Rechtfertigungen irgendeiner Art missbraucht werden. Das kommt mir fast zu trivial vor, um es hier so zu schreiben, aber ich tue es trotzdem: weil der naturalistische Fehlschluss ein allzu verführerischer ist; und, weil er auch immer wieder von Kritiker:innen evolutionstheoretischer Erklärungsmodelle begangen wird, indem sie solchen Erklärungsmodellen irrigerweise vorwerfen, im Grunde als Rechtfertigung menschlicher Verhaltensweisen zu dienen.[7]

Verführerisch ist der naturalistische Fehlschluss auch in Bezug auf epistemische Irrationalität. Wir haben uns hier ausführlich mit den Vorteilen irrationalen Denkens beschäftigt, und auch wenn dahinter immer die Frage des möglichen Selektionsvorteils stand, so scheint die Ableitung normativer Aussagen sehr verlockend. Ist es nicht gut, irrationale Überzeugungen zu haben, wenn wir uns damit einfach besser fühlen? Bringt eine Neigung zu irrationalem Denken nicht auch viele schöne Dinge mit sich, wie etwa Kreativität? Ich finde Kreativität ja auch etwas Wunderbares, dennoch dürfen wir daraus nicht im direkten Umkehrschluss ableiten, dass wir unseren irrationalen Impulsen freien Lauf lassen sollten.

Was wir aber aus unseren evolutionstheoretischen Überlegungen zur epistemischen Irrationalität ableiten können, ist, dass sie durchaus »normal« ist. Sie gehört genauso zu uns als Menschen wie unser Bedürfnis zu essen, zu trinken oder Sex zu haben. Sie ist sogar viel »normaler«, als wir uns das selbst eingestehen wollen, denn wir alle unterliegen einer Rationalitätsillusion. Diese Illusion bringt es mit sich, dass wir Überzeugungen anderer, die wir nicht teilen, gern als irrational und damit auch als etwas »verrückt« abtun. Deswegen ist es so wichtig, dass wir uns darüber im Klaren sind, wie epistemische Irrationalität erklärt werden kann, wo sie herkommt, wie sie in unseren Köpfen entsteht und welche Funktionen sie hat.

Wenn wir unsere eigene Irrationalität auf diese Weise verstehen und uns ihrer bewusst sind, dann sind wir freier in unserer Entscheidung, wie wir mit ihr umgehen. Wir haben die Freiheit zu sagen: »Ich pfeife jetzt mal auf Rationalität, weil es mir gerade so guttut (und niemandem wehtut), irrational zu denken.« Wir können aber auch sagen: »Ich erkenne meine eigene Irrationalität und muss aufpassen, dass sie mich nicht dazu bringt, anderen Unrecht zu tun; oder dass ich mich nicht zu einem Verhalten hinreißen lasse, das ich später bereuen werde.« Und wir können auch sagen: »Ich halte die Überzeugung meines Gegenübers zwar für epistemisch irrational, aber ich habe eine gute Erklärung dafür und kann mein Gegenüber so besser verstehen.«

Wie auch immer wir mit unserer eigenen Irrationalität und der anderer umgehen, es wird in jedem Fall hilfreich sein, über sie Bescheid zu wissen und sie möglichst gut zu verstehen. Daraus erwächst uns, um noch einen Schritt weiter zu gehen, aber auch eine Verantwortung, die der Philosoph Daniel Dennett so formuliert: »Wir können nicht einfach zur glückseligen Unwissenheit unserer tierischen Vergangenheit zurückkehren. Wir sind nun eben eine ›wissende‹ Spezies, was bedeutet, dass wir unser Wissen, so gut wir können, verwenden sollten, um unsere Strategien und Praktiken danach auszurichten, mit unseren biologischen Imperativen zurechtzukommen.«[8]

Unsere Verantwortung besteht darin, uns mit dem »biologischen Imperativ« unserer Neigung zur Irrationalität auseinanderzusetzen. Wir sind in der Lage, gegen unsere egoistischen Gene zu »rebellieren«, wir müssen uns ihnen nicht unterwerfen und sollten sie vor allem nicht als Rechtfertigung für unser Denken und Handeln heranziehen. Epistemische Irrationalität ist weder ein Zeichen von Dummheit, noch handelt es sich dabei um eine Krankheit, und wir müssen sie schon gar nicht rundheraus als Verderben bringendes Unheil verteufeln. Sie mag durchaus Gutes mit sich bringen, aber sie birgt eben auch Fallstricke und Gefahren. Fallstricke für uns selbst, wenn wir uns blind von irrationalen Tendenzen leiten lassen, obwohl wir es besser wissen könnten und uns dadurch selbst zur Strecke bringen. Und Gefahren vor allem in der Interaktion mit unseren Mitmenschen, wenn durch Irrationalität festgefahrene Überzeugungen entstehen; wenn sich dadurch Gräben auftun, die zu Ablehnung und Ausgrenzung führen, die ein friedliches und respektvolles Zusammenleben erschweren oder sogar unmöglich machen.

Wenn wir um unsere eigene Irrationalität und die der anderen wissen, wenn wir verstehen, wo sie herkommt und welche Funktionen sie hat, wenn wir die Fallstricke und Gefahren kennen, die mit irrationalem Denken verbunden sind, dann können wir uns als »wissende Spezies« darauf einstellen und damit umgehen. Wenn wir wissen, wo es brenzlig wird, dann können und sollten wir an den kritischen Stellen Wassereimer aufstellen, um entstehende Brandherde jederzeit löschen zu können.

Überzeugungen sind Hypothesen

Wahnhafte Überzeugungen sind epistemisch irrational, und viele »normale« Überzeugungen sind es auch. Wenn man streng nach dem Duden geht, der Überzeugungen als »feste, unerschütterliche Meinungen« definiert, dann könnte man sogar zu dem Schluss kommen, dass Überzeugungen grundsätzlich und in sich epistemisch irrational sind. Unerschütterlich, also »auch im Lichte entgegengesetzter Evidenz«,[9] an einer Überzeugung festzuhalten, ist epistemisch irrational. Ich gebe zu, das ist eine strenge Auslegung, die sich so zumindest dann nicht halten lässt, wenn man das Wort »unerschütterlich« nicht absolut interpretiert, sondern ihm die Möglichkeit der Graduierung zugesteht. Man kann ja vielleicht auch mehr oder weniger unerschütterlich an einer Überzeugung festhalten.

Wie irrational eine Überzeugung ist, hängt also – wie auch die Frage, ob sie wahnhaft ist oder nicht – vom »Grad der Gewissheit« ab,[10] mit der man an ihr festhält. Auch wenn somit nicht alle Überzeugungen automatisch irrational sind, so können wir aber auf jeden Fall feststellen, dass epistemische Irrationalität in Überzeugungen zumindest *angelegt* ist. Sobald wir also einer Überzeugung begegnen, bei uns oder bei anderen, ist das schon Anlass genug, sie kritisch auf epistemische Irrationalität hin zu überprüfen. Mit anderen Worten: Wir sollten einen rationalen Umgang mit unserer Irrationalität finden.

Genau dabei erscheint mir das Verständnis unseres Gehirns als Vorhersagemaschine hilfreich. Und zwar als eine Vorhersagemaschine, die unsere Welt im Sinne eines *»best guess«* konstruiert und als entscheidendes Kriterium dafür nicht heranzieht, wie gut dieser *»best guess«* mit der Realität übereinstimmt, sondern wie hilfreich er für unsere Überlebens- und Reproduktionschancen ist. Die Vorhersagen, die unser Gehirn für die Konstruktion unserer Realität nutzt, beruhen auf einem hypothetischen inneren Modell der Welt (das auch uns selbst als Teil dieser Welt beinhaltet).[11] Dieses innere Modell ist zum Teil Produkt der evolutionären Anpassung unserer Spezies an unsere Lebenswelt, geht zu einem großen Teil aber auch auf die Lernerfahrungen zurück, die wir im Laufe unseres Lebens gemacht haben. Letzteres gilt vor allem für unsere Überzeugungen, die wir hier als Vorhersagen auf der höchsten Ebene eines hierarchisch aufgebauten inneren Modells verortet haben. Wie alle Vorhersagen, die unser Gehirn auf der Grundlage dieses inneren Modells macht, sind auch unsere Überzeugungen, so sicher wir uns ihrer auch sein mögen, immer nur Hypothesen über die Realität, in der wir leben.

Dass unsere Überzeugungen Hypothesen sind, bedeutet, dass sie sich immer als falsch herausstellen können. Es gibt *nichts*, was wir mit absoluter Sicherheit wissen können. Daraus folgt in letzter Konsequenz, dass es so viele unterschiedliche innere Modelle der Welt wie Gehirne gibt. In weiten Teilen werden diese Modelle übereinstimmen, denn sie beruhen auf Lernerfahrungen in derselben realen Welt, die wir alle bewohnen. Dennoch wird jedes Gehirn aufgrund individuell unterschiedlicher genetischer Anlagen und unterschiedlicher Lernerfahrungen (in unterschiedlichen Teilen dieser Welt, zu unterschiedlichen Zeiten und mit unterschiedlichen Mitmenschen) mit seinem eigenen, individuellen inneren Modell der Welt arbeiten.

Dass sich vor allem unsere Überzeugungen stark voneinander unterscheiden werden, liegt angesichts ihres Zustandekommens und ihrer Funktionen auf der Hand. Denn sie beruhen auf einer Kombination unserer eigenen Erfahrungen und dem, was wir von anderen gelernt oder auch unhinterfragt übernommen haben. Unsere Überzeugungen helfen uns als Teil unserer Vorhersagemaschinerie dabei, möglichst sicher durch eine unsichere Welt zu navigieren (und dabei nach Andy Clark *»in the pocket«* zu surfen). Sie folgen dabei aber nicht primär der

Devise der Wahrheitsfindung; und sie haben zusätzlich noch darüber hinausgehende Funktionen, wie zum Beispiel die Definition unserer Rollen und Zugehörigkeiten im sozialen Kontext.

Dass wir manchmal zu ziemlich unterschiedlichen individuellen Überzeugungen gelangen, liegt in der Natur der Sache. Entsprechend der Funktionsweisen unserer Gehirne als Vorhersagemaschinen sind Überzeugungen immer nur Hypothesen, die wir aber trotzdem mit dem Brustton der, nun ja, Überzeugung vertreten. Die Gewissheit, mit der wir an unseren Überzeugungen festhalten, hängt mit ihrer Funktion innerhalb der Vorhersagenhierarchie in unserem Gehirn zusammen. Überzeugungen würden ihre Funktion verfehlen, wenn wir sie angesichts neu verfügbarer Informationen zu schnell wieder über den Haufen werfen würden. Zudem hilft uns der Brustton der Überzeugung dabei, uns in sozialen Rollen zu behaupten.

Überzeugungen, die sich nicht durch ein gewisses Maß an Unerschütterlichkeit auszeichnen, taugen also nicht viel. Einerseits. Andererseits können alle unsere Überzeugungen im Prinzip widerlegt werden, weil sie eben immer nur Hypothesen sind. Die Möglichkeit des Irrtums ist bei jeder Überzeugung mit eingebaut. Und hier kommt eine andere wichtige soziale Implikation hinzu: Wenn wir alle immer unbeirrbar an unseren Überzeugungen festhalten, dann führt das unweigerlich dazu, dass wir uns gegenseitig für »verrückt« erklären, was dem kooperativen Zusammenleben in sozialen Gemeinschaften alles andere als zuträglich ist.

Wir befinden uns also in einem scheinbaren Dilemma. Einerseits würden Überzeugungen anscheinend ihren Zweck verfehlen, hielten wir nicht mit unerschütterlicher Gewissheit an ihnen fest. Andererseits führt gerade dieses Festhalten an unseren Überzeugungen unweigerlich zu Konflikten. Allerdings handelt es sich dabei tatsächlich nur um ein *scheinbares* Dilemma, denn es beruht auf dem *Sein-Sollen-Fehlschluss*: Nur weil unerschütterliche Überzeugungen adaptiv sind, heißt das noch lange nicht, dass sie für unser Leben im Hier und Jetzt funktional oder sogar wünschenswert sind. Wenn wir entscheiden, dass unser unerschütterliches Festhalten an Überzeugungen für das Zusammenleben mit anderen kontraproduktiv ist, dann haben wir als »wissende Spezies« die Freiheit, gegen diese evolutionär bedingte Tendenz zu »rebellieren«.

Wir sollten diese Freiheit nutzen und uns aktiv dafür entscheiden, unsere Überzeugungen immer wieder zu hinterfragen und kritisch zu überprüfen. Vor allem dann, wenn sie mit den Überzeugungen anderer kollidieren. Das heißt nicht, dass wir den anderen immer recht geben müssen. Aber wir sollten uns klarmachen, dass unsere Überzeugungen zum einen immer nur Hypothesen sind und es zum anderen für unser Festhalten an Überzeugungen Gründe gibt, die evolutionär in uns verankert sind. Diese Gründe liefern keine Rechtfertigungen, sondern lediglich Erklärungen, und zwar auch dafür, dass die anderen (vermutlich aus ähnlichen Gründen wie wir) ebenfalls dazu neigen, an ihren (aus unserer Sicht »verrückten«) Überzeugungen festzuhalten.

Auf diese Weise könnte die naturwissenschaftliche Erklärung eines mentalen Phänomens – in diesem Fall: Überzeugungen – über den reinen akademischen Erkenntnisgewinn hinaus von Nutzen sein, und zwar als Grundlage für einen bewusst rationalen Umgang mit Irrationalität. Die Hoffnung ist, dass uns dies einen selbstkritisch-reflektierten Blick auf unsere eigenen festgefahrenen Überzeugungen und eine tolerante Haltung gegenüber den Überzeugungen anderer ermöglicht.

Entstigmatisierung

In der Psychiatrie haben sich über das letzte Jahrhundert unterschiedliche Traditionen herausgebildet, deren Vertreter:innen sich gegenseitig nicht immer nur freundlich gesinnt waren. So habe ich bei meinen ersten Kontakten zur Psychiatrie in den 1990er-Jahren sehr deutlich die Gegensätze zwischen zwei großen Strömungen mitbekommen, der *biologischen Psychiatrie* und der *Sozialpsychiatrie*.

Die biologische Psychiatrie hatte einen schlechten Ruf, ihr haftete fast ein Image der Unmenschlichkeit an: Biologische Psychiater:innen, so die Auffassung, setzten nur auf Medikamente oder malträtierten ihre Patient:innen sogar mit »Elektroschocks«.[12] Sozialpsychiater:innen hingegen interessierten sich in einem viel umfassenderen Sinne für ihre Patient:innen, sie kümmerten sich um den ganzen Menschen, seinen sozialen Kontext und seine Lebensumstände. Diese Gegensätze haben sich immer noch nicht ganz aufgelöst, aber es gibt durchaus viele Psychiater:innen, die Medikamente einsetzen und sich trotzdem für den ganzen Menschen interessieren. So würde auch ich selbst mich als klinisch tätiger Psychiater keinem der beiden Lager zuordnen wollen.

Als Forscher aber bin ich mit dem neurowissenschaftlichen Ansatz, den ich verfolge, eindeutig biologisch orientiert. Ich fühle mich manchmal irgendwie schlecht damit, was möglicherweise mit meiner frühen psychiatrischen Prägung aus den 1990er-Jahren zu tun hat. Verstärkt wird dieses negative Gefühl noch dadurch, dass dem neurowissenschaftlichen Ansatz der Beigeschmack des Reduktionismus anhaftet: Bei dem Versuch, komplexe Phänomene in ihre Einzelteile zu zerlegen, würde der Blick auf das große Ganze verloren gehen. Übertragen auf die neurowissenschaftlich orientierte psychiatrische Forschung hieße das: Durch die Untersuchung neuronaler Mechanismen werden wir das seelische Befinden eines Menschen nie erklären können, und der neurowissenschaftliche Ansatz geht am eigentlichen Problem vorbei.

Ich bin dennoch der Auffassung, dass der neurowissenschaftlich geprägte Blick auf die Entstehung und die Funktionen von Überzeugungen, den ich hier dargestellt habe, viel breitere Implikationen haben kann als das rein akademische Verständnis der neuronalen Grundlagen eines mentalen Phänomens. Wie bereits erörtert, hege ich die Hoffnung, dass dieser Blick uns einen rationalen Umgang mit unserer Irrationalität ermöglicht. Darüber hinaus bin ich davon überzeugt (im Sinne einer Hypothese!), dass in den Erkenntnissen aus Neurowissenschaften, Psychologie und Evolutionsbiologie auch eine Chance für ein verbessertes Verständnis von psychischen Phänomenen wie Wahn liegt, die wir gemeinhin als Krankheitssymptome einordnen. Meine Hoffnung ist insbesondere die, dass der hier dargestellte, naturwissenschaftlich geprägte Ansatz zu einer besseren Nachvollziehbarkeit von Wahn und damit auch zur Entstigmatisierung von Menschen beiträgt, die an Psychosen erkrankt sind.

Das Stigma, mit dem psychische Störungen in unserer Gesellschaft behaftet sind, ist nach wie vor beträchtlich. Das gilt für psychotische Erkrankungen und in besonderem Maße für die Diagnose Schizophrenie.[13] Die Ursachen dafür sind vielfältig und vielschichtig, aber ein wichtiger Faktor scheint mir zu sein, dass das, was Menschen in einer Psychose erleben, für andere einfach nicht nachvollziehbar ist. Für Karl Jaspers war diese Nicht-Verstehbarkeit sogar ein explizites Kriterium für »echten« Wahn im Gegensatz zu nur wahnhaft anmutenden Ideen.[14]

Dass das Erleben der Betroffenen nicht nachvollziehbar ist, scheint mir bei den meisten anderen psychischen Störungen weniger stark ausgeprägt zu sein als bei der Schizophrenie. Nehmen wir das Beispiel Depression: Auch Menschen, die nie an einer Depression erkrankt sind, haben in der Regel zumindest ansatzweise eine gewisse Ahnung davon, wie sich eine Depression anfühlen könnte. Denn depressive Stimmung, Antriebsminderung und Interessenlosigkeit liegen für die meisten Menschen nicht komplett außerhalb des eigenen Erfahrungshorizonts. Oder nehmen wir das Beispiel Panikstörung: Auch Menschen, die nicht an einer Panikstörung leiden, können sich irgendwie vorstellen, wie es ist, in Panik zu geraten. Wir alle kennen Angst, viele von uns haben auch schon mal Panik erlebt. Aber wenn es keinen echten Grund zur Panik gibt, finden wir normalerweise auch wieder aus ihr heraus. Trotzdem ahnen die meisten von uns vermutlich, wie es sich anfühlt, nicht mehr aus der Panik herauszufinden.

Mit psychotischen Symptomen wie Wahn verhält es sich anders. Es ist schlichtweg nicht nachvollziehbar, dass jemand heute noch fest davon überzeugt ist, dass die Stasi hinter ihm her ist und dass sie das noch dazu mit Mitteln tun soll, die weit jenseits der heute vorstellbaren technischen Möglichkeiten liegen. Diese Nicht-Nachvollziehbarkeit leistet einen großen Beitrag dazu, dass jener tiefe Graben zwischen »normal« und »verrückt« zustande kommt. Fast zwangsläufig führt das Nicht-Verstanden-Werden auf der Seite der Betroffenen und das Nicht-Verstehen auf der Seite der Mitmenschen zu sozialem Rückzug und Stigmatisierung der Betroffenen. Die Folge ist nicht selten auch eine Selbststigmatisierung, die sich aufrechterhaltend auf die psychotische Symptomatik auswirken und die Lebensqualität beeinträchtigen kann.[15]

Es gibt aus meiner Sicht zwei wichtige Aspekte des neurowissenschaftlichen Ansatzes, die zur Entstigmatisierung beitragen können. Der erste Aspekt ist der eines plausiblen Modells für die Entstehung von Symptomen, die nicht nur für das Umfeld, sondern auch für die Betroffenen selbst oft unverständlich sind. Das Predictive-Processing-Modell könnte dazu beitragen, die Erklärungslücke zwischen Neurobiologie und dem subjektiven Erleben von Wahn zu schließen. Dass ein solches neurowissenschaftlich fundiertes Modell grundsätzlich hilfreich sein kann, ist durch die Erfahrungen bei anderen psychischen Störungen gut belegt. Für Panikstörungen etwa hat sich ein Modell als erfolgreich erwiesen, dem zufolge eine erhöhte Vulnerabilität (zum Beispiel eine genetisch vermittelte Trait-Angst) bei bestimmten Auslösern (zum Beispiel Stress) zu einer übersteigerten Angstreaktion im Sinne eines »falschen Alarms« führt.[16] Dieses Modell kann unter anderem erklären, warum Panikattacken oft scheinbar aus heiterem Himmel auftauchen. Indem Panik als ein physiologisches Reaktionsmuster plausibel gemacht wird, das in Situationen auftritt, die als bedrohlich oder unkontrollierbar erlebt werden, kann dieses Modell zu Entpathologisierung beitragen. Daraus ergeben sich wiederum konkrete Ansatzpunkte für gezielte und nachweislich wirksame psychotherapeutische Interventionen.

Auch in der psychotherapeutischen Behandlung von Psychosen wird bereits erfolgreich mit Störungsmodellen gearbeitet, die auf neurowissenschaftlichen und kognitionspsychologischen Erkenntnissen beruhen.[17] Meine Hoffnung ist, dass der hier dargestellte neurowissenschaftlich geprägte Blick auf die Entstehung und Funktionen von Überzeugungen es ermöglicht, Wahn als eine nach Karl Jaspers nicht verstehbare Form von Überzeugungen besser verstehbar zu machen – und damit gewissermaßen zur Entpathologisierung von Wahn beiträgt.

Der zweite Aspekt ergibt sich unmittelbar aus dem ersten, geht aber noch einen Schritt weiter. Aus neurowissenschaftlicher Perspektive gibt es keinen grundsätzlichen Unterschied zwischen Wahn und »normalen« Überzeugungen. Wir haben gesehen, dass sich nicht nur phänomenologisch, sondern auch auf der Ebene der neuronalen Mechanismen keine klare Grenze zwischen Wahn und »normalen« Überzeugungen ziehen lässt. Es gibt somit *kein* Kriterium im Sinne eines Alleinstellungsmerkmals, auf dessen Grundlage Wahn definiert werden könnte. Auf der Ebene der Phänomenologie ist Wahn durch epistemische Irrationalität definiert. Dass epistemische Irrationalität aber kein Alleinstellungsmerkmal für Wahn ist, das haben wir in aller Ausführlichkeit diskutiert. Auf der Ebene der neuronalen Mechanismen haben wir gesehen, dass sich Wahn auf der Grundlage einer veränderten Balance im Abgleich von Vorhersagen und Sinnesdaten auf den unteren Ebenen der Vorhersagenhierarchie erklären lässt und aus der daraus entstehenden aberranten

Salienz. So sind wahnhafte Überzeugungen – wie alle anderen Überzeugungen auch – der Teil des inneren Modells der Welt, der auf den höchsten Ebenen der Hierarchie angesiedelt ist und der Einordnung des Erlebten in einen größeren Gesamtzusammenhang dient.

Bei der Ausbildung von Überzeugungen geht es immer darum, sich einen Reim auf die unvollständigen, verrauschten und oft widersprüchlichen Signale zu machen, die unsere Sinnesorgane unserem Gehirn liefern. Die Neigung zu irrationalen Erklärungen (einschließlich Wahn) ist dann größer, wenn die unteren Ebenen der Vorhersagenhierarchie im Gehirn mehr Unerklärtes für die höheren Ebenen übrig lassen. Die neuronalen Grundlagen dafür sind vielschichtig, können aber letztlich auf eine Kombination von genetischen Einflüssen (Traits) und situativen Faktoren (States) zurückgeführt werden. Wie aber auf dieser Grundlage Überzeugungen geformt werden, darin gibt es nach dieser Theorie keinen grundsätzlichen Unterschied zwischen Wahn und »normalen« Überzeugungen. Bei der Ausbildung von Überzeugung macht ein »psychotisches« Gehirn nichts grundlegend anderes als ein »normales« Gehirn: Es passt sein inneres Modell dahingehend an, dass es unerwartete und bedeutsam erscheinende Ereignisse möglichst gut zu integrieren vermag. In anderen Worten: Unsere Überzeugungen resultieren, unabhängig davon, ob sie wahnhaft sind oder nicht, aus dem Versuch, Erklärungen für Unerklärliches zu finden.

Sind Menschen mit psychotischen Erkrankungen also eigentlich ganz »normal«, oder sind wir alle einfach ein bisschen »verrückt«? So einfach ist es nicht. Nur weil die Art und Weise, wie das Gehirn eines psychoseerkrankten Menschen Überzeugungen ausbildet, sich im Prinzip nicht von der eines gesunden Gehirns unterscheidet, heißt das noch lange nicht, dass die Überzeugungen, die dabei herauskommen, ganz »normal« sind. In vielen Fällen ordnen wir solche Überzeugungen ja nicht umsonst als wahnhaft ein, und zwar dann, wenn sie in unseren Augen bizarr und von der Realität entkoppelt sind. Vor allem aber ordnen wir Wahn dann als Ausdruck einer Erkrankung ein, wenn damit subjektives Leiden einhergeht; wenn die Entkoppelung von der Realität mit starken Einschränkungen verbunden ist und dadurch eine Teilhabe am sozialen Leben erschwert oder sogar unmöglich wird.

Dass wir uns erklären können, wie Wahn entsteht, und somit auch das Kernkriterium für Wahn – epistemische Irrationalität – in gewisser Weise »normalisieren«, darf aber nicht zu einer Verniedlichung von Wahn führen. Entpathologisierung in diesem Sinne soll nicht dazu führen, dass wir Wahn als Symptom psychotischer Erkrankungen nicht mehr ernst nehmen. Wir sollten Menschen in ihrem Wahn ernst nehmen, indem wir uns klarmachen, dass sie, wie wir alle, gute Gründe für ihre Überzeugungen haben und dass diese Überzeugungen, auch wenn sie wahnhaft sind, für die Betroffenen eine wichtige Funktion erfüllen. Deswegen sollten wir aber noch lange keine »kumpelpsychiatrische« (diesen Ausdruck habe ich meinem Hamburger Kollegen Steffen Moritz zu verdanken) Haltung im Sinne von »wir sind doch alle irgendwie verrückt« einnehmen. Denn damit laufen wir wiederum Gefahr, Psychose als Erkrankung nicht ernst zu nehmen und den Menschen, die an Psychosen erkrankt sind, nicht gerecht zu werden.

Bin ich überzeugt?

Mein Kollege Phil Corlett von der Yale-Universität, der mit seinen Arbeiten in den letzten 15 Jahren die Predictive-Processing-Theorie der Psychose wie kaum ein anderer geprägt hat, berichtete mir vor ein paar Jahren von einer kontroversen Diskussion auf einem Kongress mit den Worten: »Sie verdächtigen uns, Anhänger eines Kults zu sein!«

Ich erzähle diese Begebenheit, weil ich damit deutlich machen möchte, dass die Theorie, die ich hier dargestellt habe, nicht von allen Wissenschaftler:innen geteilt wird. Vermutlich bin ich sogar der Einzige, der diese Theorie genau in der hier dargestellten Form vertritt (sonst hätte dieses Buch ja auch von jemand anders geschrieben werden können). Aber verstehen Sie mich bitte nicht falsch: Es handelt sich hier nicht um eine verschrobene Einzelgängertheorie, um das wirre Hirngespinst eines einsamen und verkannten Wissenschaftlers, der durch das Verfassen eines Buches verzweifelt um Anerkennung für seine abseitigen Ideen ringt. Es gibt viele Kolleg:innen, von denen ich weiß, dass sie vieles von dem, was ich hier aufgeschrieben habe, so oder so ähnlich sehen würden.

Vielleicht wäre es nicht einmal vermessen, die Predictive-Processing-

Theorie, die ja gewissermaßen das konzeptuelle Kernstück dieses Buches ist, sogar als eine der bislang einflussreichsten neurowissenschaftlichen Theorien des 21. Jahrhunderts zu bezeichnen. So hat eine Umfrage, die in den Jahren 2018 und 2019 unter Wissenschaftler:innen, die sich mit der neurowissenschaftlichen Erforschung menschlichen Bewusstseins beschäftigen, ergeben, dass Predictive Processing von der Mehrheit dieser Wissenschaftler:innen als aussichtsreichste Theorie für die Erklärung von Bewusstsein angesehen wird.[18] Das ist insofern bemerkenswert, als es im Zeitraum der Umfrage noch nicht einmal eine ausdrückliche Predictive-Processing-Theorie des Bewusstseins gab (vielleicht ist das auch der Grund dafür, dass sie als so aussichtsreich angesehen wurde). Aber natürlich gibt es auch Wissenschaftler:innen, die Predictive Processing kritisch sehen, sogar manche, die diese Theorie für blanken Unsinn halten.[19]

Ähnlich verhält es sich auch mit anderen Theorien, die in diesem Buch eine prominente Rolle spielen, wie die der Kontinuitätshypothese der Psychose oder die Theorien der evolutionären Psychiatrie. Man kann diese Theorien für hilfreich halten und dem Verständnis der komplexen Phänomene, um die es hier geht, dienlich; man kann sie aber auch kritisieren, man kann und sollte sogar ihre Schwachpunkte akribisch beleuchten, und man kann zu dem Ergebnis kommen, dass man sie für falsch hält. Ich möchte Ihnen also nicht vorgaukeln, dass das, was ich hier schreibe, der Weisheit letzter Schluss ist. Es ist eine Erzählung über Wahn und andere Überzeugungen, die durchaus den Anspruch erhebt, wissenschaftlich fundiert zu sein, und versucht, sich mit ihren Aussagen der Wahrheit so weit wie möglich anzunähern. Sie erhebt aber deswegen noch lange nicht den Anspruch, in allen ihren Aussagen recht zu haben oder gar alternativlos zu sein.

Bin ich von der Theorie zur Entstehung und Funktion epistemischer irrationaler Überzeugungen, die ich hier zum Besten gegeben habe, überzeugt? Wenn wir uns an den Duden halten und Überzeugungen als feste, unerschütterliche Meinungen definieren, dann ist die Antwort ganz klar: Nein, in diesem Sinne bin ich nicht überzeugt. Wenn wir uns aber darauf einigen, dass Überzeugungen am besten als Hypothesen zu verstehen sind, dann ist meine Antwort auch ganz klar: Ja! Die Theorie, die ich hier vertrete, erfüllt ganz klar die Funktion, die wir Überzeugungen zugeschrieben haben, nämlich sich einen Reim auf die verfügbaren und zum Teil widersprüchlichen Daten zu machen, diese Daten in einen plausiblen Gesamtzusammenhang einzuordnen und letztlich daraus Vorhersagen abzuleiten, die wiederum meine Wahrnehmung, mein Denken und mein Handeln bestimmen.

Widersprüchliche Daten, das sind Ereignisse und Beobachtungen, die einer Erklärung bedürfen: Der Patient, der über dreißig Jahre nach dem Fall der Mauer eisern an der Überzeugung festhält, dass die Stasi ihn bedroht, der aber normal intelligent ist und keine Störung der Auffassung oder des logischen Denkens aufweist; der Autofahrer, der nach einem selbstverschuldeten Autounfall im Krankenhaus liegt und immer noch überzeugt ist, ein überdurchschnittlich guter Autofahrer zu sein; der Anhänger der Flat-Earth-Bewegung, der sogar überdurchschnittlich intelligent wirkt, aber felsenfest davon überzeugt zu sein scheint, dass die Erde eine Scheibe ist; oder das Paradox, dass die zu einem großen Teil erbliche Erkrankung Schizophrenie so häufig vorkommt, obwohl Menschen mit dieser Diagnose eine deutlich reduzierte Reproduktionsrate und eine geringere Lebenserwartung aufweisen. All das sind solche Daten, die einer Erklärung bedürfen. Die hier dargestellten Überlegungen helfen mir – und vielleicht ja auch Ihnen –, diese scheinbaren Widersprüche in einen größeren Kontext einzuordnen und plausibel zu erklären.

In diesem Sinne entspricht die Theorie, die ich hier vertrete, einer Überzeugung. Eine Überzeugung allerdings, bei der von vornherein eingepreist ist, dass sie jederzeit falsifiziert werden kann. Wenn sich Widersprüche auftun oder Daten bekannt werden, die mit dieser Theorie nicht erklärt werden können, dann kann es sein, dass sie modifiziert oder sogar ganz über den Haufen geworfen werden muss. Es könnte auch sein, dass jemand eine viel bessere Theorie aufstellt, die die genannten Widersprüche noch besser aufzulösen vermag und viel präzisere Vorhersagen erlaubt. Auch in diesem Fall müsste ich meine Überzeugung aufgeben, denn sie ist, ihrem Wesen nach, eine Hypothese.

Natürlich bin auch ich, wie wir alle, nicht gefeit vor der Illusion der Vernunft. Auch mein Denken unterliegt irrationalen Tendenzen und kognitiven Verzerrungen, etwa wie der Bestätigungstendenz. Paul Fletcher und Chris Frith diskutieren in einer ihrer wegweisenden Arbeiten über Schizophrenie das Phänomen, dass Evidenz, die *für* eine wahnhafte Überzeugung spricht, oft stärker gewichtet wird als Evidenz, die *dagegen*spricht. In diesem Zusammenhang stellen sie (nicht ohne Selbstironie) fest: »Das ist natürlich eine gesteigerte Form eines Prozesses, der allgemein bei vielen Menschen beobachtet werden kann, auch bei Neurowissenschaftler:innen, die Theorien über Schizophrenie aufstellen.«[20]

Auch Wissenschaftler:innen sind mit Gehirnen ausgestattet, die als Vorhersagemaschinen auf die Maximierung von Überlebens- und Reproduktionschancen ausgerichtet sind. Das macht sie so anfällig für epistemische Irrationalität wie alle anderen auch. In ihrer Rolle als Forschende sind sie aber aufgerufen, sich dieses »biologischen Imperativs« in besonderem Maße bewusst zu sein und gegen ihn zu »rebellieren«. Genau aus diesem Grund hat das System Wissenschaft ja auch eine Reihe von Vorkehrungen getroffen, um der menschlichen Neigung zu Irrationalität vorzubeugen. Die Wissenschaft hat Regeln darüber aufgestellt, was als wissenschaftlicher Beweis gelten kann und was nicht, und Standards für das Design von Studien, für die statistische Methodik und für die Kommunikation wissenschaftlicher Ergebnisse definiert (siehe Kapitel 5 – *Irrationales Predictive Processing*). Sie hat also nicht nur die oben geforderten Löscheimer aufgestellt, sondern versucht sogar, möglichst von vornherein mit feuerfesten Materialien zu arbeiten, um den möglichen Brandherden menschlicher Irrationalität mit Rationalität zu begegnen.

Ich bin weit davon entfernt, behaupten zu wollen, dass das System Wissenschaft in dieser Hinsicht perfekt funktioniert. Von Verzerrungen in der Kommunikation wissenschaftlicher Studienergebnisse, wie zum Beispiel dem nachträglichen Erdichten von Hypothesen, die zu den Ergebnissen passen (als HARKing bekannt: *H*ypothesis *A*fter *R*esults are *K*nown), bis hin zur Publikation von gefälschten oder sogar frei erfundenen Daten: Es gibt vieles, was nicht gut läuft im realen Wissenschaftsbetrieb, und es gibt ständigen Verbesserungsbedarf. Eine begrüßenswerte Entwicklung in jüngerer Zeit ist die *Open-Science*-Bewegung, die unter anderem darauf abzielt, Forschungsprozesse transparenter zu gestalten, indem Methoden und Daten frei zugänglich gemacht werden.[21]

Ebenso weit bin ich davon entfernt, ein Weltbild propagieren zu wollen, nach dem allein die Wissenschaft uns Antworten auf alle wichtigen Fragen liefern kann. Der Blick der Wissenschaft auf die Welt ist nur *eine* mögliche Perspektive von vielen.[22] Dennoch möchte ich dafür plädieren, gerade dann, wenn unvereinbare Überzeugungen aufeinanderprallen, auf die Erkenntnisse und Prinzipien der Wissenschaft zurückzugreifen.

Zum einen können wir uns auf wissenschaftliche Daten stützen, um unsere Überzeugungen auf rationale Weise zu überprüfen. Die Evidenz, die die Wissenschaft liefert, ist oft bei Weitem nicht erschöpfend und einem ständigen Wandel unterlegen. Alle wissenschaftlichen Daten dürfen und sollten kritisch hinterfragt werden. Und auch, wenn die Wissenschaft weder perfekt funktioniert noch Antworten auf alle relevanten Fragen geben kann, so hat sich das System Wissenschaft doch dem Prinzip der epistemischen Rationalität verschrieben. Es ist das erklärte Ziel der Wissenschaft, Klarheit zu schaffen und sich der Wahrheit, so gut es geht, anzunähern, in einem iterativen Prozess, in dem Hypothesen immer wieder anhand von Daten überprüft werden.

Zum anderen möchte ich anregen, dass wir uns, was den Umgang mit unseren eigenen Überzeugungen und denen anderer betrifft, eine Scheibe von der Wissenschaft abschneiden. Es wäre viel erreicht, wenn wir unsere Überzeugungen weniger als feststehende Tatsachen begreifen würden, sondern im Sinne von Hypothesen, und uns damit aus der Festgefahrenheit unserer eigenen Überzeugungen befreien. Die ganze Wahrheit über die Welt können wir nicht wissen. Unsere Überzeugungen sind ein wichtiger Teil der Strategie unseres Gehirns, mit dieser Unsicherheit zurechtzukommen. Überzeugungen geben uns die Sicherheit, in einer Welt voller Unsicherheiten das Richtige zu tun. Doch wir sollten uns von dieser subjektiven Sicherheit nicht dazu verleiten lassen, unsere Überzeugungen als die einzig wahren zu betrachten.

Epilog
Überzeugungen in Zeiten der Pandemie

Querdenker und Covidioten

Im November 2019 habe ich begonnen, dieses Buch zu schreiben. Mehr als zweieinhalb Jahre hat meine intellektuelle Reise gedauert, auf der ich vertrautes Terrain noch besser kennenlernen durfte und mir zugleich neue Welten erschließen konnte. Ich habe zahlreiche Studien und Abhandlungen aus Bereichen der Natur-, Sozial- und Geisteswissenschaften gelesen, von denen ich vorher keine oder allenfalls eine vage Ahnung hatte; ich habe aufschlussreiche Gespräche mit vielen klugen Menschen geführt, die mich eigene Überzeugungen hinterfragen ließen und mir neue Perspektiven eröffneten. All das hatte ich so erwartet.

Was ich aber im November 2019 nicht ahnen konnte, war, wie sehr sich die Welt in diesen zweieinhalb Jahren durch die COVID-19-Pandemie verändern würde. Sie machte sich breit, zunächst als entfernte Bedrohung, dann aber mit atemberaubender Geschwindigkeit als manifeste und ungeahnte Gefährdung nicht nur unserer Gesundheit, sondern vieler sicher geglaubter Gewissheiten und nicht zuletzt des sozialen Zusammenhalts in unserer Gesellschaft. Neben alldem entpuppte sie sich zu einem Lehrstück darüber, wie sich irrationale Überzeugungen in Zeiten der allgemeinen Verunsicherung verbreiten; wie unterschiedliche Auffassungen darüber, was wahr ist und was nicht, zum sozialen Sprengstoff werden; und wie vorbestehende Risse in der Gesellschaft zu scheinbar unüberwindlichen Gräben werden können.

Es dauerte nicht lange, da formierte sich der Widerstand gegen die staatlich verordneten Maßnahmen zur Bekämpfung der Pandemie in einer Bewegung, deren Anhänger sich selbst als »Querdenker« bezeichneten, von anderen aber gern »Covidioten« genannt wurden. Allein diese beiden Begriffe offenbaren die Kluft, die sich hier zwischen Vertreter:innen unterschiedlicher Auffassungen aufgetan hat und die durch die Verwendung genau solcher Begriffe noch vergrößert wird. Auf der einen Seite »Querdenker«, ein Begriff, in dem nicht nur eine ordentliche Portion Selbstgerechtigkeit anklingt, sondern der implizit auch eine Abwertung aller anderen bedeutet, all derer, die dem Mainstream der stumpfsinnigen »Geradeausdenker« angehören, die sich von der Politik und einer vermeintlich politikhörigen Presse einlullen lassen. Andererseits der Begriff der »Covidioten«, den ich zunächst einmal auch recht witzig fand, eine eingängige Wortneuschöpfung, die ein angenehmes Gegengewicht bildete zum Gestus des Sich-selbst-auf-die-Schulter-Klopfens. Aber natürlich ist die Bezeichnung »Covidioten« eine offene Abwertung, und dass sie eher dazu beiträgt, Gräben zu vertiefen, als sie zu überbrücken, brauche ich Ihnen nicht zu erzählen.

Es soll hier auch gar nicht darum gehen, mit dem erhobenen Zeigefinger herumzufuchteln. Wir können es bei der nüchternen Feststellung belassen, dass die Selbstaufwertung und die Abwertung der anderen, die in Begriffen wie »Querdenker« oder »Covidioten« stecken, eine selbstverstärkende Wirkung auf unsere bestehenden Überzeugungen haben. Einem konstruktiven Dialog mit Andersdenkenden wird das kaum zuträglich sein.

Brauchen wir einen solchen Dialog unbedingt? Ich habe mich durchaus manchmal gefragt, ob ich mich wirklich immer wieder auf die meist fruchtlosen Diskussionen mit »Querdenkern«, Impfgegner:innen und Verschwörungsgläubigen einlassen soll. Warum nicht einfach einen Haken dahinter machen? Kann doch jeder glauben, was er will, die Gedanken sind ja schließlich frei. Und außerdem: Wenn ich mich auf wissenschaftliche Evidenz berufe, was für mich als Wissenschaftler naheliegt, komme ich bei Menschen sowieso nicht weit, die der Wissenschaft gegenüber skeptisch oder sogar feindlich gesinnt sind.

Bevor COVID-19 auftauchte, fiel es mir nicht sonderlich schwer, eine solche Haltung einzunehmen, eine Haltung, die sich je nach Stimmungslage irgendwo zwischen Toleranz und Resignation bewegte, zwischen jovialem Großmut und frustrierter Wurstigkeit. Was die Pandemie aber sehr deutlich gezeigt hat, ist, welchen Schaden irrationale Überzeugungen anrichten können.

Zum Beispiel dadurch, dass in den kritischen Phasen der Pandemie die Verweigerung bestimmter Maßnahmen durch einige wenige zu einer erheblichen Gefährdung vieler anderer geführt hat. In der Zeit, als die Deltavariante in Deutschland dominierte, schien auf der Grundlage der damals verfügbaren Daten aus Sicht der meisten Wissenschaftler:innen eine Impfquote von möglichst über 90 Prozent der einzige Weg aus der Pandemie zu sein. Die tatsächliche Impfquote jedoch krebste irgendwo zwischen 60 und 70 Prozent herum, was manche dazu veranlasste, von einer »Pandemie der Ungeimpften« zu sprechen. Ob man diese Bezeichnung nun für gerechtfertigt halten mochte oder nicht, die Datenlage gab relativ zweifelsfrei die Schlussfolgerung her, dass durch einen beträchtlichen Anteil der Bevölkerung, die die Impfung ablehnte, die Ansteckungszahlen hoch gehalten wurden, was viele ältere und immungeschwächte Menschen das Leben kostete. Nun kann man sich immer noch auf den Standpunkt stellen, dass die Entscheidung für oder gegen eine Impfung eine persönliche sein sollte. Wenn sie aber auf falschen Überzeugungen beruht, wie zum Beispiel auf der, dass die Impfung völlig unkalkulierbare Langzeitrisiken berge – Sie erinnern sich an den Fall Joshua Kimmich –, dann ist ein Punkt erreicht, an dem es schwerfällt, sich nicht einzumischen.

Eine weitere Gefahr, die von irrationalen Überzeugungen ausgeht – auch das hat die Pandemie gezeigt –, ist die der Radikalisierung. Nicht alle »Querdenker« sind Radikale, aber ein großer Teil der Impfgegner:innen gehört dem rechten bzw. rechtsextremen politischen Spektrum an.[1] Die Verbreitung von Falschinformationen über Corona und entsprechender Verschwörungstheorien im Netz bereiten einen fruchtbaren Nährboden für demokratiefeindliche Strömungen. Diese sind nicht selten von erheblicher Gewaltbereitschaft geprägt, das haben etwa zahlreiche Angriffe gegen Journalist:innen am Rande der sogenannten »Spaziergänge« gezeigt.[2]

Angesichts solcher Entwicklungen sollte man sich nicht damit abfinden, dass Menschen nun mal zu irrationalen Überzeugungen neigen. Um die Risse und Gräben, die sich durch unsere Gesellschaft ziehen, nicht noch größer werden zu lassen, gibt es wohl keine andere Möglichkeit, als gesprächsbereit zu bleiben und immer wieder den (möglichst konstruktiven) Dialog zu suchen.

Corona als Lehrstück über die Wissenschaft

Neben einer wissenschaftsfeindlichen Haltung hat die Pandemie aber auch bewirkt, dass viele Menschen jetzt wissenschaftliche Vorgänge besser verstehen, einschließlich der Möglichkeiten und Grenzen wissenschaftlicher Erkenntnis. Vielleicht wurde durch Corona sogar das Ansehen der Wissenschaft gestärkt, zum Beispiel durch wichtige neue Erkenntnisse, auf die sich Maßnahmen zur Eindämmung der Pandemie stützen konnten; oder durch die Innovationen, die sie innerhalb kürzester Zeit hervorgebracht hat. Die rasante Entwicklung neuer Impfstoffe ist ein gutes Beispiel dafür – vielleicht erinnern Sie sich: Am Anfang der Pandemie kursierten Prognosen, dass die Entwicklung eines Impfstoffes gegen Sars-Cov-19 mehrere Jahre (!) dauern könnte.

Darüber hinaus wurde deutlich, dass Wissenschaft immer nur Aussagen auf der Grundlage der aktuellen Datenlage machen kann; und dass sich, weil diese Datenlage naturgemäß immer inkomplett sein wird, diese Aussagen auch mit der Gewinnung neuer Daten und neuer Erkenntnisse immer wieder ändern können oder sogar müssen. Was heute als wahrscheinlich wahr gilt, kann morgen schon wieder falsch sein. Das kann daran liegen, dass auch die beste wissenschaftliche Methodik nie perfekt ist und somit auch Ergebnisse liefert, die irgendwann wieder korrigiert werden müssen. Es kann aber auch sein, dass sich der beforschte Gegenstand ändert, wofür Sars-Cov-2 mit seinen ständig neuen Varianten das beste Beispiel ist.

Daraus mag man, wie mancher selbst ernannte »Querdenker« das getan hat, folgern, dass auf die Wissenschaft eben kein Verlass sei, oder noch schlimmer, sie von der Politik oder anderen Mächten gesteuert sei; und dass sie kein anderes Ziel verfolge, als sich selbst oder ebendiesen Mächten zu nutzen und dem Rest der Menschheit zu schaden. Der viel näherliegende Schluss ist jedoch, dass die Wissenschaft ein dynamischer

Prozess ist, in dem ständig neue Daten zutage gefördert werden. Und zwar nicht nur deswegen, weil jeder Erkenntnisprozess grundsätzlich mit Unsicherheit behaftet ist, sondern weil sich obendrein die Realität, die wir zu erkennen versuchen, ständig verändert.

Wir haben auch gelernt, dass diese Dynamik zum Wesen der Wissenschaft gehört, dass darin keine Schwäche liegt, sondern vielmehr eine Stärke. Alle Aussagen, die die Wissenschaft jemals treffen kann, sind – wie alle unsere Überzeugungen – *»best guesses«* auf der Grundlage der aktuell verfügbaren Daten. Dass oft darüber diskutiert werden muss, welcher *»guess«* angesichts dieser Daten denn nun tatsächlich der beste ist, und vor allem darüber, welche Konsequenzen daraus gezogen werden sollten, das liegt in der Natur der Sache.

Was kann man daraus folgern? Eine Erfahrung, die viele von uns gemacht haben, ist die, dass es eine Herausforderung ist, seine Überzeugungen an die sich wandelnde Evidenzlage anzupassen. Ich habe bei mir selbst beobachtet, dass ich immer wieder innere Widerstände überwinden musste, wenn ich mich von Überzeugungen verabschieden musste, die in der Unsicherheit der Pandemiesituation Entlastung vermittelt hatten. Angesichts der ersten Studiendaten etwa, die nahelegten, dass eine Impfung die Ansteckungsrate um rund 90 Prozent reduzieren kann, war ich zu der Überzeugung gelangt, dass sie den Durchbruch in der Pandemiebekämpfung bringt. Entsprechend schwer fiel es mir, diese Annahme wieder infrage zu stellen, als klar wurde, dass die Impfstoffe gegen Ansteckungen mit der 2021 neu aufgetretenen Delta-Variante deutlich weniger schützten.

Dass es nicht leicht ist, einmal gefasste Überzeugungen zu ändern, liegt aber nicht nur daran, dass wir uns wünschen, dass sie doch bitte wahr sein mögen. Es liegt, das habe ich in diesem Buch zu zeigen versucht, auch daran, dass es für uns adaptiv ist, feste und unerschütterliche Überzeugungen zu haben und diese gegenüber anderen zu verteidigen. Wir empfinden es als ein Zeichen der Schwäche, wenn wir unsere Überzeugungen ändern. Dabei ist es vielmehr eine Stärke, an unseren unerschütterlichen Überzeugungen zu rütteln und uns durch neue Evidenz immer wieder »erschüttern« zu lassen.

Deskriptive und normative Überzeugungen

Zu Beginn des zweiten Kapitels habe ich erklärt, dass es in diesem Buch ausschließlich um Überzeugungen geht, die sich auf *deskriptive* Aussagen beziehen, also auf Aussagen darüber, was wahr ist und was falsch. Wir können aber nicht außer Acht lassen – auch das haben die Erfahrungen der Pandemie immer wieder gezeigt –, dass solche *deskriptiven* Überzeugungen in Wechselwirkung mit *normativen* Überzeugungen stehen, also mit Aussagen darüber, wie etwas sein sollte.

Das lässt sich gut am Verhältnis von Wissenschaft und Politik verdeutlichen. Deskriptive Aussagen sind primär die Domäne der Wissenschaft. Ihre Aufgabe ist es, zu bestimmten Sachverhalten ein möglichst zutreffendes Bild der Realität zu liefern. Normative Aussagen sind hingegen eher eine Domäne der Politik. Sie muss entscheiden, was in einer gegebenen Situation richtig ist. Nehmen wir das Beispiel der viel diskutierten Corona-Impfpflicht. Die Wissenschaft kann Daten zur Wirksamkeit der Impfung hinsichtlich Ansteckungsgefahr, Schweregrad der Erkrankung im Falle der Ansteckung, Nebenwirkungen etc. liefern. Sie kann Modellrechnungen darüber erstellen, wie sich welche Impfrate auf COVID-19-Inzidenz und -Sterblichkeit auswirken würde. Und Wissenschaftler:innen können auf dieser Grundlage Überzeugungen vertreten, zum Beispiel die, dass eine bestimmte Impfrate nötig wäre, um die Inzidenz auf einen bestimmten Wert zu reduzieren. Das wäre eine deskriptive Überzeugung (die im Kontext der Wissenschaft korrekterweise meist als Hypothese bezeichnet wird). Ob ich nun die normative Überzeugung vertrete, dass deswegen die Einführung einer allgemeinen Impfpflicht die richtige Maßnahme ist, ist eine andere Frage, und sie zu beantworten ist nicht primär Aufgabe der Wissenschaft, sondern der Politik.

Nun haben gerade am Anfang der Pandemie auch Wissenschaftler:innen immer wieder normative Überzeugungen geäußert, was man natürlich niemandem verbieten kann. Möglicherweise hat das aber dazu beigetragen, dass manche Wissenschaftler:innen von Coronaleugner:innen für Maßnahmen der Politik verantwortlich gemacht oder sogar offen angefeindet wurden. Damit will ich nicht sagen, dass sie selbst schuld sind. Vielmehr will ich deutlich machen, dass die Unterscheidung zwischen deskriptiven und normativen Überzeugungen eine sehr feine ist, die manchmal nur an der Wortwahl festzumachen ist. Was uns die Pandemie gelehrt hat, ist, dass wir gut daran tun, auf diesen Unterschied zu achten: ihn in unseren eigenen Aussagen deutlich zu machen und ihn in den Aussagen der anderen zu hören.

Wenn sich mein Nachbar nicht impfen lassen will – er also der normativen Überzeugung ist, dass er sich nicht impfen lassen sollte –, dann heißt das noch lange nicht, dass diese Entscheidung auf mangelnder Einsichtsfähigkeit oder Unkenntnis der Datenlage beruht. Er könnte durchaus aufgrund einer detaillierten Kenntnis der Datenlage der deskriptiven Überzeugung sein, dass die Impfung ein wirksames Instrument zur Eindämmung der Pandemie ist. Trotzdem könnte er sich aufgrund anderer zusätzlicher Argumente (weltanschaulich? Religiös? Spritzenphobie?) gegen die Impfung entschieden haben. Es wäre somit nicht nur sehr unhöflich, sondern auch einfach falsch, ihn als Coronaleugner oder gar als »Covidioten« zu bezeichnen. Und wenn ich mich auf eine Diskussion mit ihm einlasse, dann wird es wenig bringen, ihn mit irgendwelchen wissenschaftlichen Daten überzeugen zu wollen. Vielmehr sollte ich, wenn ich mich entscheide, mit ihm darüber zu diskutieren, auf die Argumente Bezug nehmen, die seiner normativen Überzeugung zugrunde liegen.

Darüber hinaus sollte uns bewusst sein, dass die Beziehung zwischen deskriptiven und normativen Überzeugungen keine Einbahnstraße ist. Wir ziehen nicht nur deskriptive Überzeugung als Grundlage für unsere normativen Überzeugungen heran, sondern auch umgekehrt. Stichwort: Bestätigungstendenz. Sie kennt den Unterschied zwischen normativen und deskriptiven Überzeugungen nicht. Wenn ich zum Beispiel eine Maßnahme wie die allgemeine Impfpflicht befürworte, weil ich Solidarität in der Gesellschaft über die Freiheitsrechte des Einzelnen stelle, so werde ich dazu neigen, diese normative Überzeugung mit Daten zu untermauern, die die Wirksamkeit der Impfung belegen. Messe ich hingegen den persönlichen Freiheitsrechten größeres Gewicht bei, so werde ich eher Daten heranziehen, die die Wirksamkeit der Impfung infrage stellen oder ihre Risiken unterstreichen. Im Extremfall werde ich vielleicht sogar Fehlinformationen oder falschen Fakten Glauben schenken, einfach weil sie so gut zu meinen normativen Überzeugungen passen. Denn was auf dem Spiel steht, sind oft weltanschauliche Überzeugungen, die ein wichtiger Teil unserer Identität sind. Solche Überzeugungen in Zweifel zu ziehen oder gar aufzugeben, würde ein hohes Maß an Verunsicherung bewirken, eine Unsicherheit, der wir uns nicht aussetzen wollen.

Wir brauchen eine Kultur der Unsicherheitstoleranz

Das haben wir alle in der Pandemie zu spüren bekommen: Es kann verdammt schwer sein, Unsicherheit auszuhalten. Unsicherheit darüber, wie gefährlich das Virus ist, wie eine Ansteckung bei uns selbst oder bei uns Nahestehenden verlaufen würde, ob die Impfung einen wirksamen Schutz bieten würde, wie lange wir mit stark einschränkenden Infektionsschutzmaßnahmen leben müssten und vieles mehr. Manche kommen gut mit solchen Unsicherheiten zurecht, anderen fällt es schwerer. Dementsprechend haben wir Unsicherheitstoleranz in Kapitel 8 als eine Persönlichkeitseigenschaft im Sinne eines *Traits* kennengelernt, also eine Art Wesenszug. Was allerdings nicht bedeutet, dass diese Eigenschaft genetisch determiniert ist, sie uns in die Wiege gelegt ist und wir sie entweder haben oder nicht. Aus der Psychotherapieforschung wissen wir zum Beispiel, dass die gezielte Vermittlung von Kompetenzen zur Bewältigung von Unsicherheit wirksam ist gegen übermäßige Ängstlichkeit, die oft infolge einer gering ausgeprägten Unsicherheitstoleranz entsteht.[3] Unsichere Situationen sind oft schwer auszuhalten, aber die Akzeptanz von Unsicherheit kann man lernen.

Wenn wir noch einen Schritt zurückgehen und uns fragen, wie Intoleranz gegenüber Unsicherheit überhaupt entsteht, so ist es wahrscheinlich, dass dabei neben einer mutmaßlichen Veranlagung auch Lernerfahrungen eine wichtige Rolle spielen. Ist es vielleicht eine gute Idee, unseren Kindern in der Erziehung zu vermitteln, dass Unsicherheit zum Leben dazugehört? Wenn Sie selbst Kinder haben, mögen Sie einwenden, dass doch gerade klare und eindeutige Botschaften in der Kindererziehung so wichtig sind. Vielleicht aber könnten wir auch die eindeutige Botschaft vermitteln, dass die Realität eben oft nicht eindeutig ist; und dass einfache »Wahrheiten« trügerisch sein können, sich zwar gut anfühlen, aber deswegen noch lange nicht wahr sind. Vielleicht können wir unseren Kindern dabei helfen zu lernen, Unsicherheit auszuhalten und zu akzeptieren, dass es einfache Wahrheiten, sosehr wir sie uns wünschen, oft nicht gibt.

Ähnliche Überlegungen können wir für unsere öffentliche Diskussionskultur anstellen. Wenn auf der Grundlage der verfügbaren Daten Entscheidungen getroffen werden sollen, erfordert das immer die Reduktion von Komplexität. So wie eine Ärztin auch bei einer unklaren Symptomkonstellation eine Diagnose stellen muss, um zu einer klaren Therapieempfehlung kommen zu können, so muss auch eine Politikerin angesichts einer unsicheren Datenlage zu einer klaren Einschätzung der Situation gelangen, um daraus wiederum konkrete Maßnahmen ableiten zu können. Das wünschen wir uns als Bürger:innen nicht nur, sondern das ist ganz einfach auch notwendig, denn das ist es, was regieren bedeutet. Aus der Notwendigkeit klarer Entscheidungen dürfen wir aber nicht im Umkehrschluss ableiten, dass die zugrunde liegende Evidenz auch bitte schön klar und eindeutig sein muss. Immer wieder wurde während der Pandemie Politiker:innen, die frühere Entscheidungen revidierten, ein Schlingerkurs vorgeworfen.[4] Und wie oft war die Rede davon, dass ein »Flickenteppich« der Coronamaßnahmen doch unbedingt vermieden werden müsse!

Dabei wird, wie selbstverständlich, vorausgesetzt, dass die »Menschen in unserem Lande« einfache und klare Botschaften bräuchten, Kursänderungen einen Vertrauensverlust mit sich brächten und regionale unterschiedliche Maßnahmen sozialen Unfrieden stifteten. Aber ist das wirklich so? Unterschätzen wir die Menschen in unserem Lande da nicht ein wenig? Und laufen wir nicht sogar umgekehrt Gefahr, durch die ständige Forderung nach Eindeutigkeit und Klarheit die Erwartung zu schüren, dass alles eindeutig und klar sein müsse? Wird durch die Unterstellung von Unsicherheitsintoleranz diese vielleicht sogar hervorgerufen oder zumindest verstärkt? Und werden – denken wir es ruhig zu Ende – Menschen dadurch möglicherweise erst recht empfänglich für vermeintlich einfache und klare Botschaften, die sie dann in Verschwörungstheorien und populistischen Parolen finden?

Wir leben in einer freiheitlichen Demokratie, und glücklicherweise kann hierzulande niemand Eltern vorschreiben, wie sie ihre Kinder erziehen, oder Journalist:innen, wie sie politische Entscheidungen kommentieren sollen. Worum wir uns aber bemühen können, um dem Problem der Unsicherheits*intoleranz* entgegenzuwirken, jede und jeder Einzelne von uns, ist eine Kultur der Unsicherheits*toleranz*. Unsicherheit ist aversiv, sie macht Angst, und wir wollen sie nicht aushalten müssen. Wir suchen Zuflucht in der vermeintlichen Sicherheit, die uns unsere Überzeugungen bieten, das liegt wohl in unserer Natur. Aber die Unerschütterlichkeit unserer Überzeugungen, so effektiv sie darin sein mag, uns in einer unsicheren Welt Halt zu geben, ist ein gesellschaftlicher Zündstoff, dessen Brennbarkeit wir nicht unterschätzen sollten. Wir tun also gut daran, an unserer Unsicherheitstoleranz zu arbeiten – und da fangen wir am besten bei uns selbst an.

Keine Angst vor dem Backfire-Effekt!

An unserer Unsicherheitstoleranz arbeiten, das ist etwas, was wir selbst tun können, und wenn wir dabei Erfolg haben, ist das schon eine ganze Menge. Wie aber sollten wir anderen begegnen, die eindeutig falsche Behauptungen aufstellen, diese nicht mit Daten belegen können (oder wollen), und die sich auf keinerlei Diskussion einlassen, geschweige denn bereit sind, ihre Überzeugungen zu hinterfragen oder gar zu ändern?

Solange jemand seine Meinung nur im Privaten vertritt und damit keinen Schaden anrichtet, ist das ja nicht so schwer zu tolerieren. Kritisch wird es zum einen dann, wenn jemand falsche Aussagen lauthals in die Welt hinausposaunt und versucht, andere davon zu überzeugen; und zum anderen, wenn jemand aufgrund falscher Überzeugungen so handelt, dass andere dadurch in Gefahr gebracht werden, indirekt oder sogar direkt durch offene Aggression. Wie zum Beispiel auf den lautstark schniefenden und hustenden Fahrgast reagieren, der auf dem Höhepunkt der Pandemie in einem überfüllten Nahverkehrszug keine medizinische Maske trägt, weil er fest davon überzeugt ist, dass solche Masken ohnehin wirkungslos und obendrein gesundheitsschädlich seien? Oder auf den »Spaziergänger«, der Journalist:innen als »Lügenpresse« beschimpft oder sogar tätlich angreift? Und wie der Politikerin begegnen, die ohne mit der Wimper zu zucken falsche Fakten über die angeblich fehlende Wirksamkeit oder die Gefahren von mRNA-Impfstoffen verkündet?

Wäre es nicht verlorene Liebesmüh, hier in Diskussionen einzusteigen und mit Gegenargumenten aufzuwarten, angesichts dessen, was wir über die epistemische Irrationalität von Überzeugungen wissen? Über die Rolle kognitiver Verzerrungen wie Bestätigungstendenz oder Backfire-Effekt und nicht zuletzt über die Funktion von Überzeugungen für soziale Rollen und Gruppenzugehörigkeit?

Natürlich ist es eine individuelle Entscheidung, ob und wie wir uns gegenüber Vertreter:innen von Überzeugungen positionieren, die aus unserer Sicht nicht nur eindeutig falsch sind, sondern auch gefährlich. Sollte allerdings aufgrund all dessen, was ich in diesem Buch geschrieben habe, der Eindruck entstanden sein, dass Reden sowieso nichts bringt, weil Überzeugungen nun mal ihrem Wesen nach unerschütterlich sind, so möchte ich dem hier in aller Entschiedenheit widersprechen. Denn was wäre die Alternative? Nichts zu sagen, sich auf die Zunge zu beißen, sich vielleicht insgeheim zu ärgern, dem Gegenüber feindselige Blicke zuzuwerfen oder ihn gar einen »Covidioten« zu heißen?

Wenn wir vermeiden wollen, dass Risse in der Gesellschaft zu Gräben werden, oder bereits bestehende Gräben überwinden wollen, dann werden wir mit Schweigen, verschlucktem Ärger und Beleidigungen nicht weit kommen. Dass wir erst mal unsere eigenen Überzeugungen kritisch hinterfragen müssen, ist klar. Was aber, wenn unser Gegenüber das nicht tut? Was tun, wenn wir jemanden vor uns haben, der zur Rechtfertigung seines gemeingefährlichen Verhaltens mit dem Brustton der Überzeugung abstruse Verschwörungstheorien zum Besten gibt und dabei unmissverständlich klarmacht, dass er keinen Millimeter von seiner Theorie abrücken wird?

Zunächst einmal sollten wir keinen allzu großen Respekt vor dem Backfire-Effekt haben, also der viel zitierten Beobachtung, dass die Konfrontation mit Informationen, die den eigenen Überzeugungen widersprechen, oft nach hinten losgeht und eher noch zur Verfestigung falscher Überzeugungen führen kann. Neuere Studien zeigen, dass ein solcher Effekt zwar unter bestimmten Umständen eintreten kann, dass er aber eher die Ausnahme ist. Vielmehr kristallisiert sich unter Sozial- und Politikwissenschaftler:innen zunehmend der Konsens heraus, dass die Konfrontation mit korrigierender Information sogar einen positiven – wenn auch nur moderaten – Effekt auf die inhaltliche Richtigkeit von Überzeugungen hat.[5] Der Backfire-Effekt scheint vor allem dann zum Tragen zu kommen, wenn zusätzliche Hürden für die Akzeptanz korrigierender Informationen bestehen, wie zum Beispiel die Zugehörigkeiten zu bestimmten sozialen Gruppen.

Was uns zusätzlich optimistisch stimmen kann, ist, dass selbst wahnhafte Überzeugungen, die sich ja definitionsgemäß durch ein besonders hohes Maß an Resistenz gegenüber anderslautender Evidenz auszeichnen, nicht gänzlich unverrückbar sind (siehe Kapitel 6, *Von der »Unkorrigierbarkeit« des Wahns*). Gezielte psychotherapeutische Interventionen können bewirken, dass Menschen mit der Diagnose Schizophrenie weniger rigide an ihren wahnhaften Überzeugungen festhalten und sich für alternative Erklärungen öffnen.[6] Durchaus denkbar also, dass auch epistemisch irrationale Überzeugungen Gesunder nicht absolut unerschütterlich sind.

Natürlich wäre es weder angemessen noch zielführend, wenn wir versuchen würden, gesunde Mitmenschen, nur weil sie anderer Meinung sind, zu »therapieren«. Das würde garantiert nach hinten losgehen. Dennoch hilft es vielleicht, sich etwas von der Psychotherapie abzugucken, wenn es um die Überwindung scheinbar unüberwindlicher Gräben geht. Offene Konfrontation kann in der Psychotherapie durchaus eine wirksame Strategie sein, allerdings gilt sie als wenig aussichtsreich, wenn es darum geht, das Hinterfragen festgefahrener Überzeugungen anzuregen. Ebenso haben sich direkte Ratschläge als wenig wirksam erwiesen. Wirkungsvoller ist es in der therapeutischen Situation, durch Nachfragen Interesse zu zeigen und den Wunsch zu signalisieren, sein Gegenüber besser verstehen zu wollen. Im besten Fall gelingt es dadurch, der Patientin oder dem Patienten den Raum zu eröffnen, über eigene Gedanken zu reflektieren, Widersprüche im eigenen Denken zu erkennen und die eigenen Überzeugungen zu hinterfragen.

Es mag Ihnen vielleicht heuchlerisch vorkommen, wenn Sie angesichts einer Überzeugung, die Sie für völlig unsinnig oder sogar gefährlich halten, Offenheit und Interesse signalisieren. Aber das muss nicht so sein. Zum einen kann es ja sein, dass Sie etwas dazulernen. Zum anderen interessiert es Sie unter Umständen tatsächlich brennend, wie jemand zu einer felsenfesten Überzeugung gelangt ist, die Sie selbst für absurd halten, wie zum Beispiel, dass die COVID-19-Pandemie von Bill Gates inszeniert wurde. Ihre Nachfragen können durchaus kritisch sein, denn dadurch signalisieren Sie, dass Sie mitdenken und Ihr Gegenüber ernst nehmen.

Ich will an dieser Stelle nicht so tun, als hätte ich das perfekte Rezept für den Umgang mit Menschen parat, die an Verschwörungstheorien glauben, die falsche Fakten verbreiten oder die, ganz allgemein, unkorrigierbar an falschen Überzeugungen festhalten. Das war auch nicht das Anliegen, das ich mit diesem Buch verfolgt habe. Was ich aber vermitteln möchte, ist, dass es nicht aussichtslos ist, mit Andersdenkenden zu reden. Mir ist klar, dass sich gerade rechtspopulistische Meinungsmache aus Prinzip der rationalen Argumentation entzieht. Dennoch möchte ich dazu ermuntern, das Gespräch zu suchen, immer wieder, mit Offenheit und echtem Interesse, aber auch mit der gebotenen Klarheit und Standhaftigkeit. Sich darüber bewusst zu sein, wie Überzeugungen in unseren Köpfen entstehen und welche Funktionen sie für uns haben, wird dabei sicherlich hilfreich sein. Selbst wenn kein konstruktiver Dialog gelingt, den Versuch ist es allemal wert.

Dank

Dieses Buch geht zu einem beträchtlichen Teil auf meine wissenschaftliche Arbeit in den letzten zehn Jahren zurück. Diese Arbeit hat genauso wenig wie das Schreiben dieses Buches in einem Vakuum stattgefunden, sondern war durch eine intensive Zusammenarbeit und einen kontinuierlichen Austausch mit vielen Kolleg:innen und Freund:innen gekennzeichnet. All den Menschen, die daran beteiligt waren, bin ich zu allergrößtem Dank verpflichtet, denn ohne sie wäre dieses Buch niemals zustande gekommen.

An erster Stelle möchte ich allen danken, die in den vergangenen 14 Jahren Teil meines Forschungsteams an der Berliner Charité, dem Visual Perception Lab, waren. Die Forschung, die mit diesem großartigen Team entstanden ist, bildet die Keimzelle für mein Interesse an dem zentralen Thema dieses Buches, nämlich der Frage, wie Überzeugungen in unseren Köpfen entstehen. Mein Dank gilt hier ganz besonders Anna-Lena Eckert, Merve Fritsch, Ana Gomez-Carillo, Matthias Guggenmos, Guido Hesselmann, Joshua Martin, Marcus Rothkirch, Lia Sanders, Katharina Schmack, Maria Sekutowicz, Kiley Seymour, Heiner Stuke und Veith Weilnhammer, deren Forschungsarbeiten in der einen oder anderen Form hier Eingang gefunden haben.

Großer Dank gilt auch all den Freunden und Kooperationspartnern, mit denen ich wissenschaftlich zusammenarbeiten und zum Teil tage- und nächtelang über Predictive Processing, Wahn und Schizophrenie diskutieren durfte. Dazu gehören Rick Adams, Felix Blankenburg, Phil Corlett, Tobi Donner, Chris Frith, Paul Fletcher, Karl Friston, Andreas Heinz, Stephan Köhler, Aaron Mishara, Alexander Rösler, Florian Schlagenhauf, Klaas Enno Stephan, Peter Uhlhaas, Martin Voss und Henrik Walter. Darüber hinaus bin ich Andreas Kleinschmidt zu großem Dank dafür verpflichtet, dass er mich in den ersten Jahren meiner wissenschaftlichen Tätigkeit an die Frage herangeführt hat, wie das Gehirn unsere Wahrnehmung konstruiert, und der mein Denken über die Funktionsweise des menschlichen Gehirns wie kein anderer geprägt hat. Predrag Petrovic möchte ich für eine wunderbare Freundschaft und eine jahrelange, intensive und immer wieder aufs Neue inspirierende Zusammenarbeit danken, die durch seinen Ideenreichtum und seine unvergleichliche Begeisterungsfähigkeit geprägt war.

Besonders bedanken möchte ich mich bei Heike Faller, Anne Guhn, Mechthild Kahlefeld, Diana Martinez, Stephan Ripke, Maximilian Steinbeis, Sonja Sterzer und meinen Eltern Lioba und Peter Sterzer, die durch wertvolle Anregungen, durch das Lesen von Teilen des Manuskripts oder beides einen enorm wichtigen Beitrag zur Entstehung dieses Buches geleistet haben.

Bei Bettina Eltner, die meinen Schreibprozess als Lektorin begleitet hat, möchte ich mich für viele anregende und konstruktiv-kritische Hinweise bedanken. Ihre Hilfe dabei, Wichtiges von Nebensächlichem und Interessantes von Langweiligem zu unterscheiden, war von unschätzbarem Wert für mich. Barbara Wenner danke ich für ihre hilfreichen Rückmeldungen zum Manuskript, ihre Zuversicht und dafür, dass sie mir bei Fragen immer mit Rat und Tat zur Seite stand. Nicht zuletzt möchte ich mich bei der Stiftung Charité und dem Berlin Institute of Health für die Förderung im Clinical-Fellow-Programm der Charité bedanken. Die Beschäftigung mit neuen wissenschaftlichen Fragen, die mir durch diese Förderung ermöglicht wurde, bildete eine wichtige Grundlage für das Verfassen dieses Buches.

Anhang

Glossar

Aberrante Salienz: Alltägliche Dinge, von denen man normalerweise nicht weiter Notiz nehmen würde, fühlen sich mit einem Mal ungewohnt an und wirken auffällig. Aberrante Salienz ist also eine fehlgeleitete Auffälligkeit, hervorgerufen durch Sinnesdaten, die einen starken Vorhersagefehler auslösen und damit als bedeutsam erlebt werden.

Backfire-Effekt: Damit wird das Phänomen beschrieben, dass sich Überzeugungen noch mehr verfestigen können, wenn Fakten präsentiert werden, die diesen widersprechen.

Bayesianische Inferenz ist das Prinzip, dem zufolge aus der Kombination von Vorwissen und verfügbaren Daten unter Einbeziehung der jeweiligen Unsicherheiten Schlüsse abgeleitet werden.

Bestätigungstendenz (Confirmation Bias): Darunter versteht man die Tendenz, hauptsächlich nach den Informationen zu suchen, die eine bestehende Überzeugung bestätigen, oder Informationen entsprechend dieser Überzeugung zu interpretieren.

Better-than-Average-Effekt: Man schätzt sich selbst bzw. seine Fähigkeiten als über dem Durchschnitt liegend ein.

Bistabile Wahrnehmung: Fachbegriff für das Phänomen, dass ein Reiz mit zwei unterschiedlichen Wahrnehmungen vereinbar ist und dass unsere Wahrnehmung von Zeit zu Zeit zwischen zwei stabilen Wahrnehmungszuständen hin- und herspringt. Beispiele dafür sind etwa Kippfiguren oder rotierende Silhouetten.

Clustering Illusion: Damit wird das Phänomen beschrieben, dass wir Datenpunkte zu vermeintlich bedeutungsvollen Mustern gruppieren, etwa Gesichter in Wolken und Baumrinden sehen, also ein System hinter etwas wittern, wo doch nur der Zufall herrscht.

Epistemisch: auf Wissen bzw. Erkenntnis bezogen.

Epistemische Rationalität: Sie zielt auf die Aneignung eines möglichst wahrheitsgetreuen Bildes der Realität ab. Überzeugungen können als epistemisch rational bezeichnet werden, wenn sie sich auf die verfügbare Evidenz stützen.

Epistemologie: Die sogenannte Erkenntnistheorie – auch Epistemologie genannt – ist das Gebiet der Philosophie, das sich mit der Frage beschäftigt, unter welchen Voraussetzungen Erkenntnisse, Wissen und Überzeugungen zustande kommen.

Fast-and-Frugal-Heuristik: schnelle und einfache Faustregeln, nach denen Wahrnehmungs- und Handlungsentscheidungen getroffen werden.

Filling-in: Wahrnehmungsphänomen aus der Gruppe der Illusionen (siehe dort), das darin besteht, dass fehlende Information aufgefüllt wird.

GWAS (Genomweite Assoziationsstudie): Es handelt sich um eine Form genetischer Studien, bei denen das gesamte Genom auf Assoziationen von bestimmten Phänotypen (z. B. Krankheiten) mit Genvarianten hin untersucht wird.

Halo-Effekt: Man schließt von einer Eigenschaft einer Person auf andere Eigenschaften dieser Person.

Halluzination: Trugwahrnehmung, die ohne einen entsprechenden Außenreiz zustande kommt, die aber dennoch als real erlebt wird.

Illusion: Mit diesem Begriff wird eine falsche Wahrnehmung realer Reize bezeichnet. Illusionen sind einerseits abzugrenzen von Halluzinationen (siehe dort), also Trugwahrnehmungen in Abwesenheit realer Reize, und andererseits von Wahnwahrnehmungen, bei denen die Wirklichkeit zwar korrekt wahrgenommen, aber falsch (im Sinne eines Wahns) gedeutet wird.

Kognitive Dissonanz: Damit wird jener unangenehme Gefühlszustand beschrieben, der entsteht, wenn unsere Wahrnehmungen, Gedanken oder Gefühle in scheinbarem Widerspruch zueinander stehen.

Kohärenztheorie der Wahrheit: Anders als bei der Korrespondenztheorie (siehe dort) geht es hier nicht um den Wahrheitsgehalt einer Aussage oder Theorie, sondern nur darum, ob sie in sich stimmig ist.

Konsistenzprinzip der Rationalität: geht der Frage nach, ob eine Überzeugung mit den anderen Überzeugungen oder Glaubenssätzen einer Person zusammenpasst.

Konzeptioneller Konservativismus: Das Phänomen, dass wir selbst dann gern an unseren Überzeugungen festhalten, wenn wir mit Informationen konfrontiert werden, die ihnen widersprechen.

Korrespondenztheorie der Wahrheit: Davon spricht man, wenn eine Theorie oder Aussage mit den Gegebenheiten – also den Fakten – unserer Erfahrungswelt übereinstimmt.

Neuromodulatoren: So werden Botenstoffe im Nervensystem bezeichnet, die nicht wie Neurotransmitter (siehe dort) direkt erregend oder hemmend auf die Aktivität von Nervenzellen wirken, sondern deren Wirkung modulieren, also verstärken oder abschwächen.

Neurotransmitter: Das sind Botenstoffe im Nervensystem, die an bestimmten Kontaktstellen zwischen Nervenzellen, den sogenannten chemischen Synapsen, der Signalübertragung dienen. Sie können eine erregende oder hemmende Wirkung haben.

Predictive Processing: Neurowissenschaftliche Theorie, der zufolge das Gehirn darauf abzielt, Vorhersagefehler (siehe dort) zu minimieren. Auf der Grundlage eines inneren Modells der Welt werden Vorhersagen über den Zustand der Realität generiert und mit den verfügbaren sensorischen Daten abgeglichen. Abweichungen der sensorischen Daten von den Vorhersagen führen zu Vorhersagefehlern, die zur Aktualisierung des Modells herangezogen werden.

Psychose: Unter diesem Oberbegriff werden Zustände und psychische Störungen zusammengefasst, die durch einen im pathologischen Sinne eingeschränkten Bezug zur Realität in Form von Wahn und Halluzinationen (siehe dort) gekennzeichnet sind.

Übersensitives Agentendetektionssystem: Dieser Begriff beschreibt unsere Neigung, die Ereignisse um uns herum der Absicht einer anderen Person oder eines höheren Wesens zuzuschreiben, obwohl nur der Zufall herrscht oder andere, völlig absichtslose Prozesse ablaufen.

Unsicherheitstoleranz (auch Ambiguitätstoleranz genannt): Dieser Begriff aus der Persönlichkeitspsychologie beschreibt die Fähigkeit, Vieldeutigkeit und Unsicherheit zur Kenntnis nehmen und ertragen zu können.

Vorhersagefehler (auch Prädiktionsfehler oder engl. Prediction Error genannt): Dieser Begriff bezeichnet die Abweichung des tatsächlichen Werts vom erwarteten Wert oder, allgemeiner gesprochen, die Abweichung der Realität von einer Erwartung.

Anmerkungen

Die genannten Webseiten wurden zuletzt am 29.6.2022 aufgerufen.

Prolog

1. https://www.glm.de/produkt/mind-games-pretty-fonky/ oder https://open.spotify.com/track/39cgrrxD2DOFlb0BOZt7FZ?si=9412c85ea1354e87.
2. Siehe Brascamp et al., 2018; Sterzer et al., 2009.
3. Siehe Sterzer et al., 2018.
4. Mercier und Sperber, 2018, S.315 ff.
5. https://www.bpb.de/internationales/weltweit/innerstaatliche-konflikte/228710/religionskonflikte-zu-beginn-des-21-jahrhunderts.
6. Mercier, 2020, S.211 f.
7. https://de.wikipedia.org/wiki/Postfaktische_Politik.
8. Für eine ausführliche Diskussion dieser Problematik siehe Leo et al., 2017.
9. Illies, Wo bleibt die Liebe, wenn der Hass kommt. *Zeit* Nr.44, 28.Oktober 2021, S.54.

Kapitel 1

1. »Wahnhaft« wird hier und im Folgenden als Adjektiv zu Wahn verwendet. Diese Verwendung ist zu unterscheiden von der Wortbedeutung nach dem deutschen Psychiater und späteren Philosophen Karl Jaspers, der in seinem 1913 erstmals erschienenen Buch »Allgemeine Psychopathologie« solche Phänomene als »wahnhaft« bezeichnete, die als Folge anderer psychischer Phänomene erklärbar sind (»sekundär auf anderes Psychisches reduzierbar«, siehe Jaspers, 1973, S.89). Kurt Schneider verwendet an dieser Stelle »wahnähnlich« und nutzt »wahnhaft« als Adjektiv zu Wahn (Schneider, 1949, S.26–31). Ich halte mich hier an die Schneider'sche Terminologie. Siehe dazu auch Conrad, 1959, S.44–45.

2. Allport, 1954, S. 20.
3. Pommrenke und Klöckner, 2013; Strate, 2015.
4. An dieser Stelle muss ich zugeben, dass ich mir lange nicht sicher war, ob ich den Begriff *Überzeugung* überhaupt in den Mittelpunkt dieses Buches stellen sollte. Ich habe mich nämlich gefragt, ob dieser etwas sperrige Begriff genau das trifft, worüber ich schreiben möchte. Einige zentrale Ideen zu diesem Buch haben sich aus meiner wissenschaftlichen Arbeit zu der Frage ergeben, wie Überzeugungen im Gehirn entstehen und wie sie sich auf unsere Wahrnehmung auswirken. Die Sprache der Wissenschaft ist allerdings Englisch, und im Englischen gibt es einen weniger sperrigen und vielleicht deshalb viel gebräuchlicheren Begriff: *Belief*. Dieser Begriff trifft genau das, worum es mir geht, nämlich das starke Gefühl, dass etwas existiert oder wahr ist. Man könnte Belief auch mit Glaube übersetzen, aber das klingt gleich so nach religiösem Glauben (im Englischen *Faith*), und darum geht es hier nicht oder nur am Rande. Der Begriff Überzeugung trifft dann eben doch recht gut das, was mit Belief in der Regel gemeint ist, sodass ich mich trotz seiner Sperrigkeit für ihn entschieden habe.
5. siehe https://www.duden.de/rechtschreibung/Ueberzeugung.
6. siehe https://www.vanityfair.com/news/2020/01/pelosi-to-trump-you-are-impeached-forever-and-your-tweets-are-crazy (meine Übersetzung).
7. Dawkins, 2017, S. 221 (meine Übersetzung).
8. Zur Reduktion von Komplexität durch die Differenzierung zwischen »drinnen« und »draußen« und damit zwischen System und Umwelt siehe Luhmann, 1987.
9. https://www.nytimes.com/2016/11/19/world/asia/china-trump-climate-change.html.
10. https://www.pewresearch.org/science/2015/07/01/chapter-2-climate-change-and-energy-issues/.
11. https://www.tagesschau.de/inland/deutschlandtrend-1645.html.
12. Genesis, 5,1.

Kapitel 2

1. American Psychiatric Association, 2013 (meine Übersetzung).
2. Von manchen Autor:innen wird die Auffassung, dass es sich bei Wahn um eine Form von Überzeugungen handelt, infrage gestellt (Hamilton, 2006; Stephens und Graham, 2004). Für eine weitergehende Diskussion dieser Frage siehe McKay und Dennett, 2009, S. 501, und Bortolotti, 2010, S. 55 ff.
3. Siehe https://www.duden.de/rechtschreibung/Ueberzeugung.

4. Siehe dazu auch Bortolotti, 2010: »Wir alle haben die Neigung, zu konservativ zu sein, wenn es darum geht, feste Überzeugungen zu ändern, und es ist selbst dann unwahrscheinlich, dass wir solche Überzeugungen ändern, wenn uns eindeutige Evidenz vorgelegt wird« (S. 116, meine Übersetzung).
5. Hume, 1888.
6. Kant, 1995.
7. Hepfer, 2015, S. 55.
8. Baumann, 2015, S. 155 ff.; Hepfer, 2015, S. 57 ff.
9. Baumann, 2015, S. 175 ff.; Hepfer, 2015, S. 57 ff.
10. Hepfer, 2015, S. 55.
11. Star Trek, Staffel 1: The Squire of Gothos.
12. Baumann, 2015, S. 188.
13. Rohwedder: Einigkeit und Mord und Freiheit, Netflix 2020.
14. Eine ausführliche Darstellung und ausgewogene Einordnung der Möglichkeiten der modernen Hirnforschung im Bereich der Dekodierung von Gehirnzuständen findet sich in Haynes und Eckoldt, 2021.
15. Bortolotti, 2010, S. 17.
16. Baumann, 2015, S. 195 ff.
17. Baumann, 2015, S. 179 f.
18. Strark und Finke, 2000, S. 36.
19. Für eine kritische Analyse des Begriffs der »psychischen Krankheit« siehe Heinz, 2014.
20. Zum Problem der Pathologisierung des »Normalen« siehe Frances, 2014.
21. Aussage von Maher, zitiert in Goleman, 1989 (meine Übersetzung).
22. In einer viel zitierten Studie zum Better-than-Average-Effekt zeigte sich, dass Teilnehmer*innen sich vor allem in Bezug auf Eigenschaften positiver als den Durchschnitt bewerteten, die sie für erstrebenswert und kontrollierbar hielten (Alicke, 1985). Eine kürzlich veröffentlichte Meta-Analyse von über hundert Studien bestätigte diese Befunde und über die Studien hinweg insgesamt die Robustheit des Effekts (Zell et al., 2020).
23. McKenna et al., 1991.
24. Eine Übersicht zu diesen und anderen selbstwertdienlichen kognitiven Verzerrungen findet sich in Brown, 2007.
25. Dawkins, 2017, S. 267 (meine Übersetzung).
26. Rappaport, 1999.
27. Kettell, 2016.
28. Das Argument, dass religiöser Glaube eine Art Wahn sei, ist bei den »New Atheists« nicht unbeliebt, siehe Dawkins, 2006.
29. William Shakespeare, Hamlet, 1. Akt, 5. Szene.

30. Oliver und Wood, 2014.
31. Butter, 2018.
32. Der Einfluss, den kognitive Verzerrungen in der Forschung haben können, wurde vom Wissenschaftsmagazin *Nature* vor einigen Jahren zum Thema eines ganzen Hefts gemacht (Let's think about cognitive bias. *Nature* 2015; 526: 163).
33. Hepfer, 2015, S. 32 ff.
34. Butter, 2018, S. 36 ff.
35. Eine gute Übersicht über die kognitiven Verzerrungen, die für die Anfälligkeit für Verschwörungstheorien relevant sind, findet sich in Brotherton, 2016, S. 159 ff.
36. Siehe z. B. Brotherton, 2016; Butter, 2018; Hepfer, 2015.
37. Der blinde Fleck ist darauf zurückzuführen, dass sich an der Stelle an der Rückseite des Auges, an der der Sehnerv das Auge verlässt, keine Lichtrezeptoren auf der Netzhaut befinden. Diese sogenannte Sehnervenpapille befindet sich von der Stelle des schärfsten Sehens, der Fovea, aus betrachtet leicht mittig.
38. Lawson, 2006; Rozenblit und Keil, 2002.
39. Zur Begriffsklärung siehe Pohl, 2017.
40. Gilovich et al., 1985, fanden keine Korrelation der Trefferquote mit dem Erfolg vorausgehender Würfe. Der Befund ist allerdings nicht ganz unumstritten. So fanden Bocskocsky et al., 2014, anhand eines deutlich größeren Datensatzes einen statistisch signifikanten, wenn auch sehr schwachen Zusammenhang.
41. Das Phänomen der überschießenden Mustererkennung in visuellen Reizen wird auch als Pareidolie bezeichnet, siehe https://de.wikipedia.org/wiki/Pareidolie.
42. Barrett, 2000.
43. Brotherton, 2016, S. 188.
44. Forgas und Laham, 2017.
45. Koschnick, 1993.
46. Beck et al., 1979.
47. Kahneman, 2011.
48. Nickerson, 1998.
49. Einige Studien weisen darauf hin, dass es möglicherweise keine generelle Tendenz gibt, seine Überzeugungen zu bestätigen, sondern eher entsprechend den eigenen Überzeugungen zu argumentieren. Aus diesem Grund wurde alternativ der Begriff *My-Side Bias* vorgeschlagen (Mercier, 2017).
50. Ronson, 2015.
51. Definition nach https://journalistikon.de/echokammer.

52. Definition nach https://de.wikipedia.org/wiki/Filterblase.
53. Geschke et al., 2019.
54. Lewandowsky et al., 2012.
55. Pronin et al., 2002.
56. Für eine Diskussion dieser Kriterien siehe Bortolotti, 2010, S. 23 ff.
57. Diese Auffassung wurde auch von verschiedenen anderen Autor:innen geäußert, siehe zum Beispiel Bortolotti, 2010, S. 120 (»… delusions do not behave like rational beliefs, but most beliefs do not behave like rational beliefs either«), oder Greenburgh, 2020 (»… labelling delusions as irrational suggests that all ›normal‹ cognition is rational, and this just isn't the case«).

Kapitel 3

1. Siehe zum Beispiel Heckers et al., 2013.
2. Bleuler, 1911.
3. Schneider, 1946.
4. Häfner, 2017.
5. Für eine detailliertere Beschreibung der Symptome schizophrener Erkrankungen siehe Schlagenhauf und Sterzer, 2020, S. 278 ff.
6. Wenn hier von »körperlichen« in Abgrenzung von psychischen Erkrankungen die Rede ist, dann soll damit keine dualistische Auffassung im Descartes'schen Sinne zum Ausdruck gebracht werden. Vielmehr bezieht sich »körperlich« darauf, dass einer Erkrankung klar definierte körperliche Veränderungen zugrunde liegen, die auch durch organische Diagnostik (z. B. Laboruntersuchungen, bildgebende Verfahren, feingewebliche Untersuchung etc.) erfasst werden können. Dies ist für die meisten psychischen Erkrankungen nicht der Fall, wenngleich nach Auffassung der modernen, neurowissenschaftlich geprägten Psychiatrie durchaus davon auszugehen ist, dass psychische Erkrankungen eine organische Grundlage haben, z. B. eine Veränderung der Hirnfunktion.
7. Siehe zum Beispiel Heckers et al., 2013.
8. Siehe Schlagenhauf und Sterzer, 2020, S. 283 f.
9. Falkai et al., 2017, S. 1595 ff.
10. Bei zweieiigen (genetisch unterschiedlichen) Zwillingen, die ja in der Regel auch unter ähnlichen Umständen aufwachsen, liegt die Erkrankungswahrscheinlichkeit bei einer Schizophreniediagnose des Zwillingsgeschwisters mit etwa 12 Prozent viel niedriger als bei eineiigen Zwillingen. Außerdem haben Kinder mit zwei schizophren erkrankten Eltern ein deutlich höheres

Risiko, im Laufe ihres Lebens selbst zu erkranken (35 Prozent), als Kinder mit nur einem erkrankten Elternteil (10 Prozent). Beides spricht klar für einen bedeutsamen genetischen Einfluss. Aufschlussreich sind in dieser Hinsicht zudem Adoptionsstudien: Kinder, die früh von Familien mit einem schizophren erkrankten Elternteil adoptiert werden, haben kein erhöhtes Erkrankungsrisiko. Dagegen bleibt das erhöhte Erkrankungsrisiko von Kindern, deren leibliche Eltern schizophren erkrankt sind, auch dann erhalten, wenn sie früh von gesunden Eltern adoptiert werden. Siehe dazu Falkai et al., 2017, S. 1586 ff.

11. Trubetskoy et al., 2022.
12. Schizophrenia Working Group of the Psychiatric Genomics, 2014.
13. Bei der Mukoviszidose (auch zystische Fibrose genannt) führt eine Genmutation zu einer Störung der Funktion von Chloridkanälen in bestimmten Schleimhautzellen, unter anderem in der Lunge. Diese Funktionsstörung hat zur Folge, dass die Schleimhautzellen einen übermäßig zähen Schleim absondern. In den Atemwegen führt das zu einem gestörten Abtransport von Bronchialschleim, was wiederum häufige Infekte, insbesondere schwere Lungenentzündungen, und in der Folge schwere strukturelle Veränderungen der Lunge nach sich zieht. Die meisten Menschen mit Mukoviszidose versterben früh an solchen Atemwegserkrankungen. Verantwortlich dafür ist eine Mutation an einem bestimmten Genort, dem sogenannten CFTR-Gen (CFTR steht für Cystic Fibrosis Transmembrane Conductance Regulator). Zwar sind unterschiedliche Mutationen innerhalb dieses Gens bekannt, aber es handelt sich immer um Mutationen in diesem einen Gen, die zur Mukoviszidose führen. Die Vererbung solcher monogenetischer Erkrankungen erfolgt nach den Mendel'schen Regeln, siehe https://de.wikipedia.org/wiki/Mendelsche_Regeln.
14. Tinbergen, 1963.
15. Es sollte beachtet werden, dass es sich hierbei nur um *ein* mögliches Erklärungsmodell handelt, das nicht den Anspruch darauf erhebt, die schizophrene Erkrankung eines Menschen vollständig erklären zu können.
16. Der britische Evolutionsbiologe Richard Dawkins stellte in seinem 1976 erschienenen Buch »The Selfish Gene« die einflussreiche Theorie auf, dass weder die Arten noch einzelne Individuen die eigentlichen Objekte der Selektion sind, sondern dass Gene miteinander im Wettstreit der natürlichen Selektion stehen (Dawkins, 2006).
17. Brown et al., 2000; Olfson et al., 2015; Thornicroft, 2011.
18. MacCabe et al., 2009; Nanko und Moridaira, 1993.
19. Bundy et al., 2011; Power et al., 2013.
20. Brüne, 2004.

21. Brüne, 2008; Nesse, 2019; Stevens und Price, 2016.
22. Mukherjee, 2017, S. 350 (meine Übersetzung, Hervorhebungen im Original).
23. Nesse, 2019, S. 35.
24. Stevens und Price, 2016, S. 146.
25. Dehnhardt, 2003; Stevens und Price, 2016, S. 148 f.
26. Liu et al., 2019.
27. Diese Auffassung geht nicht zuletzt auf Michel Foucault zurück, der sich vor allem in seinem 1961 erschienenen Buch »Wahnsinn und Gesellschaft« kritisch mit der Ausgrenzung psychisch Erkrankter in modernen aufgeklärten Gesellschaften auseinandersetzt. Seine Kernthese ist, dass Wahnsinn in der Abgrenzung von psychischer Gesundheit ein gesellschaftliches Konstrukt ist (Foucault, 1973).
28. Siehe dazu https://de.wikipedia.org/wiki/Homosexualität.
29. Siehe dazu https://www.tagesspiegel.de/politik/schwule-und-lesbische-abgeordnete-politik-unterm-regenbogen/12721820.html.
30. Brüne, 2004.
31. Das von Miller vorgeschlagene Cultural-Courtship-Modell (Miller, 2000) ist nicht unumstritten. Steven Pinker argumentierte, dass es sich bei Phänomenen wie Kreativität auch um reine Epiphänomene handeln könnte, die an sich keinen echten Selektionsvorteil mit sich brächten (Pinker, 1997). Eine kürzlich veröffentlichte Studie, die an dem in Kenia lebenden Stamm der Meru durchgeführt wurde, zeigte sogar einen negativen Zusammenhang zwischen Kreativität und dem reproduktiven Erfolg (Lebuda et al., 2021).
32. Prokosch et al., 2009.
33. Peralta et al., 1994.
34. Acar et al., 2018; Baas et al., 2016.
35. Nettle und Clegg, 2006.
36. Die Aussagekraft einer Studie steht und fällt damit, wie gut die verwendeten Maße das abbilden, was untersucht werden soll. Die Ergebnisse von Studien, bei denen die Teilnehmer:innen Angaben zu sich selbst machen, sind immer nur so gut wie die verwendeten Fragebögen. Ein entscheidender Faktor ist dabei die sogenannte Konstruktvalidität. Dieser Begriff aus der Statistik beschreibt, wie gut eine Messung ein bestimmtes Konstrukt (z. B. Kreativität) abbildet. Die Frage ist dabei, ob die Messung mit systematischen Fehlern behaftet ist (z. B. Über- oder Unterschätzung) oder durch andere Konstrukte (z. B. Intelligenz) überlagert ist. Zudem hängt die Aussagekraft von Fragebogenstudien auch von anderen schwer kontrollierbaren Faktoren wie Ehrlichkeit und Motivation der Teilnehmer:innen ab.

37. Genetisches Risikoprofil nach Schizophrenia Working Group of the Psychiatric Genomics, 2014.
38. Power et al., 2015.
39. Lawn et al., 2019.
40. Mehta et al., 2016; Ni et al., 2018.
41. Lawn et al., 2019; Mullins et al., 2017.
42. Brüne, 2008, S.196.
43. Crow, 2000.
44. Broome et al., 2012; Johns und van Os, 2001.
45. Bleuler, 1911.
46. Meehl, 1962; Rado, 1953.
47. Strauss, 1969, S.586 (meine Übersetzung und Hervorhebung).
48. Strauss, 1969, S.581 (meine Übersetzung).
49. Peters et al., 1999.
50. Siehe z.B. Chapman et al., 1994, und Werbeloff et al., 2012. Dieser Ansatz blieb aber auch nicht ganz ohne Kritik. So wurde argumentiert, dass Wahn eben doch qualitativ unterschiedlich von gesunden Überzeugungen ist und dass die Idee eines Kontinuums einerseits zu einer Verharmlosung pathologischen Wahns und andererseits zu einer Pathologisierung irrationaler (aber nicht krankhafter) Überzeugungen führt (McKenna, 2017). Zudem muss betont werden, dass es auf der Grundlage eines solchen Fragebogens unmöglich ist, Aussagen darüber zu treffen, wie verbreitet wahnhafte Überzeugungen in der Bevölkerung sind, denn dann müsste man ja wieder eine Grenze festlegen, die auf dem Kontinuum »Wahn vorhanden« von »Wahn nicht vorhanden« trennt.
51. Bijl et al., 1998.
52. van Os et al., 2000.
53. McGrath et al., 2015; van Os et al., 2009.
54. Taylor et al., 2016.
55. van Os et al., 2009.
56. Pain et al., 2018.
57. Legge et al., 2019.

Kapitel 4

1. Bumpas, 1899.
2. Bouchard und Loehlin, 2001.
3. Nettle, 2006.
4. Ghiselin, 1974.

5. Haselton und Buss, 2000.
6. Gigerenzer, 2008.
7. Simon, 1956.
8. Goldstein und Gigerenzer, 2002.
9. Kahneman, 2011.
10. Gigerenzer, 2008.
11. Johansson et al., 2005.
12. In einer späteren Studie der Arbeitsgruppe um Ohlsson wurden den Versuchspersonen statt Fotos Aussagen über moralische Dilemmata präsentiert, wie zum Beispiel: »Auch wenn eine Handlung Unschuldigen Schaden zufügt, kann sie moralisch richtig sein« (Hall et al., 2012). Die Versuchspersonen sollten sich entscheiden, ob sie diesen Aussagen zustimmen oder sie ablehnen. Auch hier wurden sie später gebeten, ihre Entscheidung zu begründen, wobei einzelne Aussagen durch geschickt formulierte Änderungen in ihr Gegenteil verkehrt wurden. In der überwiegenden Zahl der Fälle bemerkten die Versuchspersonen dies nicht und konnten sogar gute Argumente für ihre vermeintliche Entscheidung anführen. Es scheint auch hier so, als ob die Versuchspersonen in diesem Experiment annahmen, dass sie ihre Entscheidung wohl aus guten Gründen getroffen haben mussten, und sich dann bemühten, diese guten Gründe plausibel zu machen.
13. Dunbar, 2004.
14. Die von Kahneman vertretene Ansicht, dass Heuristiken Ausdruck menschlicher Irrationalität sind (Kahneman, 2011), ist nicht unumstritten. So argumentiert Gigerenzer, dass Heuristiken durchaus rational sind, zumindest in einem ökologischen oder praktischen Sinne (Gigerenzer, 2008). Siehe dazu Altman, 2004.
15. Dieses Beispiel habe ich von Daniel Dennett übernommen (Dennett, 2006, S.160).
16. Dawkins, 2004, S.12 (meine Übersetzung).
17. Kahneman, 2011.
18. Haselton und Nettle, 2006.
19. Taylor und Brown, 1988.
20. Gagne und Lydon, 2004.
21. Wenger und Fowers, 2008.
22. Krebs und Denton, 1997, S.34.
23. Taylor et al., 2000.
24. Das gilt unter anderem für das Immunsystem, siehe zum Beispiel Sterzer et al., 2004. Ich gebe zu, dass dieses Zitat hier nicht unbedingt notwendig gewesen wäre, aber ich freue mich, endlich einmal meine eigene Doktor-

arbeit zitieren zu können, mit deren Thema ich wissenschaftlich schon lange nichts mehr am Hut habe.

25. Makridakis und Moleskis, 2015.
26. Bopp et al., 2012.
27. Kay et al., 2010.
28. Greenaway et al., 2013.
29. Zur Evolution von Kooperation und Moral siehe z.B. Axelrod, 1984, und Tomasello, 2016.
30. https://www.bild.de/bild-plus/sport/fussball/fussball/fussball-die-fuenf-schlimmsten-fan-feindschaften-der-welt-61925788,view=conversionToLogin.bild.html.
31. »What people ›believe‹ about global warming doesn't reflect what they know; it *expresses* who they *are*« (https://www.nytimes.com/2017/06/06/learning/questions-for-climate-science-meets-a-stubborn-obstacle-students.html).
32. Kahan et al., 2011.
33. Kahan, 2015.
34. https://www.pewresearch.org/science/2015/07/01/chapter-2-climate-change-and-energy-issues/
35. Siehe Pinker, 2019, S.358.
36. Barrett, 2000.
37. Dieses Argument wurde von Dominic Johnson und Kolleg:innen vertreten, zum Beispiel in Johnson und Krüger, 2004. Für eine ähnliche Argumentation siehe auch Dennett, 2006.
38. Matthias Claudius, Asmus omnia sua secum portans oder Sämtliche Werke des Wandsbecker Boten (1798), zitiert aus Matthias, 1976, S.570.
39. Mercier und Sperber, 2018.
40. Nickerson, 1998.
41. Shaw, 1996.
42. Stanovich et al., 2013.
43. Stich, 1990, S.62.
44. Pinker, 2019, S.353 (meine Übersetzung). Ähnlich argumentieren auch McKay und Dennett, 2009.

Kapitel 5

1. https://www.tfes.org/
2. Hohwy, 2013, S.15 f.
3. Siehe zum Beispiel Marr, 1982.
4. Teufel und Fletcher, 2020.

5. Vorwort zu Clark, 2016, S.XIV (meine Übersetzung).
6. Parr und Friston, 2018.
7. Seth, 2021.
8. Frith, 2007, zitiert aus der 2010 im Spektrum-Verlag (Heidelberg) erschienenen deutschen Übersetzung mit dem Titel »Wie das Gehirn die Welt erschafft«, S.147.
9. Clark, 2016.
10. z.B. https://michaelbach.de/ot/
11. Gigerenzer, 2008.
12. Adams et al., 2004.
13. https://www.elsevier.com/connect/archive/beyond-the-dress-the-science-of-illusion.
14. Mit fMRT können wir zwar nicht die neuronale Aktivität selbst messen (also Aktionspotenziale der Nervenzellen), zumindest aber die Änderungen im Sauerstoffgehalt des Blutes, die mit Änderungen der Nervenzellaktivität einhergehen. Das mit fMRT gemessene BOLD-Signal (*B*lood *O*xygen *L*evel *D*ependent) ist also ein indirektes Maß für neuronale Aktivität.
15. Sterzer et al., 2006.
16. Muckli et al., 2005.
17. Wenn ich von *unserem* oder *meinem* inneren Modell der Welt spreche, meine ich streng genommen immer das innere Modell der Welt, das *unser* oder *mein Gehirn* unterhält.
18. Alink et al., 2010.
19. Ausführlichere und gut nachvollziehbare Erklärungen des Prinzips des Bayesianischen Schlussfolgerns finden sich in Clark, 2016, Appendix 1 (S.301 ff.), und Hohwy, 2013, S.13 ff.
20. Siehe dazu auch Hohwy, 2013, S.59 ff.
21. Für eine Diskussion von Überzeugungen im Kontext der Predictive-Processing-Theorie als kognitive Vorhersagen sowie der Frage, ob und wie solche kognitiven Vorhersagen Wahrnehmungsprozesse beeinflussen können, siehe Macpherson, 2017, und Caporuscio et al., 2022. Williams, 2018, wirft einen kritischen Blick auf die Konzeptualisierung von Überzeugungen innerhalb der Predictive-Processing-Theorie.
22. Connors und Halligan, 2014.
23. Siehe dazu z.B. Lancellotta und Bortolotti, 2019, S.6.
24. »Doppelblind-randomisiert« heißt, dass in medizinischen Interventionsstudien, z.B. zur Überprüfung der Wirksamkeit eines Medikaments (Verum) im Vergleich zu einer unwirksamen Vergleichssubstanz (Placebo), weder die Studienteilnehmer:innen noch die durchführenden Untersucher:innen wissen, welche Substanz verabreicht wird; und dass die Zuteilung einer

Versuchsteilnehmerin zur Verum- oder Placebogruppe randomisiert wird, also per Losverfahren erfolgt. Dadurch soll jeder bewusste oder unbewusste Einfluss, den das Wissen um die Gruppenzugehörigkeit auf die Studienergebnisse haben könnte, minimiert werden. Ergebnisse aus solchen doppelblind-randomisierten Studien gelten als der Goldstandard, also die höchste Stufe der Evidenz in der Medizin.

25. Hierzu zählen z.B. die »Leitlinien zur Sicherung guter wissenschaftlicher Praxis« der Deutschen Forschungsgemeinschaft (https://www.dfg.de/foerderung/grundlagen_rahmenbedingungen/gwp/).
26. Stich, 1990, S.62.
27. Seth und Tsakiris, 2018 (meine Übersetzung). Eine ausführliche Analyse der Idee »nützlicher Fehlrepräsentationen« der Welt durch unser Gehirn hat Joshua Martin als Teil seiner Doktorarbeit an der Berlin School of Mind and Brain unternommen (siehe Martin et al., 2021).
28. Das Beispiel der Fehlwahrnehmung eines Astes als Schlange verdanke ich meinem Doktoranden Joshua Martin (siehe Martin et al., 2021).
29. Haselton und Buss, 2000; für eine Diskussion der Fehlermanagementtheorie im Kontext von Predictive Processing siehe Martin et al., 2021.

Kapitel 6

1. Clark, 2016, S.51.
2. Schneider et al., 1996.
3. Siehe dazu Adams et al., 2013; Sterzer et al., 2018.
4. Vorwort zu Clark, 2016, S.XIV (meine Übersetzung).
5. Levy et al., 2010.
6. Thaker et al., 1999.
7. Hong et al., 2005.
8. Diese Befunde konnten anhand einer Simulation mit einem mathematischen Modell repliziert werden, in dem Vorhersagen über die Bewegungstrajektorie schwächer gewichtet werden (Adams et al., 2013).
9. Das EEG macht sich zunutze, dass die Signalübertragung im Gehirn über Spannungsänderungen an Nervenzellmembranen funktioniert. So können bestimmte Ereignisse im Gehirn, die mit einer Spannungsänderung vieler Nervenzellen einer Hirnregion einhergehen, auch von außen, also durch die Schädeldecke hindurch, registriert werden. Beim EEG erfolgt dies über Messelektroden, die auf der Kopfhaut angebracht werden.
10. Garrido et al., 2009.
11. Parras et al., 2017.

12. Erickson et al., 2016.
13. Erickson et al., 2017.
14. Für eine aktuelle Übersichtsarbeit zur Dopaminhypothese siehe McCutcheon et al., 2019.
15. Larkings und Brown, 2017.
16. Bastos et al., 2012; Keller und Mrsic-Flogel, 2018.
17. Friston et al., 2012.
18. Experimentelle Evidenz für diese Hypothese lieferte eine kürzlich veröffentlichte Studie von Haarsma et al., 2020.
19. In einer kürzlich veröffentlichten Meta-Analyse wurden die Ergebnisse von insgesamt 65 Bildgebungsstudien zur Frage der Dopaminfunktion bei Schizophrenie analysiert und zusammengefasst (Brugger et al., 2020). Dabei zeigte sich insgesamt deutliche Evidenz für eine erhöhte Dopaminsynthese und -ausschüttung in Gehirnen von Menschen mit Schizophrenie. Die Ergebnisse zur Dichte von Dopaminrezeptoren und zur Verfügbarkeit von Dopamintransportproteinen waren hingegen heterogen, was möglicherweise eine Erklärung dafür bietet, dass die Wirkung von Neuroleptika (Dopamin-»Blockern«) bei Patient:innen mit Schizophrenie sehr variabel ist.
20. Heinz, 2002; Kapur, 2003.
21. Siehe Jaspers, 1973, S. 82.
22. Zitiert nach Jaspers, 1973, S. 82.
23. Conrad, 1959.
24. Klaus Conrad hat mit seinen sorgfältigen Beobachtungen zur Phänomenologie schizophrener Psychosen ohne Zweifel einen wertvollen Beitrag zum Verständnis der Psychopathologie der Schizophrenie geleistet. Ungeachtet dessen sollte aber seine Rolle in der Zeit des Nationalsozialismus nicht unerwähnt bleiben. Wie im »Personenlexikon zum Dritten Reich« (Klee, 2005) nachzulesen ist, war er nach 1933 an der Deutschen Forschungsanstalt für Psychiatrie in München tätig, wo er Forschung zur Erblichkeit der Epilepsie betrieb. Er war Mitglied des NS-Dozentenbundes und des NS-Ärztebundes und wurde 1940 Mitglied der NSDAP.
25. Jaspers, 1973, S. 85.
26. Conrad, 1959, S. 90 f.
27. Conrad, 1959, S. 95–98, Hervorhebung im Original.
28. Jaspers, 1973, S. 82.
29. Jaspers, 1973, S. 88.
30. Appelbaum et al., 2004; Kuipers et al., 1997; Sharp et al., 1996.
31. Diese Ansicht wird allerdings nicht von allen Autor:innen geteilt. So hat beispielsweise Max Coltheart ein Zwei-Faktoren-Modell vorgeschlagen,

wonach Wahn dann entsteht, wenn eine perzeptuelle *und* eine kognitive Funktionsstörung in Gehirn vorliegt (Coltheart et al., 2007).

32. Conrad, 1959, S. 36.
33. Bortolotti, 2020, S. 70 ff.
34. Roberts, 1991.
35. Für eine Übersicht über die Forschung zur Bestätigungstendenz siehe Nickerson, 1998.
36. Mercier und Sperber, 2018.
37. Talluri et al., 2018.
38. Siehe z. B. Fischer und Whitney, 2014.
39. Cicchini et al., 2018.
40. Gigerenzer, 2008.
41. Es ist wichtig, dass es hier um die Präzision der Vorhersagen *relativ zu den Sinnesdaten* geht. Die relativ zu geringe Präzision der Vorhersagen könnte also auch daran liegen, dass den Sinnesdaten eine zu hohe Präzision beigemessen wird, zum Beispiel als Folge einer erhöhten Aktivität des »Lautstärkereglers« Dopamin.
42. Eckert et al., 2022.
43. Stein et al., 2020.
44. Gadenne und Oswald, 1986.
45. Balzan et al., 2013.
46. In dieselbe Richtung weisen auch Studien mit anderen Versuchsanordnungen, zum Beispiel, wenn Informationen zu einem Sachverhalt schrittweise präsentiert werden, in Form von Aussagen oder Bildern. Die Informationen sind am Anfang zweideutig, weisen dann aber von Schritt zu Schritt immer deutlicher in eine bestimmte Richtung. Menschen mit Psychoseneigung zeigen hier eine verstärkte kognitive Bestätigungstendenz in Form eines sogenannten *Bias against disconfirmatory evidence* (BADE auf Deutsch *Tendenz gegen widersprechende Evidenz;* siehe Moritz und Woodward, 2006; Woodward et al., 2006; Zhu et al., 2020). Auch eine Neigung zu voreiligem Schlussfolgern (englisch *Jumping to Conclusions*) wird häufig mit der Entstehung von Wahn in Zusammenhang gebracht. Dass Menschen mit der Diagnose Schizophrenie zu voreiligem Schlussfolgern neigen, wurde zwar in vielen Studien repliziert (für eine Übersicht siehe Sterzer et al., 2018), aber auch häufig infrage gestellt, weil die verwendete Methodik anfällig für andere Einflussfaktoren ist. Die Evidenzlage ist hier nach wie vor nicht ganz eindeutig (Schmack und Sterzer, 2019). Eine kürzlich veröffentlichte Studie zum voreiligen Schlussfolgern zeigte aber, dass Menschen mit einer Neigung zu Wahn eine stärkere Tendenz hatten, an initial gefassten Schlussfolgerungen besonders stark festzuhalten, also mehr widersprechende In-

formation benötigten, um ihre bereits gewonnene Überzeugung zu revidieren (Baker et al., 2019). Ähnlich wie die Befunde zu BADE weist also auch dieses Ergebnis in Richtung eines Zusammenhangs zwischen einer verstärkten kognitiven Bestätigungstendenz und Wahn.

47. Frith, 2007, zitiert aus der 2010 im Spektrum-Verlag (Heidelberg) erschienenen deutschen Übersetzung mit dem Titel »Wie das Gehirn die Welt erschafft«, S.147.
48. Siehe z.B. Weilnhammer et al., 2021; Weilnhammer et al., 2017. Diese Studien basieren auf einer Idee von Jakob Howhy und Kollegen (Hohwy et al., 2008), die sich kurz wie folgt skizzieren lässt. Nehmen wir zum Beispiel den Fall, dass ich die Kugel gerade linksdrehend wahrnehme. In dieser Situation ist es Teil meines aktuellen inneren Modells der Welt, dass die Signale, die gerade von der Netzhaut meiner Augen registriert werden, von einer linksdrehenden Kugel ausgelöst werden. Gleichzeitig löst die Tatsache, dass dieselben Signale auch mit einer rechtsdrehenden Kugel kompatibel wären, einen Vorhersagefehler in meinem Gehirn aus. Dieser Vorhersagefehler steht mit der Vorhersage meines aktuellen inneren Modells der Welt im Wettstreit, er sagt quasi: »Moment mal, du gehst gerade davon aus, dass sich diese Kugel nach links dreht, aber nach meinen Informationen handelt es sich hier um eine rechtsdrehende Kugel«. Irgendwann gewinnt der Vorhersagefehler dann diesen Wettstreit, sodass sich mein inneres Modell zu dem einer rechtsdrehenden Kugel ändert, ich die Kugel also plötzlich als rechtsdrehend wahrnehme. Aber natürlich entsteht jetzt wieder ein Vorhersagefehler, nämlich dadurch, dass der Reiz ja auch mit einer linksdrehenden Kugel kompatibel ist. So beginnt das Spiel von vorne: Dieser neue Vorhersagefehler steht mit der aktuellen Vorhersage einer rechtsdrehenden Kugel im Wettstreit, bis er diesen Wettstreit gewinnt und die Wahrnehmung wieder zur linksdrehenden Kugel kippt und so weiter.
49. Brascamp et al., 2018.
50. Aus der Perspektive der Predictive-Processing-Theorie lässt sich diese Bestätigungstendenz so erklären: Wenn ich die Kugel in einem Versuchsdurchgang linksdrehend wahrnehme, dann spiegelt das mein inneres Modell der Welt zu diesem Zeitpunkt wider. Wenn derselbe Reiz nach kurzer Zeit erneut erscheint, dann werde ich die entsprechende Vorhersage anwenden, dass es sich dabei um eine linksdrehende Kugel handelt (Schmack et al., 2015).
51. Frith, 2007, zitiert aus der 2010 im Spektrum-Verlag (Heidelberg) erschienenen deutschen Übersetzung mit dem Titel »Wie das Gehirn die Welt erschafft«, S.147.
52. Sterzer et al., 2008. Obwohl sie sich auch auf die Wahrnehmung bezieht,

kann diese Bestätigungstendenz als *kognitiv* eingeordnet werden, denn anders als bei der oben beschriebenen perzeptuellen Bestätigungstendenz geht es hier um eine Überzeugung, also eine *kognitive* Vorhersage, derer sich die Versuchspersonen bewusst sind und über die sie auch berichten können.

53. Peters et al., 1999.
54. Schmack et al., 2013.
55. Schmack et al., 2015.

Kapitel 7

1. Definition nach Freeman und Garety, 2000.
2. Elahi et al., 2017; Taylor et al., 2016; van Os et al., 2009.
3. Kennedy und Adolphs, 2012.
4. Axelrod, 1984.
5. Raihani und Bell, 2019.
6. Anderson und Freeman, 2013; Ember et al., 2013; Kastelan et al., 2007; Wood und Dennard, 2017.
7. McKay und Dennett, 2009, S. 501.
8. Fineberg und Corlett, 2016; Lancellotta und Bortolotti, 2019; Mishara und Corlett, 2009.
9. Fineberg und Corlett, 2016, S. 74 (meine Übersetzung).
10. Fineberg und Corlett, 2016; Mishara und Corlett, 2009.
11. Dieses (unter Statistikern beliebte) geflügelte Wort geht auf den britischen Statistiker George Box zurück (siehe https://en.wikipedia.org/wiki/All_models_are_wrong).
12. Siehe z.B. Brotherton, 2016; Butter, 2018; Hepfer, 2015; Nocun und Lamberty, 2020.
13. https://harpers.org/archive/1964/11/the-paranoid-style-in-american-politics/
14. Oliver und Wood, 2014.
15. Zitiert nach Nocun und Lamberty, 2020, S. 25.
16. Swami et al., 2011; van Prooijen, 2017.
17. Siehe z.B. Brotherton, 2016; Butter, 2018; Hepfer, 2015; Nocun und Lamberty, 2020.
18. Martin et al., 2021.
19. Brotherton, 2016, S. 110 (meine Übersetzung).
20. Auf Deutsch: »Ein Teufel, den man kennt, ist besser als eine Welt, die man nicht kennt.« Zitiert aus Molding et al., 2016, S. 345 (meine Übersetzung).
21. Nocun und Lamberty, 2020.

22. Zitiert nach Nocun und Lamberty, 2020, S.51.
23. Conrad, 1959, S.56.
24. Newheiser et al., 2011; Sullivan et al., 2012; van Prooijen und Jostmann, 2013.
25. Swami et al., 2016.
26. Aus Wilking, D. (Hrsg). »Reichsbürger«: ein Handbuch. demos – Brandenburgisches Institut für Gemeinwesenberatung, 2015, zitiert nach Nocun und Lamberty, 2020, S.29.
27. de Spinoza, 2016, S.1.
28. Jaspers, 1973, S.87.
29. Siehe Bortolotti, 2010, S.24.
30. Imhoff und Lamberty, 2018.
31. Imhoff und Lamberty, 2018, S.923.
32. Lincoln, 2007.
33. Chapman et al., 1994; Werbeloff et al., 2012.
34. Imhoff und Lamberty, 2018.
35. Schizophrenia Working Group of the Psychiatric Genomics, 2014.
36. Adams et al., 2013; Sterzer et al., 2018.
37. https://dorsch.hogrefe.com/stichwort/ambiguitaetstoleranz.
38. Dieses Bedürfnis wird in der Psychologie auch *Need for Closure* oder *Need for Cognition* genannt, siehe https://lexikon.stangl.eu/21727/need-for-closure.
39. Larsen et al., 2021.
40. Whitson und Galinsky, 2008.
41. de Gee et al., 2020; Urai et al., 2017.
42. Pani et al., 2000; Vaessen et al., 2015.
43. Heinz et al., 2019.
44. Henssler et al., 2020.
45. Egerton et al., 2017.
46. Es sei vorsichtshalber hier noch einmal ergänzend angemerkt, dass dieser Faktor seinerseits dem Zusammenspiel einer Vielzahl hochgradig komplexer neuronaler Prozesse unterliegt.

Kapitel 8

1. Frith, 2007, zitiert aus der 2010 im Spektrum-Verlag (Heidelberg) erschienenen deutschen Übersetzung mit dem Titel »Wie das Gehirn die Welt erschafft«, S.147.
2. Deutsch: Es ist kein Fehler, es ist eine Funktion!

3. Deutsch: Zu viel des Guten. Shakespeare: As you like it, 4.1.112–115.
4. David Hume: A Treatise of Human Nature (Buch III, Teil I, Kapitel I); zitiert nach https://www.philoclopedia.de/was-soll-ich-tun/metaethik/sein-sollen-fehlschluss/.
5. George Edward Moore, Principia ethica, 1903, zitiert nach https://de.wikipedia.org/wiki/Naturalistischer_Fehlschluss#:~:text=naturalistic%20fallacy)%20wird%20der%20Versuch,seinem%20Werk%20Principia%20ethica%20beschrieben.
6. Dawkins, 2006, S.XIV (meine Übersetzung).
7. Siehe z.B. Gabriel, 2015, S.37 ff.
8. Dennett, 2006, S.73 (meine Übersetzung).
9. American Psychiatric Association, 2013.
10. Ebd.
11. Siehe Martin et al., 2021.
12. Die korrekte, weil neutralere Bezeichnung lautet »Elektrokrampftherapie«. Der Begriff »Elektroschocks« wird von manchen Kritikern der Methode bevorzugt verwendet, vermutlich um damit den Eindruck zu erwecken, dass es sich dabei um eine besonders brutale Methode handelt.
13. Siehe dazu Insel, 2010.
14. Jaspers, 1973, S.88 f.
15. Corrigan et al., 2013.
16. Barlow, 2004.
17. Für einen Überblick siehe Falkai et al., 2017, S.1650 ff.
18. Vorabveröffentlichung siehe https://psyarxiv.com/8mbsk/.
19. Siehe z.B. Litwin und Milkowski, 2020.
20. Fletcher und Frith, 2009, S.54.
21. Siehe https://de.wikipedia.org/wiki/Offene_Wissenschaft.
22. Ich danke meinem Freund, dem Journalisten und Schriftsteller Maximilian Steinbeis, dafür, dass er mir in dieser Hinsicht so manches Mal den Kopf gewaschen hat. Das hat mir geholfen, meine szientistischen Neigungen selbstkritisch zu hinterfragen.

Epilog

1. https://www.spiegel.de/politik/deutschland/corona-und-die-afd-zwei-von-drei-ungeimpften-waehlen-rechte-parteien-a-da3157d2-c123-4796-898a-9f6bb35ee918.
2. https://www.ecpmf.eu/wp-content/uploads/2022/04/Feindbild-Journalist-2021.pdf

3. Siehe z. B. van der Heiden et al., 2012.
4. https://www.tagesschau.de/inland/lauterbach-kehrtwende-isolation-coronavirus-103.html.
5. Nyhan, 2021.
6. Kumar et al., 2015.

Literatur

Acar S, Chen X, Cayirdag N. Schizophrenia and creativity: A meta-analytic review. Schizophr Res 2018; 195: 23–31.

Adams RA, Stephan KE, Brown HR, Frith CD, Friston KJ. The computational anatomy of psychosis. Frontiers in psychiatry 2013; 4: 47.

Adams WJ, Graf EW, Ernst MO. Experience can change the »light-from-above« prior. Nat Neurosci 2004; 7: 1057–8.

Alicke MD. Global self-evaluation as determined by the desirability and controllability of trait adjectives. Journal of Personality and Social Psychology 1985; 49: 1621–30.

Alink A, Schwiedrzik CM, Kohler A, Singer W, Muckli L. Stimulus predictability reduces responses in primary visual cortex. J Neurosci 2010; 30: 2960–6.

Allport GW. The Nature of Prejudice. Reading, Mass. Addison-Wesley 1954.

Altman M. The Nobel Prize in behavioral and experimental economics: a contextual and critical appraisal of the contributions of Daniel Kahneman and Cernon Smith. Review of Political Economy 2004; 16: 3–41.

Anderson F, Freeman D. Socioeconomic status and paranoia: the role of life hassles, self-mastery, and striving to avoid inferiority. J Nerv Ment Dis 2013; 201: 698–702.

Appelbaum PS, Robbins PC, Vesselinov R. Persistence and stability of delusions over time. Compr Psychiatry 2004; 45: 317–24.

American Psychiatric Association. Diagnostic and statistical manual of mental disorders (5. Ausgabe). Arlington, VA. American Psychiatric Publishing 2013.

Axelrod R. The Evolution of Cooperation. New York. Basic Books 1984.

Baas M, Nijstad BA, Boot NC, De Dreu CKW. Mad genius revisited: Vulnerability to psychopathology, biobehavioral approach-avoidance, and creativity. Psychol Bull 2016; 142: 668–92.

Baker SC, Konova AB, Daw ND, Horga G. A distinct inferential mechanism for delusions in schizophrenia. Brain 2019; 142: 1797–812.

Balzan R, Delfabbro P, Galletly C, Woodward T. Confirmation biases across the psychosis continuum: the contribution of hypersalient evidence-hypothesis matches. Br J Clin Psychol 2013; 52: 53–69.

Barlow HB. Anxiety and Its Disorders: The Nature and Treatment of Anxiety and Panic. New York. Guilford 2004.

Barrett JL. Exploring the natural foundations of religion. Trends Cogn Sci 2000; 4: 29–34.

Bastos AM, Usrey WM, Adams RA, Mangun GR, Fries P, Friston KJ. Canonical microcircuits for predictive coding. Neuron 2012; 76: 695–711.

Baumann, P., Erkenntnistheorie. 3. Ausgabe. Stuttgart, J. B. Metzler 2015.

Beck A, Rush AJ, Shaw B, Emery G. Cognitive Therapy of Depression. New York. Guilford 1979.

Bijl RV, Ravelli A, van Zessen G. Prevalence of psychiatric disorder in the general population: results of The Netherlands Mental Health Survey and Incidence Study (NEMESIS). Social psychiatry and psychiatric epidemiology 1998; 33: 587–95.

Bleuler E. Dementia praecox oder Gruppe der Schizophrenien. In: Aschaffenburg G, (Hrsg.). Handbuch der Psychiatrie. Leipzig, Wien. Deuticke 1911.

Bocskocsky A, Ezekowitz J, Stein C: The hot hand: A new approach to an old »fallacy«. 8th Annual MIT Sloan Sports Analytics Conference 2014. Hynes, USA, 2014; S. 1–10.

Bopp M, Braun J, Gutzwiller F, Faeh D, Swiss National Cohort Study G. Health risk or resource? Gradual and independent association between self-rated health and mortality persists over 30 years. PLoS One 2012; 7: e30795.

Bortolotti L. Delusions and other irrational beliefs. Oxford. Oxford University Press 2010.

Bortolotti L. The Epistemic Innocence of Irrational Beliefs. Oxford. Oxford University Press 2020.

Bouchard TJ, Jr., Loehlin JC. Genes, evolution, and personality. Behav Genet 2001; 31: 243–73.

Brascamp J, Sterzer P, Blake R, Knapen T. Multistable Perception and the Role of the Frontoparietal Cortex in Perceptual Inference. Annu Rev Psychol 2018; 69: 77–103.

Broome M, Dale J, Marriott C, Merino C, Bortolotti L. Neuroscience, continua and the prodromal phase of psychosis. In: Fusar-Poli P, Borgwardt S, McGuire P, (eds.). Vulnerability to Psychosis: From Neurosciences to Psychopathology. East Sussex. Psychology Press 2012.

Brotherton R. Suspicious Minds: Why We Believe Conspiracy Theories. London. Bloomsbury Sigma 2016.

Brown JD. The Self. New York. Psychology Press 2007.
Brown S, Inskip H, Barraclough B. Causes of the excess mortality of schizophrenia. The British journal of psychiatry: the journal of mental science 2000; 177: 212–7.
Brugger SP, Angelescu I, Abi-Dargham A, Mizrahi R, Shahrezaei V, Howes OD. Heterogeneity of Striatal Dopamine Function in Schizophrenia: Meta-analysis of Variance. Biol Psychiatry 2020; 87: 215–24.
Brüne M. Schizophrenia – an evolutionary enigma? Neurosci Biobehav Rev 2004; 28: 41–53.
Brüne M. Textbook of Evolutionary Psychiatry: The Origins of Psychopathology. New York. Oxford University Press 2008.
Bumpas HC: The elimination of the unfit as illustrated by the introduced sparrow. Biology lectures in marine biology at Woods Hole, Massachusetts 1899; S.209–26.
Bundy H, Stahl D, MacCabe JH. A systematic review and meta-analysis of the fertility of patients with schizophrenia and their unaffected relatives. Acta Psychiatr Scand 2011; 123: 98–106.
Butter, M. »Nichts ist, wie es scheint«: Über Verschwörungstheorien. Berlin, Suhrkamp Verlag 2018.

Caporuscio C, Fink SB, Sterzer P, Martin JM. When seeing is not believing: A mechanistic basis for predictive divergence. Conscious Cogn 2022; 202: 103334.
Chapman LJ, Chapman JP, Kwapil TR, Eckblad M, Zinser MC. Putatively psychosis-prone subjects 10 years later. J Abnorm Psychol 1994; 103: 171–83.
Cicchini GM, Mikellidou K, Burr DC. The functional role of serial dependence. Proceedings Biological sciences/The Royal Society 2018; 285.
Clark A. Surfing Uncertainty: Prediction, Action, and the Embodied Mind. New York. Oxford University Press 2016.
Coltheart M, Langdon R, McKay R. Schizophrenia and monothematic delusions. Schizophr Bull 2007; 33: 642–7.
Connors MH, Halligan PW. A cognitive account of belief: a tentative road map. Frontiers in psychology 2014; 5: 1588.
Conrad, K, Die beginnende Schizophrenie. Versuch einer Gestaltanalyse des Wahns. Stuttgart, Thieme 1959.
Corrigan PW, Sokol KA, Rusch N. The impact of self-stigma and mutual help programs on the quality of life of people with serious mental illnesses. Community Ment Health J 2013; 49: 1–6.
Crow TJ. Schizophrenia as the price that homo sapiens pays for language: a

resolution of the central paradox in the origin of the species. Brain Res Brain Res Rev 2000; 31: 118–29.

Dawkins R. The ancestor's tale: A pilgrimage to the dawn of life. London. Weidenfeld & Nicolson 2004.

Dawkins R. The God Delusion. London. Bantam Press 2006.

Dawkins R. The Selfish Gene. Oxford. Oxford University Press 2006.

Dawkins R. Science in the Soul: Selected Writings of a Passionate Rationalist. New York. Random House 2017.

de Gee JW, Tsetsos K, Schwabe L, et al. Pupil-linked phasic arousal predicts a reduction of choice bias across species and decision domains. eLife 2020; 9: e54014.

de Spinoza, B., Tractatus theologico-politicus. 4.Ausgabe. Berlin, Holzinger 2016.

Dehnhardt, R., Schamanismus und Schizophrenie. Bern, Peter Lang 2003.

Dennett DC. Breaking the Spell: Religion as a Natural Phenomenon. London. Penguin 2006.

Dunbar R. The Human Story: A New History of Mankind's Evolution. London. Faber & Faber 2004.

Eckert A-L, Gounitski Y, Guggenmos M, Sterzer P. Cross-modality evidence for reduced choice history biases in psychosis prone individuals. PsyArXiv 2022 (Preprint).

Egerton A, Howes OD, Houle S, et al. Elevated Striatal Dopamine Function in Immigrants and Their Children: A Risk Mechanism for Psychosis. Schizophr Bull 2017; 43: 293–301.

Elahi A, Perez Algorta G, Varese F, McIntyre JC, Bentall RP. Do paranoid delusions exist on a continuum with subclinical paranoia? A multi-method taxometric study. Schizophr Res 2017; 190: 77–81.

Ember CR, Adem TA, Skoggard I. Risk, uncertainty, and violence in eastern Africa: a regional comparison. Hum Nat 2013; 24: 33–58.

Erickson MA, Albrecht M, Ruffle A, Fleming L, Corlett P, Gold J. No association between symptom severity and MMN impairment in schizophrenia: A meta-analytic approach. Schizophr Res Cogn 2017; 9: 13–7.

Erickson MA, Ruffle A, Gold JM. A Meta-Analysis of Mismatch Negativity in Schizophrenia: From Clinical Risk to Disease Specificity and Progression. Biol Psychiatry 2016; 79: 980–7.

Falkai, P., Schennach, R., Lincoln, T. M., Schaub, A., Hasan, A., Schizophrene Psychosen. In: Möller, H.-J., Laux, G., Kapfhammer, H.-P. (Hrsg., Psychiatrie, Psychsomatik, Psychotherapie. Berlin, Springer Nature 2017.

Fineberg SK, Corlett PR. The doxastic shear pin: delusions as errors of learning and memory. Cogn Neuropsychiatry 2016; 21: 73–89.

Fischer J, Whitney D. Serial dependence in visual perception. Nat Neurosci 2014; 17: 738–43.

Fletcher PC, Frith CD. Perceiving is believing: a Bayesian approach to explaining the positive symptoms of schizophrenia. Nat Rev Neurosci 2009; 10: 48–58.

Forgas JP, Laham SM. Halo Effects. In: Pohl RF, (ed.). Cognitive Illusions: Intriguing phenomena in thinking, judgement and memory. New York. Routledge 2017; S.276–90.

Foucault, M., Wahnsinn und Gesellschaft: eine Geschichte des Wahns im Zeitalter der Vernunft. 1.Ausgabe. Frankfurt am Main, Suhrkamp 1973.

Frances, A., Normal: Gegen die Inflation psychiatrischer Diagnosen. Köln, Dumont 2014.

Freeman D, Garety PA. Comments on the content of persecutory delusions: does the definition need clarification? Br J Clin Psychol 2000; 39: 407–14.

Friston KJ, Shiner T, FitzGerald T, et al. Dopamine, affordance, and active inference. PLoS computational biology 2012; 8: e1002327.

Frith C. Making up the Mind. How the Brain Creates our Mental World. Oxford. Blackwell 2007.

Gabriel, M., Ich ist nicht Gehirn. 3. Aufl. Berlin, Ullstein 2015.

Gadenne, V., Oswald, M., Entstehung und Veränderung von Bestätigungstendenzen beim Testen von Hypothesen. Zeitschrift für Experimentelle und Angewandte Psychologie 1986, 33, S. 360–74.

Gagne FM, Lydon JE. Bias and accuracy in close relationships: an integrative review. Pers Soc Psychol Rev 2004; 8: 322–38.

Garrido MI, Kilner JM, Stephan KE, Friston KJ. The mismatch negativity: a review of underlying mechanisms. Clinical neurophysiology: official journal of the International Federation of Clinical Neurophysiology 2009; 120: 453–63.

Geschke D, Lorenz J, Holtz P. The triple-filter bubble: Using agent-based modelling to test a meta-theoretical framework for the emergence of filter bubbles and echo chambers. Br J Soc Psychol 2019; 58: 129–49.

Ghiselin MT. The economy of nature and the evolution of sex. Oakland. University of California Press 1974.

Gigerenzer, G., Bauchentscheidungen: Die Intelligenz des Unbewussten und die Macht der Intuition. München, Wilhelm Goldmann Verlag 2008.

Gilovich T, Vallone R, Tversky A. The Hot Hand in Basketball: On the Misperception of Random Sequences. Cognitive Psychology 1985; 17: 295–314.

Goldstein DG, Gigerenzer G. Models of ecological rationality: the recognition heuristic. Psychol Rev 2002; 109: 75–90.

Goleman D. MEDICAL SCIENCE: Delusion, Benign and Bizarre, Is Recognized as Common. The New York Times 1989: C3.

Greenaway KH, Louis WR, Hornsey MJ. Loss of control increases belief in precognition and belief in precognition increases control. PLoS One 2013; 8: e71327.

Greenburgh A: Beliefs have a social purpose. Does this explain delusions? Psyche 2020.

Haarsma J, Fletcher PC, Griffin JD et al. Precision weighting of cortical unsigned prediction error signals benefits learning, is mediated by dopamine, and is impaired in psychosis. Mol Psychiatry 2021; 26: 5320-5333.

Häfner, H., Das Rätsel Schizophrenie: Eine Krankheit wird entschlüsselt. 4. Ausgabe. München, C.H. Beck 2017.

Hall L, Johansson P, Strandberg T. Lifting the veil of morality: choice blindness and attitude reversals on a self-transforming survey. PLoS One 2012; 7: e45457.

Hamilton A. Against the Belief Model of Delusion. In: Chung M, Fulford W, Graham G, (eds.). Reconceiving Schizophrenia. Oxford. Oxford University Press 2006; S. 217–34.

Haselton MG, Buss DM. Error management theory: a new perspective on biases in cross-sex mind reading. J Pers Soc Psychol 2000; 78: 81–91.

Haselton MG, Nettle D. The paranoid optimist: an integrative evolutionary model of cognitive biases. Pers Soc Psychol Rev 2006; 10: 47–66.

Haynes, J.-D., Eckoldt, M., Fenster ins Gehirn: Wie unsere Gedanken entstehen und wie man sie lesen kann. Berlin, Ullstein 2021.

Heckers S, Barch DM, Bustillo J, et al. Structure of the psychotic disorders classification in DSM-5. Schizophr Res 2013; 150: 11–4.

Heinz A. Dopaminergic dysfunction in alcoholism and schizophrenia – psychopathological and behavioral correlates. Eur Psychiatry 2002; 17: 9–16.

Heinz, A., Der Begriff der psychischen Krankheit. Berlin, Suhrkamp/Insel Verlag 2014.

Heinz A, Murray GK, Schlagenhauf F, Sterzer P, Grace AA, Waltz JA. Towards a Unifying Cognitive, Neurophysiological, and Computational Neuroscience Account of Schizophrenia. Schizophr Bull 2019; 45: 1092–100.

Henssler J, Brandt L, Muller M, et al. Migration and schizophrenia: meta-analysis and explanatory framework. Eur Arch Psychiatry Clin Neurosci 2020; 270: 325–35.

Hepfer, K., Verschwörungstheorien. Eine philosophische Kritik der Unvernunft. Bielefeld, Transcript 2015.

Hohwy J. The Predictive Mind. Oxford. Oxford University Press 2013.

Hohwy J, Roepstorff A, Friston K. Predictive coding explains binocular rivalry: an epistemological review. Cognition 2008; 108: 687–701.

Hong LE, Avila MT, Thaker GK. Response to unexpected target changes during sustained visual tracking in schizophrenic patients. Exp Brain Res 2005; 165: 125–31.

Hume D. A Treatise of Human Nature. Oxford. Clarendon Press 1888.

Imhoff R, Lamberty P. How paranoid are conspiracy believers? Toward a more fine-grained understanding of the connect and disconnect between paranoia and belief in conspiracy theories. European Journal of Social Psychology 2018; 48: 909–26.

Insel TR. Rethinking schizophrenia. Nature 2010; 468: 187–93.

Jaspers, K., Allgemeine Psychopathologie. 9.Ausgabe. Berlin, Springer 1973.

Johansson P, Hall L, Sikstrom S, Olsson A. Failure to detect mismatches between intention and outcome in a simple decision task. Science 2005; 310: 116–9.

Johns LC, van Os J. The continuity of psychotic experiences in the general population. Clin Psychol Rev 2001; 21: 1125–41.

Johnson DM, Krüger O. The Good of Wrath: Supernatural Punishment and the Evolution of Cooperation. Political Theology 2004; 5: 159–76.

Kahan D. Climate-Science Communication and the Measurement Problem. Political Psychology 2015; 36.

Kahan D, Wittlin M, Peters E, et al. The Tragedy of the Risk-Perception Commons: Culture Conflict, Rationality Conflict, and Climate Change. Temple University Legal Studies Research Paper 2011; 2011–26.

Kahneman D. Thinking, fast and slow. London. Allen Labe 2011.

Kant, I., Kritik der reinen Vernunft. Frankfurt am Main, Suhrkamp 1995.

Kapur S. Psychosis as a state of aberrant salience: a framework linking biology, phenomenology, and pharmacology in schizophrenia. Am J Psychiatry 2003; 160: 13–23.

Kastelan A, Franciskovic T, Moro L, et al. Psychotic symptoms in combat-related post-traumatic stress disorder. Mil Med 2007; 172: 273–7.

Kay AC, Gaucher D, McGregor I, Nash K. Religious belief as compensatory control. Pers Soc Psychol Rev 2010; 14: 37–48.

Keller GB, Mrsic-Flogel TD. Predictive Processing: A Canonical Cortical Computation. Neuron 2018; 100: 424–35.

Kennedy DP, Adolphs R. The social brain in psychiatric and neurological disorders. Trends Cogn Sci 2012; 16: 559–72.

Kettell S. What's really new about New Atheism? Palgrave Communications 2016; 2.

Klee, E., Das Personenlexikon zum Dritten Reich. Wer war was vor und nach 1945. 2.Ausgabe. Frankfurt am Main, Fischer Taschenbuch 2005.

Koschnick, W. J. Standardwörterbuch für die Sozialwissenschaften. München, Saur 1993.

Krebs DL, Denton K. Social illusions and self-deception: The evolution of biases in person perception. In: Simpson JA, Kenrick DT (eds.). Evolutionary social psychology. New York. Psychology Press 1997.

Kuipers E, Garety P, Fowler D, et al. London-East Anglia randomised controlled trial of cognitive-behavioural therapy for psychosis. I: effects of the treatment phase. The British journal of psychiatry : the journal of mental science 1997; 171: 319–27.

Kumar D, Menon M, Moritz S, Woodward T. Using the back door: Metacognitive training for psychosis. Psychosis 2015; 7: 166–78.

Lancellotta E, Bortolotti L. Are clinical delusions adaptive? Wiley Interdiscip Rev Cogn Sci 2019; 10: e1502.

Larkings JS, Brown PM. Do biogenetic causal beliefs reduce mental illness stigma in people with mental illness and in mental health professionals? A systematic review. Int J Ment Health Nurs 2018; 27: 928–941.

Larsen EM, Donaldson KR, Liew M, Mohanty A. Conspiratorial Thinking During COVID-19: The Roles of Paranoia, Delusion-Proneness, and Intolerance of Uncertainty. Frontiers in psychiatry 2021; 12: 698147.

Lawn RB, Sallis HM, Taylor AE, et al. Schizophrenia risk and reproductive success: a Mendelian randomization study. R Soc Open Sci 2019; 6: 181049.

Lawson R. The science of cycology: failures to understand how everyday objects work. Memory & cognition 2006; 34: 1667–75.

Lebuda I, Sorowski P, Groyecka-Bernard A, et al. Creativity, Mating, and Reproductive Successes Outside the WEIRD World. Creativity Research Journal 2021; 33: 255-263.

Legge SE, Jones HJ, Kendall KM, et al. Association of Genetic Liability to Psychotic Experiences With Neuropsychotic Disorders and Traits. JAMA Psychiatry 2019; 76: 1256–65.

Leo, P., Steinbeis, M., Zorn, D. P., Mit Rechten reden. Stuttgart, Klett-Cotta 2017.

Levy DL, Sereno AB, Gooding DC, O'Driscoll GA. Eye tracking dysfunction in schizophrenia: characterization and pathophysiology. Curr Top Behav Neurosci 2010; 4: 311–47.

Lewandowsky S, Ecker UK, Seifert CM, Schwarz N, Cook J. Misinformation and Its Correction: Continued Influence and Successful Debiasing. Psychol Sci Public Interest 2012; 13: 106–31.

Lincoln TM. Relevant dimensions of delusions: continuing the continuum versus category debate. Schizophr Res 2007; 93: 211–20.

Litwin P, Milkowski M. Unification by Fiat: Arrested Development of Predictive Processing. Cogn Sci 2020; 44: e12867.

Liu C, Everall I, Pantelis C, Bousman C. Interrogating the Evolutionary Paradox of Schizophrenia: A Novel Framework and Evidence Supporting Recent Negative Selection of Schizophrenia Risk Alleles. Front Genet 2019; 10: 389.

Luhmann, N., Soziale Systeme: Grundriß einer allgemeinen Theorie. Frankfurt am Main, Suhrkamp 1987.

MacCabe JH, Koupil I, Leon DA. Lifetime reproductive output over two generations in patients with psychosis and their unaffected siblings: the Uppsala 1915–1929 Birth Cohort Multigenerational Study. Psychol Med 2009; 39: 1667–76.

Macpherson F. The relationship between cognitive penetration and predictive coding. Conscious Cogn 2017; 47: 6–16.

Makridakis S, Moleskis A. The costs and benefits of positive illusions. Frontiers in psychology 2015; 6: 859.

Marr D. Vision: A Computational Investigation into the Human Representation and Processing of Visual Information. New York. Freeman 1982.

Martin JM, Solms M, Sterzer P. Useful misrepresentation: perception as embodied proactive inference. Trends Neurosci 2021; 44: 619-628.

Matthias, C., Werke in einem Band. München, Winkler 1976.

McCutcheon RA, Abi-Dargham A, Howes OD. Schizophrenia, Dopamine and the Striatum: From Biology to Symptoms. Trends Neurosci 2019; 42: 205–20.

McGrath JJ, Saha S, Al-Hamzawi A, et al. Psychotic Experiences in the General Population: A Cross-National Analysis Based on 31,261 Respondents From 18 Countries. JAMA Psychiatry 2015; 72: 697–705.

McKay RT, Dennett DC. The evolution of misbelief. The Behavioral and Brain Sciences 2009; 32: 493–510; discussion –61.

McKenna FP, Stanier RA, Lewis C. Factors underlying illusory self-assessment of driving skill in males and females. Accid Anal Prev 1991; 23: 45–52.

McKenna P. Delusions: Understanding the Un-understandable. Cambridge. Cambridge University Press 2017.

Meehl PE. Schizotaxia, schizotypy, schizophrenia. American Psychologist 1962; 17: 827–38

Mehta D, Tropf FC, Gratten J, et al. Evidence for Genetic Overlap Between Schizophrenia and Age at First Birth in Women. JAMA Psychiatry 2016; 73: 497–505.

Mercier H. Confirmation bias – myside bias. In: Pohl RF (ed.). Cognitive Illusions: Intriguing phenomena in thinking, judgement and memory. New York. Routledge 2017.

Mercier H. Not Born Yesterday: The Science of Who We Trust and What We Believe. Princeton, New Jersey, USA. Princeton University Press 2020.

Mercier H, Sperber D. The Enigma of Reason: A New Theory of Human Understanding. London. Penguin 2018.

Miller G. The Mating Mind: How Sexual Choice Shaped the Evolution of Human Nature. New York. Random House 2000.

Mishara AL, Corlett PR. Are delusions biologically adaptive? Salvaging the doxastic shear pin. The Behavioral and Brain Sciences 2009; 32: 530–1.

Molding R, Nix-Carnell S, Schnabel A, et al. Better the devil you know than a world you don't? Intolerance of uncertainty and worldview explanations for belief in conspiracy theories. Personality and Individual Differences 2016; 98: 345–54.

Moritz S, Woodward TS. A generalized bias against disconfirmatory evidence in schizophrenia. Psychiatry Res 2006; 142: 157–65.

Muckli L, Kohler A, Kriegeskorte N, Singer W. Primary Visual Cortex Activity along the Apparent-Motion Trace Reflects Illusory Perception. PLoS Biol 2005; 3: e265.

Mukherjee S. The Gene: An Intimate History. London. London 2017.

Mullins N, Ingason A, Porter H, et al. Reproductive fitness and genetic risk of psychiatric disorders in the general population. Nat Commun 2017; 8: 15833.

Nanko S, Moridaira J. Reproductive rates in schizophrenic outpatients. Acta Psychiatr Scand 1993; 87: 400–4.

Nesse RM. Good Reasons for Bad Feelings: Insights from the Frontier of Evolutionary Psychiatry. London. Penguin/Random House 2019.

Nettle D. The evolution of personality variation in humans and other animals. The American psychologist 2006; 61: 622–31.

Nettle D, Clegg H. Schizotypy, creativity and mating success in humans. Proceedings Biological sciences/The Royal Society 2006; 273: 611–5.

Newheiser AK, Farias M, Tausch N. The functional nature of conspiracy beliefs: Examining the underpinnings of belief in the Da Vinci Code conspiracy. Personality and Individual Differences 2011; 51: 1007–11.

Ni G, Gratten J, Wray NR, Lee SH, Schizophrenia Working Group of the Psychiatric Genomics C. Age at first birth in women is genetically associated with increased risk of schizophrenia. Scientific reports 2018; 8: 10168.

Nickerson RS. Confirmation bias: A ubiquitous phenomenon in many guises. Review of general psychology 1998; 2: 175–220.

Nocun, K., Lamberty, P., Fake Facts: Wie Verschwörungstheorien unser Denken bestimmen. Berlin, Quadriga 2020.

Nyhan B. Why the backfire effect does not explain the durability of political misperceptions. Proc Natl Acad Sci U S A 2021; 118.

Olfson M, Gerhard T, Huang C, Crystal S, Stroup TS. Premature Mortality Among Adults With Schizophrenia in the United States. JAMA Psychiatry 2015; 72: 1172–81.

Oliver JE, Wood TJ. Conspiracy Theories and the Paranoid Style(s) of Mass Opinion. Am J Polit Sci 2014; 58: 952–66.

Pain O, Dudbridge F, Cardno AG, et al. Genome-wide analysis of adolescent psychotic-like experiences shows genetic overlap with psychiatric disorders. Am J Med Genet B Neuropsychiatr Genet 2018; 177: 416–25.

Pani L, Porcella A, Gessa GL. The role of stress in the pathophysiology of the dopaminergic system. Mol Psychiatry 2000; 5: 14–21.

Parr T, Friston KJ. The Anatomy of Inference: Generative Models and Brain Structure. Front Comput Neurosci 2018; 12: 90.

Parras GG, Nieto-Diego J, Carbajal GV, Valdes-Baizabal C, Escera C, Malmierca MS. Neurons along the auditory pathway exhibit a hierarchical organization of prediction error. Nat Commun 2017; 8: 2148.

Peralta V, Cuesta MJ, de Leon J. An empirical analysis of latent structures underlying schizophrenic symptoms: a four-syndrome model. Biol Psychiatry 1994; 36: 726–36.

Peters ER, Joseph SA, Garety PA. Measurement of delusional ideation in the normal population: introducing the PDI (Peters et al. Delusions Inventory). Schizophr Bull 1999; 25: 553–76.

Pinker S. How the Mind Works. New York/London. W.W.Norton 1997.

Pinker S. Enlightenment Now: The Case for Reason, Science, Humanism, and Progress. London. Penguin 2019.

Pohl RF. Cognitive Illusions. In: Pohl RF (ed.). Cognitive Illusions: Intriguing phenomena in thinking, judgement and memory. New York. Routledge 2017; S. 3–21.

Pommrenke, S., Klöckner, M. B. Staatsversagen auf höchster Ebene: Was sich nach dem Fall Mollath ändern muss. Westend 2013.

Power RA, Kyaga S, Uher R et al. Fecundity of patients with schizophrenia, autism, bipolar disorder, depression, anorexia nervosa, or substance abuse vs their unaffected siblings. JAMA Psychiatry 2013; 70: 22–30.

Power RA, Steinberg S, Bjornsdottir G, et al. Polygenic risk scores for schizophrenia and bipolar disorder predict creativity. Nat Neurosci 2015; 18: 953–5.

Prokosch MD, Coss RG, Scheib JE, Blozis SA. Intelligence and mate choice: intelligent men are always appealing. Evolution and Human Behavior 2009; 30: 11–20.

Pronin E, Lin DY, Ross L. The Bias Blind Spot: Perceptions of Bias in Self versus Others. Personality and Social Psychology Bulletin 2002; 28: 369–81.

Rado S. Dynamics and classification of disordered behavior. Am J Psychiatry 1953; 110: 406–16.

Raihani NJ, Bell V. An evolutionary perspective on paranoia. Nat Hum Behav 2019; 3: 114–21.

Rappaport RA. Ritual and religion in the making of humanity. Cambridge. Cambridge University Press 1999.

Roberts G. Delusional belief systems and meaning in life: a preferred reality? The British journal of psychiatry Supplement 1991: 19–28.

Ronson J. So you've been publicly shamed. London. Picador 2015.

Rozenblit L, Keil F. The misunderstood limits of folk science: an illusion of explanatory depth. Cogn Sci 2002; 26: 521–62.

Schizophrenia Working Group of the Psychiatric Genomics C. Biological insights from 108 schizophrenia-associated genetic loci. Nature 2014; 511: 421–7.

Schlagenhauf, F., Sterzer, P., Psychotische Erkrankungen (»Schizophrenie«). In: Roth, G., Heinz, A., Walter, H., (Hrsg.), Psychoneurowissenschaften. Berlin, Springer Nature 2020.

Schmack K, Gomez-Carrillo de Castro A, Rothkirch M, et al. Delusions and the role of beliefs in perceptual inference. J Neurosci 2013; 33: 13701–12.

Schmack K, Schnack A, Priller J, Sterzer P. Perceptual instability in schizophrenia: Probing predictive coding accounts of delusions with ambiguous stimuli. Schizophr Res Cogn 2015; 2: 72–7.

Schmack K, Sterzer P. Delusions: sticking with conclusions. Brain 2019; 142: 1497–500.

Schneider, K., Klinische Psychopathologie. Stuttgart, Thieme 1946.

Schneider, K., Zum Begriff des Wahns. Fortschr Neurol Psychiatr 1949, 17, S. 26–31.

Schneider U, Leweke FM, Sternemann U, Weber MM, Emrich HM. Visual 3D illusion: a systems-theoretical approach to psychosis. Eur Arch Psychiatry Clin Neurosci 1996; 246: 256–60.

Seth A. Being you: A new science of consciousness. London. Penguin 2021.

Seth AK, Tsakiris M. Being a Beast Machine: The Somatic Basis of Selfhood. Trends Cogn Sci 2018; 22: 969–81.

Sharp HM, Fear CF, Williams JM, et al. Delusional phenomenology – dimensions of change. Behav Res Ther 1996; 34: 123–42.

Shaw VF. The cognitive processes in informal reasoning. Thinking & Reasoning 1996; 2: 51–80.

Simon HA. Rational choice and the structure of the environment. Psychol Rev 1956; 63: 129–38.

Stanovich KE, West RF, Toplak ME. Myside bias, rational thinking, and intelligence. Current Directions in Psychological Science 2013; 22: 259–64.

Stein H, Barbosa J, Rosa-Justicia M, et al. Reduced serial dependence suggests deficits in synaptic potentiation in anti-NMDAR encephalitis and schizophrenia. Nat Commun 2020; 11: 4250.

Stephens GL, Graham G. Reconceiving delusion. Int Rev Psychiatry 2004; 16: 236–41.

Sterzer P, Adams RA, Fletcher P, et al. The Predictive Coding Account of Psychosis. Biol Psychiatry 2018; 84: 634–43.

Sterzer P, Frith C, Petrovic P. Believing is seeing: expectations alter visual awareness. Curr Biol 2008; 18: R697–8.

Sterzer P, Haynes JD, Rees G. Primary visual cortex activation on the path of apparent motion is mediated by feedback from hMT+/V5. Neuroimage 2006; 32: 1308–16.

Sterzer P, Kleinschmidt A, Rees G. The neural bases of multistable perception. Trends Cogn Sci 2009; 13: 310–8.

Sterzer P, Voss M, Schlagenhauf F, Heinz A. Decision-making in schizophrenia: A predictive-coding perspective. Neuroimage 2019; 190: 133-143.

Sterzer P, Wiegers GJ, Reul JM. Long-term in vivo administration of glucocorticoid hormones attenuates their capacity to accelerate in vitro proliferation of rat splenic T cells. Endocrinology 2004; 145: 3630–8.

Stevens A, Price J. Evolutionary Psychiatry: A New Beginning. Oxon. Routledge 2016.

Stich S. The fragmentation of reason. Cambridge. MIT Press 1990.

Strark R, Finke R. Acts of Faith: Explaining the Human Side of Religion. Berkeley. University of California Press 2000.

Strate, G., Der Fall Mollath: Vom Versagen der Justiz und Psychiatrie. Zürich, Orell Füssli 2015.

Strauss JS. Hallucinations and delusions as points on continua function. Rating scale evidence. Arch Gen Psychiatry 1969; 21: 581–6.

Sullivan D, Landau MJ, Branscombe NR, Rothschild ZK. Competitive victimhood as a response to accusations of ingroup harm doing. J Pers Soc Psychol 2012; 102: 778–95.

Swami V, Coles R, Stieger S, et al. Conspiracist ideation in Britain and Austria: evidence of a monological belief system and associations between individual psychological differences and real-world and fictitious conspiracy theories. Br J Psychol 2011; 102: 443–63.

Swami V, Furnham A, Smyth N, Weis L, Lay A, Clow A. Putting the stress on conspiracy theories: Examining associations between psychological stress, anxiety, and belief in conspiracy theories. Personality and Individual Differences 2016; 99: 72–6.

Talluri BC, Urai AE, Tsetsos K, Usher M, Donner TH. Confirmation Bias through Selective Overweighting of Choice-Consistent Evidence. Curr Biol 2018; 28: 312--35 e8.

Taylor MJ, Freeman D, Ronald A. Dimensional psychotic experiences in adolescence: Evidence from a taxometric study of a community-based sample. Psychiatry Res 2016; 241: 35–42.

Taylor SE, Brown JD. Illusion and well-being: a social psychological perspective on mental health. Psychol Bull 1988; 103: 193–210.

Taylor SE, Kemeny ME, Reed GM, Bower JE, Gruenewald TL. Psychological resources, positive illusions, and health. The American psychologist 2000; 55: 99–109.

Teufel C, Fletcher PC. Forms of prediction in the nervous system. Nat Rev Neurosci 2020; 21: 231–42.

Thaker GK, Ross DE, Buchanan RW, Adami HM, Medoff DR. Smooth pursuit eye movements to extra-retinal motion signals: deficits in patients with schizophrenia. Psychiatry Res 1999; 88: 209–19.

Thornicroft G. Physical health disparities and mental illness: the scandal of premature mortality. The British journal of psychiatry : the journal of mental science 2011; 199: 441–2.

Tinbergen N. On the aims and methods of ethology. Zeitschrift für Tierpsychologie 1963, 20, S. 410–63.

Tomasello M. A Natural History of Human Morality. Cambridge, MA. Harvard University Press 2016.
Trubetskoy V, Pardinas AF, Qi T, et al. Mapping genomic loci implicates genes and synaptic biology in schizophrenia. Nature 2022; 604: 502–8.

Urai AE, Braun A, Donner TH. Pupil-linked arousal is driven by decision uncertainty and alters serial choice bias. Nat Commun 2017; 8: 14637.

Vaessen T, Hernaus D, Myin-Germeys I, van Amelsvoort T. The dopaminergic response to acute stress in health and psychopathology: A systematic review. Neurosci Biobehav Rev 2015; 56: 241–51.
van der Heiden C, Muris P, van der Molen HT. Randomized controlled trial on the effectiveness of metacognitive therapy and intolerance-of-uncertainty therapy for generalized anxiety disorder. Behav Res Ther 2012; 50: 100–9.
van Os J, Hanssen M, Bijl RV, Ravelli A. Strauss (1969) revisited: a psychosis continuum in the general population? Schizophr Res 2000; 45: 11–20.
van Os J, Linscott RJ, Myin-Germeys I, Delespaul P, Krabbendam L. A systematic review and meta-analysis of the psychosis continuum: evidence for a psychosis proneness-persistence-impairment model of psychotic disorder. Psychol Med 2009; 39: 179.
van Prooijen JW. Why Education Predicts Decreased Belief in Conspiracy Theories. Appl Cogn Psychol 2017; 31: 50–8.
van Prooijen JW, Jostmann NB. Belief in conspiracy theories: The influence of uncertainty and perceived morality. Eur J Soc Psychol 2013; 43: 109–15.

Weilnhammer V, Fritsch M, Chikermane M, et al. An active role of inferior frontal cortex in conscious experience. Curr Biol 2021; 31: 2868-2880.
Weilnhammer V, Stuke H, Hesselmann G, Sterzer P, Schmack K. A predictive coding account of bistable perception – a model-based fMRI study. PLoS computational biology 2017; 13: e1005536.
Wenger A, Fowers BJ. Positive illusions in parenting: Every child is above average. Journal of Applied Social Psychology 2008; 38: 611–34.
Werbeloff N, Drukker M, Dohrenwend BP, et al. Self-reported attenuated psychotic symptoms as forerunners of severe mental disorders later in life. Arch Gen Psychiatry 2012; 69: 467–75.
Whitson JA, Galinsky AD. Lacking control increases illusory pattern perception. Science 2008; 322: 115–7.
Williams D. Hierarchical Bayesian models of delusion. Conscious Cogn 2018; 61: 129–47.

Wood J, Dennard S. Gang Membership: Links to Violence Exposure, Paranoia, PTSD, Anxiety, and Forced Control of Behavior in Prison. Psychiatry 2017; 80: 30–41.

Woodward TS, Moritz S, Chen EY. The contribution of a cognitive bias against disconfirmatory evidence (BADE) to delusions: a study in an Asian sample with first episode schizophrenia spectrum disorders. Schizophr Res 2006; 83: 297–8.

Woodward TS, Moritz S, Cuttler C, Whitman JC. The contribution of a cognitive bias against disconfirmatory evidence (BADE) to delusions in schizophrenia. J Clin Exp Neuropsychol 2006; 28: 605–17.

Zell E, Strickhouser JE, Sedikides C, Alicke MD. The better-than-average effect in comparative self-evaluation: A comprehensive review and meta-analysis. Psychol Bull 2020; 146: 118–49.

Zhu C, Kwok NT, Chan TC, Chan GH, So SH. Inflexibility in Reasoning: Comparisons of Cognitive Flexibility, Explanatory Flexibility, and Belief Flexibility Between Schizophrenia and Major Depressive Disorder. Frontiers in psychiatry 2020; 11: 609569.